JN040777

生命と医療の本質を探る

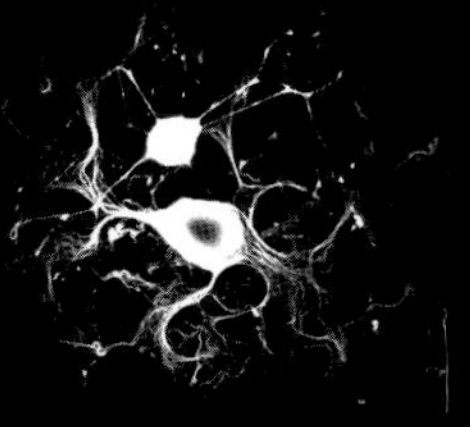

The Song of the Cell
An Exploration of Medicine
and the New Human

細胞

上

シッダールタ・ムカジー
Siddhartha Mukherjee

田中 文 訳

早川書房

1　エミリー・ホワイトヘッド。フィラデルフィア小児病院にて、再発した難治性の急性リンパ性白血病（ALL）に対する治療を受けた最初の症例。治験や骨髄移植などの手段がない場合、難治性の白血病は予後不良と考えられている。エミリーのT細胞が採取され、遺伝子改変によって、がんを攻撃できるように「兵器化」されたあと、ふたたび彼女の身体に戻された。遺伝子改変されたT細胞は「キメラ抗原受容体」T細胞、略してCAR-T細胞と呼ばれる。2012年4月、7歳のときにこの治療を初めて受けたエミリーは今も健康に暮らしている。

2　ルドルフ・ウィルヒョウ。自身の病理学実験室にて。1840年代から1850年代にかけてベルリンのヴュルツブルクで研究していた若き病理学者ウィルヒョウは、医学と生理学の概念に革命をもたらした。彼は、細胞はすべての生物の基本単位であり、ヒトの病気を理解する鍵は細胞の機能不全を理解することにあると主張した。彼の著作『細胞病理学』はヒトの病気についての人々の考え方を根底から変えた。

3　アントニウス（アントニ）・ファン・レーウェンフックの肖像画。オランダのデルフトで織物商人として働く、秘密主義で気むずかしい性格のレーウェンフックは、1670年代に単式顕微鏡で初めて細胞を見た人物のひとりだった。彼は、顕微鏡をのぞいて見えた細胞（おそらくは、原生動物や、単細胞の菌類、ヒトの精子だったと思われる）を「アニマルクル」と呼んだ。レーウェンフックは、単式顕微鏡を500個以上もつくり、そのどれもが繊細な設計と技術のたまものだった。そのおよそ10年前には、イギリス人博識家ロバート・フックも、植物の切片の細胞を観察したが、信頼できるフックの肖像画は現存していない。

4　1880年代、ルイ・パスツールは、細菌細胞（〝黴《ばい》菌〟）が感染と腐敗の究極の原因だとする大胆な説を提唱した。彼は巧妙な実験をおこない、その結果から、空気に含まれる目に見えない「瘴気《しょうき》」が腐敗とヒトの病気の原因であるとする考えを退けた。ヒトの病気の原因は、自律性の、自己増殖する、病原性のある細胞（つまり黴菌）であるという彼の考えによって、細胞説の重要性が高まり、細胞説と医学が密接に結びつくことになった。

5　ロベルト・コッホ（1843～1910）。ドイツ人顕微鏡学者のコッホも、パスツールと同じく「病原菌説」を提唱した。コッホの主な貢献は、病気の「原因」という概念を具体化したことにある。彼は病気の「原因」であるとみなされるための条件を定義し、それによって、医学に科学的な厳密さをもたらした。

6　1960年代、ロックフェラー医学研究所にて電子顕微鏡の横に立つジョージ・パラーデ（右）とフィリップ・シエケヴィッツ（左）。パラーデ率いる細胞生物学者と生化学者のチームは、キース・ポーターおよびアルベルト・クラウデと共同研究をおこない、細胞の構成要素（つまり「細胞小器官」）の構造と機能を定義した最初の科学者チームのひとつになった。

7　イギリス人看護師で胎生学者のジーン・パーディ（1945～1985）と、生理学者のロバート・エドワーズ（1925～2013）。1968年2月28日、ケンブリッジの研究室にて。パーディがエドワーズに手渡しているのは、培養器から取り出した培養皿だ。中には、体外で受精させたヒトの卵子が入っている。パーディとエドワーズ、そして産科医のパトリック・ステップトーは、体外受精技術を開発し、この写真が撮られてから10年後の1978年、最初の「試験管ベビー」（ルイーズ・ブラウンと名づけられた）が誕生した。パーディは、生殖生物学と体外受精技術への多大な貢献が正式に認められることのないまま、1985年、がんのため他界した。

8　2018年11月28日、香港で開催された第2回ヒトゲノム編集国際サミットで発表する中国人科学者の賀建奎《フージェンクイ》（通称「JK」）。彼は2つのヒト胚の遺伝子を操作したと発表し、科学者と倫理学者に衝撃を与えた。秘密主義かつ野心的な彼は、自分の研究が高く評価されることを期待していたが、秘密裏におこなわれた正当化できない実験に対して与えられたのは、称賛ではなく、科学界からの厳しい非難だった。

9　自分の赤ちゃんを抱くヒルデ・マンゴルト（1898～1924）。マンゴルトとハンス・シュペーマンは、単細胞の受精卵がいかにして最終的に多細胞の生物個体になるのかを解明する重要な実験をおこなった。

10　サリドマイドの薬害により障害を負ったイギリスの幼稚園児。子供たちの母親は妊娠中に、「不安」や吐き気を抑えるとしてサリドマイドを処方された。サリドマイドが胎児の細胞に影響を与えた結果、子供たちはさまざまな障害を持って生まれた。サリドマイドは、心臓や軟骨の細胞をはじめとする複数の細胞に作用することが今ではわかっている。この写真は1967年に撮られたもので、手前の子供は鉛筆を保持する装置の助けを借りて書き方を習っている。サリドマイドは医薬品の規制機関にとって苦い教訓となった。細胞生物学的な作用をおよぼす薬を妊娠中に使用すると取り返しのつかない被害を引き起こすという教訓だ。

11　1962年7月31日、ワシントンDCのアメリカ食品医薬品局（FDA）の自身のオフィスで、新薬に関する報告書の載ったテーブルの横に立つフランシス・オルダム・ケルシー医師（1914～2015）。ケルシーは、ドイツの企業が開発した新薬サリドマイドのアメリカでの販売許可を拒絶した。他国において別名で販売されていたこの薬を妊娠初期の女性が服用した結果、奇形を持つ子供が生まれた。

12　1944年6月6日、ノルマンディー海岸のオマハ・ビーチのひとつ、ヴィエルヴィル＝シュル＝メールで撮影された写真。衛生兵が負傷した兵士に輸血をおこなっている。第二次世界大戦中、輸血という名の細胞治療によって何千人もの命が救われた。

13　パウル・エールリヒと共同研究者の秦佐八郎。1913年ごろに撮影された。生化学者であるエールリヒと秦は、梅毒やトリパノソーマ症などの感染性疾患の新しい治療薬を開発した。B細胞による抗体産生の機序についてのエールリヒの説は、1930年代に激しい議論を呼んだ。最終的に、彼の説はまちがいであることが判明するが、体内に侵入してきた病原体に特異的に結合する「抗体」が産生されるというエールリヒの考えは、獲得免疫のメカニズムを解明するうえでの土台となった。

細胞——生命と医療の本質を探る——

〔上〕

日本語版翻訳権独占
早　川　書　房

© 2024 Hayakawa Publishing, Inc.

THE SONG OF THE CELL
An Exploration of Medicine and the New Human
by
Siddhartha Mukherjee
Copyright © 2022 by
Siddhartha Mukherjee
All rights reserved.
Translated by
Fumi Tanaka
First published 2024 in Japan by
Hayakawa Publishing, Inc.
This book is published in Japan by
direct arrangement with
The Wylie Agency (UK) Ltd.

カバーデザイン／鈴木大輔・仲條世菜（ソウルデザイン）
カバー写真／© Getty Images

W・KとE・W――境界線を越えた最初の人たち――へ

部分の総和の中には部分しかない。
世界は目で測らなければならない。

——ウォレス・スティーヴンズ[1]

（命とは）脈拍と歩行、さらには細胞の絶え間ないリズミカルな動きである。

——フリードリヒ・ニーチェ[2]

目次

第三部　血液　223

＊訳注は、本文内は割注、原注内は〔　〕で示した。

下巻目次

前奏曲――「生物の初歩的な粒子」

「なに、初歩さ。推理家が、はたのものには非凡《ひぼん》にみえる一種の効果をあたえ得《う》るのは、はたのものが推理の根底になる小さな事象を見おとしてくれるからだということの一例だよ、これは」

――シャーロック・ホームズがワトソンに語った言葉。
アーサー・コナン・ドイル「背の曲がった男」[1]
(『シャーロック・ホームズの思い出』所収)

その会話は一八三七年一〇月の夕食の席でのものだった。[2] すでに夕闇が迫り、市《まち》のガス灯がベルリンの中心街を照らしていたにちがいない。その晩の会話については、断片的な話しか残されていない。メモが取られたわけでもなく、その後、科学的な書簡が交わされたわけでもなかったからだ。残されているのは、研究室の同僚である友人同士が、軽い食事をとりながら、実験について意見を交わし、そして、ひとつの重要な考えについて語り合ったという話だけだ。二人のうちのひとり、マティアス・シュライデンは植物学者だった。彼の額には、自殺未遂による傷痕《きずあと》がくっきりと残っていた。もうひとりは動物学者のテオドール・シュワンで、顎ひげにつながる長いもみあげが特徴的だった。二人はどちらもベルリン大学の著名な生理学者、ヨハネス・ミュラーのもとで研究にたずさわっていた。

弁護士から植物学者に転向したシュライデンは、植物組織の構造と発生について研究を続けていた。彼が言うところの「干し草採集（*Heusammelei*）」をして、植物界から何百もの標本を集めていた。[3] チューリップ、セイヨウイワナンテン、トウヒ、イネ、ラン、セージ、リナンサス、エンドウ、そして何十種類ものユリ。彼のコレクションは植物学者たちのあいだで貴重なものとみなされていた。[4]

その晩、シュワンとシュライデンは植物発生論、つまり植物の起源と成長について論じていた。シュライデンはシュワンにこう語った。ありとあらゆる植物標本を観察するうちに、構造と組織には「統一性」があることがわかった、と。葉や根、子葉といったさまざまな組織が発生する過程で、核と呼ばれる細胞内構造がはっきりと見えるようになるのだと（シュライデンは核の機能については知らなかったが、その独特の形を見分けることはできた）。

しかし、さらに驚きなのは、組織の構造が根本的に同じであることだった。植物の各部位が、自律的な独立した単位、すなわち細胞（*cell*）の集まりだったのだ。「それぞれの細胞が二重の生活を送っている」とシュライデンは一年後に書いている。[5]「自分自身の発生のためだけの完全に独立した生活と、植物の一部としての付随的な生活」

生命の内部にある生命。全体の一部を構成する独立した生命体、すなわち単位。より大きな生命体の中に含まれる生きた構成要素。

シュワンは聞き耳を立てた。彼もまた、核がくっきりと見えることに気づいていた。しかし彼が観察していたのは、発生途中の動物、つまりオタマジャクシだった。そして彼もまた、動物組織の顕微鏡レベルの構造が根本的に同じであることに気づいていた。シュライデンが植物細胞で見つけた「統一性」は、もしかしたら、生命の根底にある統一性なのかもしれない。

シュワンの頭の中で、不完全だが根本的な考え——生物学と医学の歴史を大きく変えることになる考え──が形づくられはじめた。ひょっとしたら、まさにその晩、あるいはそのすぐあとに、シュワンはシュライデンを解剖部屋にある自分の実験室に招待したのかもしれない（あるいは、無理やり引っぱっていったのかもしれない）。シュワンが自身の集めた標本を保管している実験室だ。シュライデンは顕微鏡をのぞいた。核がはっきりと見えた。シュライデンは、発生中の動物の微細な構造が発生中の植物の構造とほぼ同じであることを確認した。[6]

動物と植物は生物としてはかけ離れているように見えるが、シュワンとシュライデンが二人とも気づいたように、顕微鏡下の構造は神秘的なまでに似通っていた。シュワンの直感は正しかった。彼がのちに回想しているように、ベルリンでのその夜、友人同士の二人は普遍的で本質的な科学的真実について意見の一致を見たのだ。動物も植物も「細胞という共通の構成要素でできている」という真実について。[7]

一八三八年、シュライデンは自身の観察結果を「植物発生論についての知識への貢献」と題する包括的な論文にまとめた。[8] 一年後、シュワンは植物に関するシュライデンの研究結果に追従するかたちで、動物細胞についての学術書『動物および植物の構造と発育の一致に関する顕微鏡的研究』を著した。[9] その中で、シュワンはこう結論づけている。植物も動物も同様の構造を持つ。どちらも「完全に独立した個別の存在の集まりである」。

およそ一二カ月という間隔をあけて発表された二つの画期的な研究によって、生物界を貫く統一理論が提唱された。細胞を目で見て、細胞が生物の基本単位だと気づいたのはシュライデンとシュワンが初めてではなかったが、彼らの洞察の鋭さは、あらゆる生物に共通する根本的な構造と機能を提唱した点にあった。「集合体の絆《きずな》」が異なる生物を結びつけているとシュワンは書いている。[10]

一八三八年末、シュライデンはイェーナ大学に職を得てベルリンを離れた。[11] 一八三九年、シュワンもまた、ベルギーのルーヴァン・カトリック大学に招かれ、ベルリンを去った。[12]ミュラーの研究室を離れたあとも、二人は友情を保ちつづけ、頻繁に手紙をやり取りしたが、細胞説の基礎を築いた画期的な研究を彼らが生み出した場所はまちがいなく、ベルリンだった。二人が親しい同僚として、共同研究者として、そして友人として過ごした場所だ。二人はそこで、シュワンが言うところの「生物の初歩的な粒子」を発見したのだ。

本書は細胞の物語である。ヒトを含むあらゆる生物がこれらの「初歩的な粒子」で成り立つという発見をめぐる年代記である。生物の自律的な単位である組織と器官、そして器官系が互いに協調しながら、組織的に集まることによって、免疫や生殖、感覚、認知、修復、若返りといった複雑な生理機能がいかに生み出されるのか。本書はそれを解き明かしていく。また、細胞が機能不全に陥り、私たちの身体が細胞生理学ではなく細胞病理学の下に置かれるようになる現象についても取り上げる。細胞の機能不全が身体の機能不全をもたらす仕組みについてだ。そして最後に、細胞生理学と細胞病理学についての知識の深まりによって起きた、生物学と医学の革命について触れる。その革命によって医療は変革を遂げ、変革した医療によって、人間は変化しつつある。

二〇一七年から二〇二一年にかけて、私は《ニューヨーカー》誌に三つの記事を書いた。[13]ひとつめは、細胞医学とその未来について、とりわけ、がん細胞を攻撃できるようにT細胞を人工的につくり変える方法の開発についての記事だ。二つめの記事では、細胞の生態学という概念から、がんをとらえ直した。それは、体外に分離された状態のがん細胞ではなく、がんを体内の部位との関係でとらえる考え方であり、なぜ体内の特定の部位は他の部位に比べて悪性細胞の増殖に適しているのかを解明する試みだ。三つめの記事は、新型コロナウイルスのパンデミックの初期に書いたもので、ウイルスが細胞や身体の中でどのようにふるまうかについて書いた。そして、その挙動から、ある種のウイルスが人体の生理機能を破壊するメカニズムを解明できると示した。

三つの記事に共通するテーマはなんだろう。これらの記事の中心には、細胞と細胞の再設計（リエンジニアリング）があるように思える。進行中の革命と、すでに書き換えられた歴史（そして未来）がそこにはある。細胞と、細胞を操作する人間の能力、さらには、革命の進行に伴って次々と起きる医療の変革の歴史だ。

これら三つの記事の種子から、本書は茎や根、つるを伸ばした。本書は年代記であり、その始まりは一六六〇年代から一六七〇年代にかけてである。およそ三二〇キロメートル離れた場所で個別に研究していた、世捨て人のようなオランダ人の織物商人と、型破りな英国人の博識家が、それぞれ手製の顕微鏡をのぞき込み、そして、細胞の最初の証拠を発見した。そして物語は現在へと進む。ヒト幹細胞が科学者によって操作され、糖尿病や鎌状赤血球症といった命を脅かす慢性疾患をわずらう患者へ注射される時代へと。難治性の神経疾患の患者の脳の神経回路に電極が挿入される時代へと。さらに物語は、不確かな未来の危険な縁《ふち》へと私たちを連れていく。「一匹狼」の科学者（そのうちのひとりはすでに懲役三年の刑に処され、実験をおこなうことを永久に禁じられた）が胚《はい》を遺伝子編集でデザインし、それを子宮に移植することによって、人間の「自然な状態」と「増強された状態」との境界線をあいまいにする未来へ。

本書は数多くの情報に基づいている。インタビュー、患者との出会い、科学者たち（と彼らの飼い犬たち）との散歩、研究室への訪問、顕微鏡をのぞいて見えた光景、看護師、患者、医師たちとの会話、歴史、科学論文、個人的な手紙。私の目的は、医学の包括的な歴史や細胞生物学の誕生について、たとえば、ロイ・ポーターの『人類にとっての最大の利点――人類の医学史[14]（*The Greatest Benefit to Mankind: Medical History of Humanity*）』や、ヘンリー・ハリスの『細胞の誕生――生命の「基《もとい》」発見と展開[15]』、ローラ・オーティスの『ミュラーの実験室（*Muller's Lab*）』のような本を書くことではない。本書はむしろ、細胞という概念や細胞生理学についての知識が医学や科学、生物学、社会構造、文化をいかに変えたかを物語る。そして本書の最後には、人間が細胞という単位を新たな形につくり変えたり、細胞を合成したり、人間のパーツを人工的につくり出したりする未来のビジョンをお伝えしたい。

細胞についてのこうした物語には空隙や欠落が避けがたく生じてしまう。細胞生物学は遺伝学や病理学、疫学、認識論、分類学、人類学と密接につながっている。医学や細胞生物学の特定の分野の愛好家、とりわけ、特定の細胞を偏愛する正当な理由をお持ちの方々は、本書の歴史をまったく異なる接眼レンズをとおして眺めるにちがいない。植物学者や細菌学者、真菌学者のみなさんは、植物や細菌、真菌に十分な焦点があてられていないと感じるかもしれない。そうした分野に本格的に足を踏み入れようとしたら、迷宮の中に入り込むことになる。いくつもの新たな迷宮に分岐するような迷宮だ。それらの分野についてのさまざまな説明は、傍注や巻末の原注に記したので、ぜひとも読んでいただきたい[†]。

本書の旅をとおして、私たちは多くの患者に出会うことになる。その中には私自身が担当した患者もいる。本名の方もいれば、ご本人の希望で、名前や、個人を特定できるような詳細を伏せた方もいる。危険を顧みることなく未踏の領域へ飛び込み、発展途上の不確かな科学へその心と身体を委ねてくださった方々には計り知れないほど感謝している。そして、細胞生物学が新たな医療として生まれ変わるのを目《ま》の当たりにしながら、私はやはり計り知れないほどの高揚感を覚えている。

† 私がほとんど触れなかった（しかし無視することのできない）避けがたい問題は、費用や公平性、アクセスに関するものだ。本書の最後のほうで、これらの問題の一部を取り上げているが、こうした問題についてはもっと深い議論が必要であり、本書のページ数では足りない。細胞の歴史についての本が、政治や公衆衛生、費用、公平性、インクルージョンの入門書としての役割をも担うのはむずかしい。

序文　「われわれは必ず細胞に戻ることになる」

どれほどの紆余曲折をしようとも、最終的には細胞に戻ることになる。
——ルドルフ・ウィルヒョウ、一八五八年[1]

二〇一七年一一月、私は友人のサム・Pの死を経験した。[2] 彼の細胞が彼の身体に対して反乱を起こしたためだった。

二〇一六年の春、サムは悪性黒色腫《こくしょくしゅ》と診断された。頬の近くに、硬貨のような形のほくろができたのが最初だった。色は黒っぽい紫色で、まわりには光背のようなにじみがあった。夏の終わりにブロック島へ旅行に行った際に、画家である母親のクララが気づいた。彼女は言葉巧みにサムを説得し（説得はやがて懇願へと、最終的には、脅しへと変わった）、皮膚科を受診させようとしたが、有力紙のスポーツライターとして働くエネルギッシュで多忙なサムには、忌々《いまいま》しい頬のシミのことを気にしている時間はなかった。二〇一七年三月に私がサムを診察したころには（私は彼の主治医ではなかったが、友人からサムを診てほしいと頼まれたのだ）、腫瘍はすでに親指ほどの大きさの楕円形の腫《しゅ》瘤《りゅう》になっており、転移を始めていた。私が腫瘤に触れると、サムは痛みで顔をしかめた。

がんと遭遇することと、その動きを目の当たりにすることはまったくちがう。悪性黒色腫はすでにサムの耳に向かって移動を開始していた。注意深く見たならば、海を渡るフェリーのように、腫瘍がサムの顔に航跡を残していることがわかった。腫瘍が通ったあとには、紫色の点が筋状に残っていた。スピードや動き、敏捷さについて学ぶことに生涯を費やしてきたスポーツライターのサムですら、悪性黒色腫の進行の速さには驚いた。どうして、と彼はすかさず私に訊いた――どうして、どうして、どうして――何十年ものあいだ、彼の皮膚の中でじっとしていた一個の細胞が突然、すさまじい勢いで分裂しながら、猛スピードで顔を移動する性質を身につけたのだ？

しかし、がん細胞はそうした性質を何ひとつとして「発明」してはいない。がん細胞はそうした性質を新たにつくるわけではなく、ハイジャックするのだ。より正確には、生存と増殖、そして転移に最も適した細胞が自然選択されるのだ。がん細胞が新たな細胞を生み出すのに使う遺伝子とタンパク質は、胚が受精後数日のあいだに起きる爆発的な成長のために使う遺伝子とタンパク質から拝借したものだ。体内の広いスペースを移動するためにがん細胞が使う仕組みは、可動性の正常細胞が体内を動くために使う仕組みを乗っ取ったものだ。がん細胞の無秩序な細胞分裂を可能にする遺伝子は、正常細胞が分裂するために使う遺伝子のゆがんだ変異バージョンだ。つまり、がんとは、細胞の正常な生理機能が病的な鏡に映ったものなのだ。私もまた、がんを専門とする腫瘍内科医である前に、細胞生物学者である。ただし、腫瘍内科医として私が目にしているのは、正常の細胞世界が鏡に映り、反転した姿だ。

二〇一七年の早春、サムは薬を処方された。体内で増殖しつづける反乱軍に対抗できるように、彼自身のT細胞を変化させる薬だ。考えてみてほしい。何年ものあいだ、ひょっとしたら何十年ものあいだ、悪性黒色腫と彼のT細胞は共存していたはずだ。たいていの場合、互いを無視しつづけていたにちがいない。免疫系には悪性細胞が見えていなかった。毎日、何百万個ものT細胞が悪性細胞をかすめて通り過ぎたにちがいない。細胞の惨事から目をそらす、ただの傍観者として。

サムに処方された薬は、腫瘍を覆っているマントを剝《は》いでT細胞に見えるようにし、T細胞が悪性黒色腫を「異質な」侵略者だと認識できるようにするものだった。うまくいけば、病原菌に感染した細胞を排除するように、T細胞は腫瘍を排除するはずだ。受動的な傍観者が能動的な実行者に変わるのだ。私たちは、彼の体内にある細胞に手を加えて、それまで見えなかった腫瘍を見えるようにした。

この「マントを剝ぐ」薬の発見は、一九五〇年代から始まった細胞生物学の急速な進展の集大成だった。T細胞が自己と非自己を見分けるのに使うメカニズムの解明や、免疫細胞が外来の侵略者を検知するのに使うタンパク質の発見。正常細胞がこうした検知システムからの攻撃に対抗できるようにする仕組みの解明や、がん細胞が自らを見えない存在にするためにその仕組みを流用する方法の発見。そして、悪性細胞からこのマントを剝ぎ取る分子の発明。そうした発見のひとつひとつが、それ以前の発見の土台の上に築かれ、細胞生物学者たちの手で、固く凍てつく大地から掘り出された。

サムが治療を開始してすぐに、彼の体内で内戦が勃発した。あたかも眠りから揺り起こされたかのように、がんの存在にいきなり気づいたT細胞は、悪性細胞に向かって突進しはじめた。報復がさらなる報復のサイクルを生んだ。サムの頰の深紅色になったおできは、ある朝、熱を帯びた。免疫細胞が腫瘍の中に浸潤し、炎症のサイクルを解き放ったためだった。やがて悪性細胞はキャンプを畳んで退却し、あとには、今にも消えそうな、たき火のくすぶりだけが残された。私が数週間後に彼を診たときには、楕円形の腫瘤も、そのうしろの斑点も消えており、大きめのレーズンほどに縮んだ、壊死しつつある腫瘍の残骸だけが残されていた。

私たちはお祝いにコーヒーを飲んだ。治療の成功はサムを身体的に変えただけではなかった。彼の精神にも活力を与えた。ずいぶん久しぶりに、心労によって刻まれた顔の皺《しわ》が浅くなっていた。サムは声をあげて笑った。

しかしその後、事態は変わった。二〇一七年の四月は残酷な月だった。腫瘍を攻撃したT細胞が彼の肝臓を攻撃しはじめ、自己免疫性肝炎を引き起こしたのだ。免疫抑制剤では抑えることのできない炎症だった。一〇月、しばらくのあいだ縮小したままだったがんが皮膚や筋肉、そして肺へと広がっていることがわかった。がんは新たな臓器に潜伏し、新たな隙間を見つけ、そして、免疫細胞の攻撃を生き延びるようになっていた。

こうした勝利と後退を経験しながらも、サムは揺るぎない尊厳を保ちつづけた。ときに、彼の辛辣なユーモアそのものが独自の反撃のように思えることもあった。「がんを干上がらせて殺すつもりさ」と彼は言った。ある日、私はニュース編集室の彼のデスクを訪ねた。新たに腫瘍ができた部位を診させてもらうのに、男性トイレとか、人目のないところに移動したほうがいいかと私が訊くと、彼は快活に笑って言った。「トイレに着くころにはもう、別の場所に移っているよ。まだここにあるうちに診てもらったほうがいい」

自己免疫性肝炎を抑えるために、医師たちは免疫の攻撃力を鈍らせた。だがそのせいで、がんは勢いを取り戻した。がんを攻撃するために免疫療法を再開すると、今度は劇症肝炎が再燃した。それはまるで野獣を闘わせるゲームのようだった。野獣、つまり免疫細胞を鎖につなぐと、野獣は標的を攻撃して殺そうと鎖を思い切り引っぱる。野獣を解き放つと、今度はがんと肝臓の両方を無差別に攻撃する。ある冬の朝、サムは息を引き取った。私が彼の腫瘍に初めて触れてから数カ月後のことだった。結局、勝ったのは悪性黒色腫のほうだった。

二〇一九年の風の強い午後、私はフィラデルフィアのペンシルベニア大学での学会に参加した。一〇〇〇人近い科学者や医師、バイオテク企業の研究者たちがスプルース通りの煉瓦《れんが》造りの講堂に集まった。冒険的で最先端の医療領域の進展、つまり遺伝子改変された細胞をヒトに移植する治療法について意見を交わすためだった。Ｔ細胞の改変、細胞に遺伝子を運び入れるのに使う新しいウイルス、細胞移植における次の大きな段階。ステージの上や下で使われる言葉を聞いていると、まるで生物学とロボット工学、ＳＦ、錬金術が熱狂的な夜に交わって、早熟な子供を産んだかのようだった。「免疫系をリブートする」、「治療的な細胞リエンジニアリング」、「移植細胞の長期持続」。それは未来についての学会だった。

しかしそのとき目の前にあったのは未来だけではなかった。私の数列前には、エミリー・ホワイトヘッドが座っていた。当時は一四歳で、私の上の娘より一歳年上だった。黄色と黒のシャツに黒っぽいズボンという格好をした、くしゃくしゃの茶色い髪の彼女は、白血病が寛解してから七年目に入っていた。「学校を休めるから、エミリーは喜んでいました」と父親のトムが私に言った。エミリーは嬉しそうに、にっこりした。

エミリーはフィラデルフィア小児病院で治療を受けた七人目の患者だった。[3] 会場にいるほぼすべての人がエミリーの病気について知っていた。なにしろ彼女は細胞治療の歴史を変えたのだ。二〇一〇年五月、エミリーは急性リンパ性白血病（ＡＬＬ）と診断された。主に小児が罹患《りかん》する、きわめて進行が速いがんだ。

ＡＬＬの治療は、これまでに考案された化学療法の中で最も集中的な治療にランク付けされる。七から八種類の薬が併用され、そのうちのいくつかは、脳脊髄液に直接注入される。脳や脊髄に隠れているがん細胞を殺すためだ。薬の副作用はきわめて強い（手や足の指の慢性的な痺《しび》れ、脳障害、発育不全、命を脅かす感染症など。しかも、これらはほんの一部にすぎない)。しかし、この治療によって、およそ九〇パーセントの小児患者で白血病が完治する。残念なことに、エミリーの白血病は残りの一〇パーセントに入った。標準治療では完治せず、白血病は治療開始後一六カ月目に再発した。完治を目指すには骨髄移植しかなく、エミリーは骨髄移植希望者リストに登録した。しかし、適合するドナーを待つあいだにも、病状は悪化していった。

「グーグルで(生存率を)検索しないようにと医師から言われました」とエミリーの母、カリは私に言った。「もちろん、すぐに検索したけれど」

カリがネットで見つけた情報は恐ろしいものだった。早期に再発した場合や、二度再発した場合、生存率はほぼゼロパーセントだったのだ。二〇一二年の三月初めにエミリーがフィラデルフィア小児病院にやってきたときには、ほぼすべての臓器に悪性細胞がびっしり詰まっていた。口ひげを生やした、がっしりした体格の、おだやかで表情豊かな小児腫瘍内科医のステファン・グラップの診察を受けたあと、エミリーは臨床試験に参加することになった。

エミリーの臨床試験は、彼女自身のT細胞を身体に注入するというものだった。ただし遺伝子治療によって、がんを見つけて殺せるように、T細胞を兵器化する必要があった。免疫を体内で活性化させる薬を投与されたサムとはちがって、エミリーのT細胞は取り出され、体外で増殖させる。これは、ニューヨークのメモリアル・スローン・ケタリングがんセンターの免疫学者ミシェル・サデランと、ペンシルベニア大学のカール・ジューンが、イスラエルの研究者ゼリグ・エッシャーの研究を土台にして開発した治療法だった。

私たちが座っている場所から数十メートル離れた場所に、細胞治療棟があった。スチールのドアで閉ざされた、立ち入り禁止の金庫のような施設で、無菌室と培養器が備えつけられていた。臨床試験に参加中の何十人もの患者から採取した細胞に、技師たちは処置をほどこし、その後、タンクのようなフリーザーに保存する。フリーザーには、テレビアニメシリーズ『ザ・シンプソンズ』のキャラクター名がつけられていて、エミリーの細胞の一部は「ピエロのクラスティー」の中で凍結されていた。エミリーのT細胞の一部は、白血病細胞を認識して殺す能力のある遺伝子が発現するように改変されていた。それらの細胞は実験室で培養されて無数に増殖したあと、病院に戻されてエミリーの身体に点滴された。

三日間にわたっておこなわれた点滴は、滞りなく終わった。グラップ医師が彼女の静脈に細胞を滴下するあいだ、エミリーはアイスキャンディーを食べていた。夜には両親と一緒に近くに住む叔母の家に泊まった。最初の二晩はなんの問題もなく、エミリーはゲームで勝って父親におんぶしてもらったりした。しかし三日目の夜、体調が急変した。嘔吐し、ひどい高熱が出た。両親は急いでエミリーを病院に連れていった。状態はたちまち悪化した。エミリーは腎不全になり、意識がもうろうとしはじめた。多臓器不全を起こしかけていた。

「わけがわからなかった」とエミリーの父、トムは私に言った。彼の六歳の娘はＩＣＵに移され、両親とグラップ医師は徹夜で容態を見守った。

エミリーの担当医のひとりだった研究医のカール・ジューンはこう率直に語っている。「エミリーは助からないと思いました。治療を受けた最初の小児患者のひとりが亡くなりそうですと学長にメールを書いたんです。臨床試験は終了します、と。そのメールを下書きトレイに入れました。結局、送信ボタンを押すことはありませんでした」

発熱の原因を突き止めようと、ペンシルベニア大学の技師たちは夜を徹して働いた。感染を示す所見はなかったものの、サイトカインと呼ばれる分子の血中レベルが上昇していることがわかった。炎症の際に分泌される分子だ。とりわけ、インターロイキン６（ＩＬ‐６）というサイトカインの値が正常の一〇〇〇倍近くもあった。あたかも暴徒が暴動を煽動《せんどう》するビラをばらまいたかのように、Ｔ細胞はがん細胞を殺す際に、この化学的メッセンジャーを大量に放出したのだ。

偶然にも、カール・ジューンの娘は若年性特発性関節炎という炎症疾患をわずらっていた。そのためにジューンは、ほんの四カ月前にアメリカ食品医薬品局（ＦＤＡ）に承認されたばかりのＩＬ‐６を阻害する新薬のことを知っていた。最後の手段として、グラップは病院の薬剤部に新薬の適応外使用を緊急申請した。その晩、委員会はＩＬ‐６阻害剤の使用を承認し、グラップはＩＣＵで、エミリーに薬を注射した。

二日後の七歳の誕生日に、エミリーは目を覚ました。「ブーン」両手を宙で振りながら、ジューン医師は言い、「ブーン」ともう一度言った。「炎症は潮が引くようにおさまりました。二三日後に骨髄生検して、完全寛解を確認しました」

「あそこまで容態が悪化したあとで、あれほど早く回復した患者はほかにいません」とグラップは私に言った。

エミリーにほどこされた巧妙な治療と彼女自身の驚くべき回復力が、細胞治療という分野を救った。エミリー・ホワイトヘッドはこんにちまで、完全寛解状態を維持しており、骨髄にも、血液にも、がん細胞は見当たらない。彼女は完治したとみなされている。

「もしエミリーが命を落としていたら」とジューンは私に言った。「臨床試験全体が中止されていたはずです」。そのせいで、細胞治療は一〇年、あるいはそれ以上、後退していたはずだ。

セッションの合間の休憩時間に、エミリーと私はジューン医師の同僚のひとり、ブルース・レヴィン医師の案内で施設巡りをした。彼はペンシルベニア大学の細胞免疫療法センターの初代所長であり、エミリーの細胞を扱った最初の医師のひとりだ。そのセンターで、T細胞は加工され、品質管理され、製剤化される。センターで働く技師たちはそれぞれに、あるいは二人一組で作業内容を確認したり、プロトコールを最適化したり、培養器から培養器へと細胞を移したり、手を消毒したりしていた。

このセンターは小さなエミリー記念館のような役割も果たしており、壁にはエミリーの写真がいくつも飾ってあった。髪をお下げにした八歳のエミリー、記念の盾を持った一〇歳のエミリー、バラク・オバマ大統領の隣でにっこり笑う、前歯の抜けた一二歳のエミリー。施設巡りの途中で、私は、本物のエミリーが窓の外を眺めているのに気づいた。彼女の視線の先には、通りを隔てた向こうの病院があった。一カ月近くを過ごしたICUの片隅が彼女には見えていたのかもしれない。

雨が滝のように降っていた。水滴が窓を伝った。

エミリーは今、どんな気持ちなのだろうと私は考えた。ここには彼女の三つのバージョンが存在していた。学校を休んでここにいる、今日のエミリー。かつて生きていた、そしてICUで命を落としかけた、写真の中のエミリー。隣の部屋にある「ピエロのクラスティー」という名のフリーザー内で凍結されているエミリー。

「入院した日のことを覚えている?」と私は訊いた。

「覚えてない」と彼女は窓の外の雨を見つめながら言った。「覚えているのは、退院した日のことだけ」

サムの病状の一進一退や、エミリー・ホワイトヘッドの驚くべき回復は、新たな医療――細胞工学

──の誕生を象徴していた。病気と闘うためのツールとして細胞を使う医療だ。しかし、その医療の誕生はまた、一世紀前の物語に基づいてもいた。私たちが細胞という単位でできているという発見の物語だ。私たちの弱さを生み出しているのは細胞の弱さだ。細胞（サムとエミリーの場合はどちらも、免疫細胞だった）を加工したり、操作したりする能力は新たな医療の土台となったが、その技術はまだ完璧ではない。もし私たちが免疫細胞をもっとうまく兵器化する方法を知っていれば、つまり自己免疫による攻撃を引き起こさずに、悪性黒色腫だけを打ち負かすことができれば、サムは今も生きていただろうか？　スパイラルリングノートを手に、スポーツ記事を書いていただろうか？

エミリーとサムは、細胞の操作とリエンジニアリングが実際にほどこされた新しい人間《ニューヒューマン》だ。エミリーの場合は、T細胞についての私たちの生物学的な知識によって、致死性の病が一〇年以上ものあいだ（願わくば、一生）抑えつけられた。しかしサムという症例は、T細胞によるがんと自己に対する攻撃のバランスをいかに取ればいいいかについて、私たちがいまだに決定的な理解を欠いていることを示すものだった。

この先、どのような未来が待っているのだろう？　ここではっきりさせておきたいことがある。本書全体をとおして、そして、本書の原題にも、私は「ニューヒューマン」という言葉を使ったが、私はその言葉を厳密な意味で使っている。それが意味するのはSFの世界に登場する「新人類」ではないことを明言しておきたい。AIを組み込まれ、ロボットで増強された、赤外線センサーを搭載した人間ではない。現実とバーチャル世界の両方で幸せに生きる青い薬を飲んだ人間、そう、黒いコートを着たキアヌ・リーブスのような存在でもない。あるいは、現在の人間の能力を超越する、増強された能力や性質を与えられた「トランスヒューマン」でもない。

私が意味しているのは、加工された細胞によって新しく生まれ変わった人間のことだ。そうした人間は、外見も印象も、たいていはあなたや私となんら変わらない。電極を介して脳の神経細胞に刺激が加えられている、難治性のうつ病をわずらう女性。鎌状赤血球症を治すために、遺伝子編集細胞を使った試験的な骨髄移植を受けた少年。自分自身の幹細胞を注射された1型糖尿病の患者。幹細胞は、身体の燃料であるブドウ糖の血中濃度を正常に保つためのインスリンを産生するよう加工されている。心臓発作を繰り返す八十代の患者にはウイルスが投与されている。ウイルスは肝臓に到達し、動脈硬化を引き起こすコレステロールの値を生涯にわたって下げつづけ、その結果、心臓発作の再発リスクを低くする。あるいはまた、そうであったかもしれない私の父だ。もし神経細胞そのものか、神経細胞を刺激する装置を埋め込まれていれば、父の歩行は安定し、転倒せずにすんだかもしれない。そのせいで命を落とすこともなかったかもしれない。

こうした「ニューヒューマン」や、彼らを生み出す細胞テクノロジーは、SFに登場する想像上の人間よりもずっと心躍る存在だという気がする。人類はすでに、計り知れないほどの努力と愛によって手作業で形づくられた科学の力を借りて、そして、信じがたいほど巧妙な技術の力を借りて、人間を生まれ変わらせ、苦しみから解放してきた。たとえば、がん細胞と免疫細胞を融合させて、がんを治療するための不死細胞を生み出した。あるいはまた、少女の身体からT細胞を取り出して、ウイルスを使ってその細胞を兵器化し、白血病と闘えるようにしたあとで、少女の身体に戻した。本書のほぼすべての章で、私たちはこうしたニューヒューマンに出会うことになる。細胞によって身体や臓器を再構築する方法が確立されていくにつれて、私たちはこの先、日々の生活の中で実際に、そうした人々に出会うようになるだろう。カフェやスーパーマーケット、駅、空港、近所、そして家庭で。いとこや、祖父母、両親やきょうだいにも、そうした人が現れるかもしれない。あるいは、あなた自身が、そのひとりになるかもしれない。

一八三〇年代にマティアス・シュライデンとテオドール・シュワンがあらゆる動物と植物の組織は細胞でできていると提唱してから、エミリーが回復した春までの二世紀に満たない期間で、革命的な概念が生物学と医学に浸透し、この二つの科学分野のほぼすべての面に影響をおよぼし、そして、これらの分野を永久に変えた。複雑な生物も、実際には、ごく小さな、独立した、自己調節する単位――生きた最小単位――の集まりである。あるいは、オランダ人顕微鏡学者アントニ・ファン・レーウェンフックの一六七六年の言葉を借りれば、「生きた原子」の集まりだ[4]。人間とは、この生命の単位が形づくる生態系である。ピクセルの集まりであり、合成物である。私たちという存在は、小さな粒子が互いに協調しながら集まったものなのだ。

私たちは部分の総和である。

細胞が発見され、人体が細胞の生態系としてとらえ直された結果、治療目的での細胞操作という考えに基づいた新たな医療が誕生した。股関節の骨折、心停止、免疫不全、アルツハイマー病、エイズ、肺炎、肺がん、腎不全、関節炎。これらはすべて、細胞の、あるいは細胞システムの機能異常の結果としてとらえ直され、どれもが細胞治療の対象とみなされるようになった。

細胞生物学の新たな知識によってもたらされた医療の変革は次の四つに大別される。

ひとつめは、細胞同士の相互作用や、細胞間コミュニケーション、細胞のふるまいといった細胞の性質を変えるための薬や化学物質、身体的な刺激の利用だ。細菌を殺すための抗生物質、がんを殺すための化学療法や免疫療法、脳内の神経細胞の回路を調節するための電気刺激などがこれに分類される。

二つめは、身体から身体へ細胞を移す技術だ（自分自身の身体に細胞を戻す処置も含まれる）。例としては、輸血、骨髄移植、体外受精が挙げられる。

三つめは、病気に対して治療効果のある、インスリンや抗生物質などの物質を合成するために細胞を使う技術だ。

そして最近になって、四つめの変革がもたらされた。細胞の遺伝子を改変してから、細胞移植をおこない、新たな性質を授けられた細胞や臓器、あるいは身体そのものをつくり出すという技術だ。

抗生物質や輸血などの治療法は、医療現場に深く定着しているため、それらが「細胞治療」だと考える人はいないかもしれない。だが、そうした治療法もやはり、細胞生物学についての知識から生まれたものにほかならない（後述するように、病原菌説もまた、細胞説の延長といえる）。がんの免疫療法など、二一世紀に開発された治療もあれば、遺伝子改変した幹細胞を糖尿病患者に注射するといった、ごく最近開発されたばかりで、まだ試験的とみなされている治療法もある。しかしこれらすべてが（古いものも新しいものも）「細胞治療」なのだ。なぜなら、どの治療法も細胞生物学についての知識に決定的に依存しているからだ。そして、こうした分野での進展が医学を変え、それと同時に、人間とは何か、人間として生きるとはどういうことかという概念を変えた。

一九二二年、1型糖尿病をわずらう一四歳の少年が、イヌの膵臓《すいぞう》細胞から抽出したインスリンの注射によって昏睡状態から目覚めた。少年は文字どおり、新しく生まれ変わった。二〇一〇年、エミリー・ホワイトヘッドがCAR（キメラ抗原受容体）をつくり出せるよう改変されたT細胞の注射を受けた。[5] その一二年後、遺伝子改変された造血幹細胞を投与された鎌状赤血球症の最初の患者たちが、なんの症状もなく暮らしている。こうした成功を経て、私たちは今、遺伝子の世紀から、それに重なるようにして続く細胞の世紀へと移行しつつある。

細胞は生命の基本単位である。しかし、そこからさらに深い疑問が生まれる。では、「生命」とはなんだろう？　生命の定義そのものについて、私たちが今も答えを出せずにいることそのものが、生物学の形而上学的な謎なのかもしれない。生命の定義をひとつの性質でとらえることはできない。ウクライナの生物学者セルヒー（一般には、セルゲイと呼ばれている）・ツォコロフはこう述べている。「どの理論も、仮説も、観点も、それぞれの科学的な関心や前提に一致するように生命を定義している。科学的な議論においては伝統的な生命の定義が何百も登場するが、その中で、意見の一致が見られたものはひとつとしてない」[6]（知的生活の全盛期にあった二〇〇九年に惜しくもこの世を去ったツォコロフは、彼の頭を悩ませていた生命の定義という問題の重要性に気づいていた。彼は宇宙生物学者であり、研究テーマは地球外の場所で生命を見つけることだった。しかし、科学者たちがそもそも生命を定義することができないというのに、どうすれば生命を見つけられるというのか？）

現在の生命の定義は、いわば、メニューのようなものだ。生命とはひとつではなく一連の事象である。挙動の組み合わせであり、一連のプロセスであって、単一の性質ではない。生きているとみなされるには、生物は生殖、成長、代謝、刺激への適応、内部環境の保持といった能力を持ち合わせていなければならない。複雑な多細胞生物はさらに、さまざまな性質を「出現」させる能力も持つ。[7]細胞システムから出現するそうした性質とは、たとえば、損傷や侵入に対して自らを守るメカニズムや、器官の特殊な機能、あるいはまた、器官同士の生理的なコミュニケーションシステムや、感覚、認知などだ。そして、これらすべての性質が、突きつめていけば、細胞や、細胞システムに依存しているという事実は偶然ではない。[8]だとすれば、ある意味、生命とは細胞を持つことであり、細胞とは生命を持つことであると定義できるかもしれない。

この再帰的な定義はばかげてなどいない。もしツォコロフが最初の地球外生命——たとえば、ケンタウルス座アルファ星に住むエクトプラズムのようなエイリアン——に遭遇し、「生きている」かどうか尋ねるとしたら、そのエイリアンが生命の性質のメニューを満たしているか確認したはずだ。そして、エイリアンにこうも質問したにちがいない。「あなたは細胞を持っていますか?」。細胞のない生命を想像するのはむずかしい。生命を持たない細胞を想像するのがむずかしいのと同じように。

では、細胞とはいったいなんだろう? 狭義には、細胞とは遺伝子の解読マシーンとして機能する、自律性の生命の単位である。遺伝子とは、タンパク質をつくるための仕様書、いうなれば暗号(コード)であり、タンパク質は細胞のほぼすべての機能を担っている。生物学的な反応を引き起こし、細胞内のシグナルを調節し、構造的な要素を形成し、細胞の個性や代謝、成長、そして死を調節するために遺伝子をオンにしたりオフにしたりする。タンパク質は生物学の中枢を担う役人であり、生命を生み出す分子のマシーンなのだ†。

タンパク質をつくる暗号を担う遺伝子は、デオキシリボ核酸(DNA)という、二重らせん構造を持つ分子内に物理的に存在している。DNAはさらに、糸の束のような構造をした染色体の中にパッケージされている。私たちが知るかぎり、DNAはあらゆる生物の細胞内に存在する(細胞から排出されないかぎり)。科学者たちは、DNA以外の分子(たとえばRNA)にタンパク質をつくるための指示が書かれている細胞を探しているが、今のところ、そのような細胞は見つかっていない。

ここでいう「解読」とは、細胞内の分子が遺伝子コードの特定の領域を「読む」ことを意味する。オーケストラのミュージシャンたちが譜面上の自分のパートを読むように、分子は個々の細胞の楽譜を読み、そうすることで、遺伝子の指示が実際のタンパク質として物理的に現れるようにしている。もっと簡単に言えば、遺伝子がコードを持ち、細胞がそのコードを解読する。このようにして細胞は、情報を形にする。つまり、遺伝子コードをタンパク質に変換するのだ。細胞がなければ、遺伝子は命を持たず、遺伝子は不活性な分子の中に保管された指示書のままだ。それはまるで演奏者のいない譜面のようなものであり、本を読む者のいない寂しい図書館のようなものだ。細胞は一組の遺伝子に有形性と物性をもたらす。細胞が遺伝子に命を与えるのだ。

しかし細胞は単なる遺伝子の解読マシーンではない。遺伝子にコードされた一組のタンパク質を合成することによってコードの解読を終えると、細胞は次に、統合マシーンになる。生命のさまざまな性質を生み出すために、タンパク質（とタンパク質がつくる産物）を使って他の細胞と連係しながら、細胞の機能や挙動（移動したり代謝したり、シグナルを伝えたり、他の細胞へ栄養を届けたり、異物を探したりする働き）を調整しはじめる。そしてこの細胞の挙動が、生物の挙動となって現れる。生物の代謝は細胞の代謝に依存している。生物の増殖と生存、そして死は、細胞の増殖と生存、死に依存している。生物の命は細胞の命に依存しているのだ。

そして最後に、細胞は分裂マシーンでもある。細胞内の分子——やはりタンパク質——がゲノムの複製を開始する。細胞の内部構造が変化し、染色体（遺伝物質が物理的に存在する場所）が分裂する。

† 遺伝子はリボ核酸（ＲＮＡ）をつくるためのコードを提供し、ＲＮＡが解読されてタンパク質がつくられる。しかしＲＮＡはタンパク質をつくるためのコードを運ぶだけではなく、細胞内でさまざまな仕事をしており、そのうちのいくつかはいまだ解明されていない。ＲＮＡは遺伝子を調整したり、生物学的反応においてタンパク質と協調したりする役割も果たしていることが知られている。

細胞分裂によって、生命を特徴づける根本的な性質である成長や修復、再生、そして最終的に、生殖という現象が起きる。

　私は生涯を細胞とともに過ごしてきた。まばゆく輝く、あるいはかすかに光る生きた細胞を顕微鏡で見るたびに、細胞を初めて見たときと同じ、ぞくぞくするような感覚を覚える。一九九三年秋のある金曜の午後、大学院生として免疫学を学ぶためにオックスフォード大学のアラン・タウンセンドの研究室にやってきてから一週間ほど経ったその日、私はマウスの赤みを帯びた脾臓《ひぞう》をすりつぶして培養皿に入れ、T細胞を刺激する因子を加えた。週明けの月曜の朝、私は顕微鏡のスイッチを入れた。部屋の中は薄暗く、カーテンを閉める必要はなかった。オックスフォードの市《まち》はいつも薄暗かった（雲のないイタリアが望遠鏡に最適の国だとしたら、霧の立ちこめる暗いイギリスは顕微鏡のためにしつらえられたような国だ）。私はプレートを顕微鏡の下に差し入れた。培地には、腎臓のような形をした透明なT細胞が集まっていた。T細胞は、内から放たれる輝きをたたえていた。細胞に充満する光としか言いようのないものだ。それは健康で活発な細胞の証拠だった（細胞が死ぬと、縮んで粒状になり、光はぼやける。細胞生物学の用語を使えば、核濃縮という状態だ）。

「まるで目が私を見返しているようだ」と私はひとりごとを言った。次の瞬間、驚いたことに、T細胞が動いた。除去したり、破壊したりすべき感染細胞を見つけようと、意図的に、目的を持って動いていた。T細胞は生きていた。

　それから何年も経ってから、私はヒトの細胞革命が展開していくさまを目の当たりにした。そしてT細胞を見たときと同じくらい、興奮し、魅了された。ペンシルベニア大学の講堂の外の、蛍光灯に照らされた廊下で、エミリー・ホワイトヘッドに初めて会ったとき、まるで彼女が、過去と未来をつなど場所に自分を招き入れてくれたような気がした。私はまず、免疫学者として訓練を受け、その後、幹細胞研究者、腫瘍生物学者を経て、腫瘍内科医となった。† エミリーはこうした、過去の人生――私の人生だけでなく、数え切れないほどの昼と夜に幾度も顕微鏡をのぞき込んだ何千人もの研究者たちの人生と努力――すべてを体現していた。エミリーはまた、光輝く細胞の中心へたどり着きたいという欲求を体現してもいた。人の心をとらえて離さない細胞の謎を解明したいという欲求だ。さらには、細胞の生理機能の解明に基づいた新たな医療、つまり細胞治療の誕生を目撃したいという私たちの切望をも体現していた。

本書の中で入院中のサムに出会った私たちは、寛解と再燃が毎週のように、むち打ちのごとく繰り返される様子を見守りながら、先に述べたのとは正反対の身震いを経験した。高揚がもたらす震えではなく、いまだ解明されていない問題のあまりの多さに対する不安から生じる震えだ。腫瘍内科医として、私は、ならず者の細胞に研究の焦点を絞ってきた。本来いるべきではない場所に押し寄せ、無秩序に分裂する細胞だ。こうした細胞は、私が本書で紹介する細胞の挙動の数々をゆがめ、くつがえす。私は、なぜ、どのように、それが起きるのか解明しようと努力しつづけている。そんな私はまるで、裏返しの世界に閉じ込められた細胞生物学者のように見えるかもしれない。細胞の物語は、科学者としての、そして個人としての私の人生と切っても切れないものなのだ。

† 一九九六年から一九九九年にかけての短期間、私は神経生物学の研究にたずさわったこともある。ハーバード大学メディカルスクールのコンスタンス・ツェプコ教授のもとで網膜の発生について研究したのだ。私は神経膠細胞（グリア細胞）が神経生物学における注目の的になるずっと前に、この細胞について研究した。発生生物学者で遺伝学者でもあるツェプコは私に「系統追跡」の科学と技術を教えてくれた。この実験については後述する。

私が執筆に没頭していた二〇二〇年の初めから二〇二二年にかけて、新型コロナウイルス感染症のパンデミックは野火のように地球全体に広がっていった。私の病院も、第二の故郷であるニューヨークも、母国（インド）も、患者や遺体であふれかえった。二〇二〇年二月には、勤務先であるコロンビア大学メディカルセンターのICUのベッドは、自身の分泌物で溺れかけ、肺に空気を送り込む人工呼吸器を装着した患者たちで塞がった。二〇二〇年の早春はとりわけ陰鬱だった。ニューヨークは風の吹きすさぶ、見覚えのない都市へと様変わりした。閑散とした路地や通りでは、人が人を避けた。インドの死者数が最多となったのは、それから約一年遅れの二〇二一年四月から五月にかけてだった。遺体は駐車場や裏通り、スラム街、運動場で焼かれた。火葬場では、あまりに頻繁に、あまりに勢いよく炎が上がりつづけたために、遺体を置く金属の格子が溶けた。

　私は最初、病院の外来で働いていたが、その後、腫瘍外来そのものが縮小され、最小限の診療しかおこなわれなくなると、家族と一緒に自宅に閉じこもる生活が始まった。窓の向こうの水平線を眺めながら、私はやはり細胞について考えた。免疫とその不平分子について。イェール大学のウイルス学者である岩崎明子は私に、SARS‐CoV2（重症急性呼吸器症候群コロナウイルス2）（通称「新型コロナウイルス」）が引き起こす病態の中心は「免疫の誤射」だと言った。[9] つまり、免疫細胞の調節異常だと。そんな言葉は聞いたことすらなかったが、その意味の大きさには合点がいった。パンデミックもまた、その核心部分では、細胞の病気なのだ。たしかにウイルスは存在していたが、細胞なしには、ウイルスは不活性で命のない存在のままだ。私たちの細胞が疫病を目覚めさせ、それに命を吹き込んだのだ。パンデミックの重要な特徴を理解するためには、ウイルスの特性だけでなく、免疫細胞とその不平分子の生物学的な性質についても理解しなければならないということだ。

　それからしばらくのあいだ、私の思考のあらゆる路地や通りが細胞へつながっているように思えた。

本書を生み出すうえで、自分がどれほどの役割を果たしたのかはわからない。なぜなら本書は最初から、書かれることを求めていたように思えるからだ。

『がん―4000年の歴史―』で、私はがんの治癒や予防を目指す切実な探究について書いた。『遺伝子―親密なる人類史―』は、生命の暗号を解読するための探究についての本だ。本書はそれらとはまったく異なる旅へ私たちをいざなう。生命をその最小単位である細胞という観点からとらえ直す旅だ。本書は治療法の探究や、暗号の解読についての本ではないし、唯一の敵というものも登場しない。本書の登場人物たちは、細胞の構造や生理機能、挙動、周囲の細胞との相互作用を解明することによって、生命を理解しようと努力する。いわば、細胞の音楽を解明することによって。彼らの医学的な目標は、細胞治療を確立することだ。細胞という基本単位を使って、人間を再構築し、修復する治療だ。

本書を書くにあたって、私は年代順に出来事を追いかけるのではなく、それとはまったく異なる構成を採用することにした。本書の各章で、複雑な生物の基本的な性質のひとつを取り上げ、それぞれの物語を掘り下げる。各章がひとつの小さな歴史書のようなものであり、発見の年代記になっている。それぞれの章で、ある特定の細胞システムに依存する生命の基本的な性質（生殖、自律、代謝）のいずれかに焦点をあて、新たな細胞治療の誕生の物語を紹介する（骨髄移植や体外受精、遺伝子治療、脳深部刺激療法、免疫療法など）。そうした治療は、細胞についての私たちの理解から生まれたものであり、そして、ヒトの構造や機能についての既存の概念に挑むものである。本書自体が部分の総和だといえる。歴史と人生、生理学と病理学、過去と未来、そして、細胞生物学者であり医者でもある私自身の成長の個人的な年代記がつなぎ合わされて、全体が生み出されたからだ。いうなれば、本書もまた「細胞」で構成されているのだ。

二〇一九年に本書のプロジェクトを開始したとき、私は本書をルドルフ・ウィルヒョウに捧げようと思った。世捨て人のような、おだやかな話し方をする、進歩的なドイツ人研究医だった彼は、当時の病理学界の圧力に屈することなく、自由な思考を奨励した。[10] 公衆衛生の改善を推し進め、差別を忌み嫌った。そして医学雑誌を発行し、揺るぎない姿勢で独自の医学の道を切り拓いていった。そんな彼こそが、器官や組織の病気を細胞の機能不全に基づいて理解するという「細胞病理学」という概念の生みの親なのだ。[11]

だが結局、新しいがん免疫療法を受けた友人と、エミリー・ホワイトヘッドに戻った。細胞と細胞治療についての新たな理解へと通じる穴を開けてくれた二人だ。彼らは、ヒトの治療に細胞を利用し、細胞病理学を細胞治療へと転換するという初期の試みを経験した最初の患者たちだ。成功したところもあれば、うまくいかなかったところもあった。そんな彼らに、彼らの細胞に、本書を捧げる。

第一部

発見

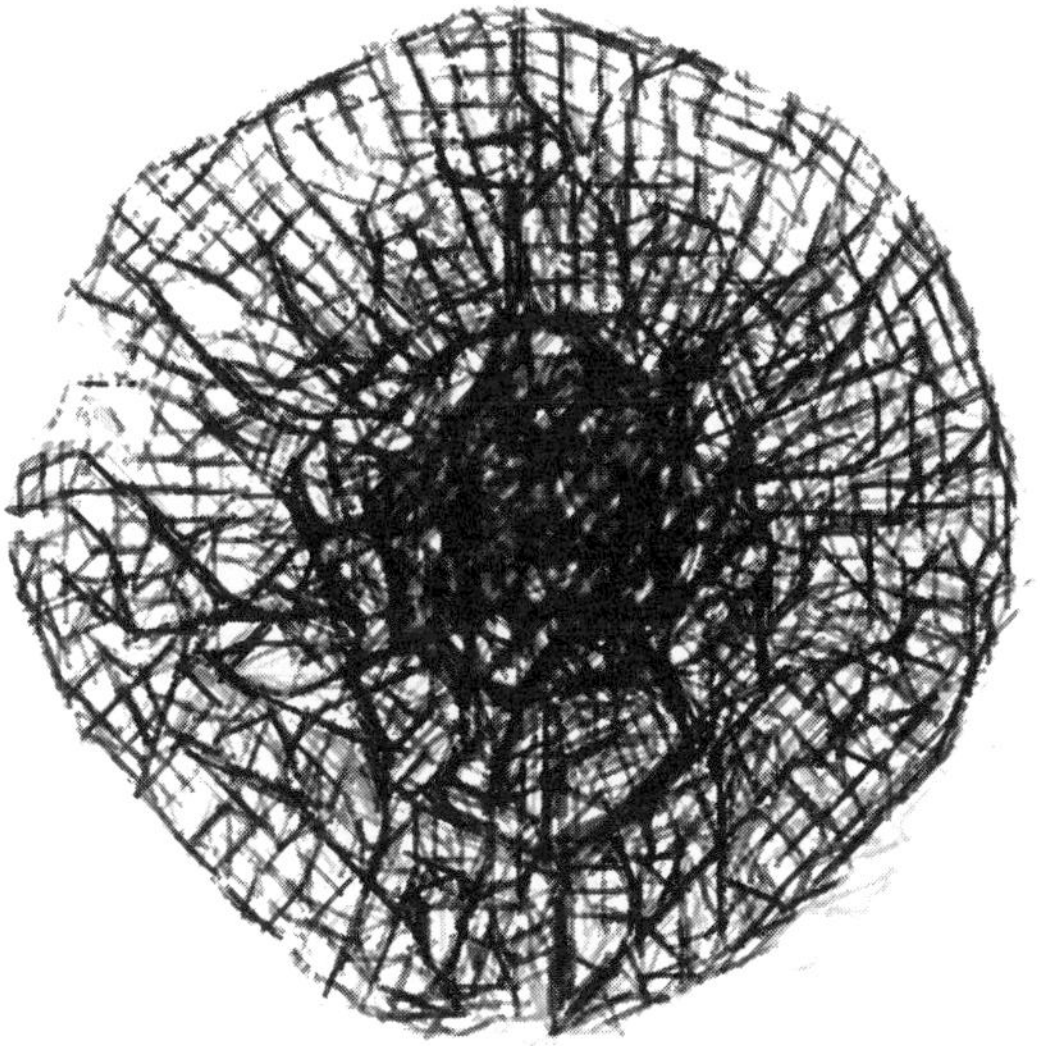

私たちは誰もが、あなたも私も、始まりは一個の細胞だった。

私とあなたの遺伝子は異なる。わずかに。私たちの身体の発生のしかたも異なる。皮膚も、髪も、骨も、脳もちがう。私たちの人生経験は、まったくちがっている。私は二人の叔父を精神疾患で亡くし、転倒がきっかけで父を亡くした。自分の片方の膝を関節炎でだめにした。友人を――あまりに多すぎる友人を――がんで失った。

しかし私たちの身体や経験の大きなちがいにもかかわらず、私とあなたには共通する点が二つある。ひとつは、私たちはどちらも、もとをたどれば、一個の細胞からなる受精卵だったという点だ。もうひとつは、その一個の細胞から複数の細胞ができ、それらの細胞が私とあなたの身体をつくったという点だ。私たちは同じ物質的な単位でできている。同じ原子からつくられた異なる塊のようなものだ。

私たちは何でできているのだろう？　科学者たちの中にはかつて、私たちは月経血が固まってできたものだと信じた者がいた。また中には、私たちは前もって形づくられていたと信じる者もいた。まるで人間の形をしたパレード用の風船が膨らむようにして、極小の人間が時間をかけて大きくなっていったのだと。あるいはまた、オタマジャクシのようなものから魚の口を持つ生き物へ、そして最終的に人間へと子宮の中で徐々に変態していったと考えた者もいた。

もしあなたが顕微鏡をのぞいて、私とあなたの皮膚や肝臓を見たら、驚くほどよく似ていることに気づくはずだ。そして、私たちはみんな、じつのところ、生命の単位でできていることを知るだろう。最初の一個の細胞から複数の細胞ができ、それらが分裂してさらに数を増やし、やがて肝臓や、消化管や、脳といった、体内のすべての精巧な解剖学的構造が形づくられていったのだ。

人間が実際には独立した生命の単位でできていることに、人はいつ気づいたのだろう？　それらの単位が身体のあらゆる機能の基盤だと気づいたのはいつだったのだろう？　私たちの生理機能が結局のところ、細胞の生理機能に依存していると気づいたのは？　反対に、人はいつ、私たちの医学的な運命や未来がそうした生命の単位と密接に関連していると考えたのだろう？　病気とはじつのところ細胞の病理がもたらすものなのだと？

本書の中で私たちが最初に向き合うのはこれらの疑問であり、その疑問から生まれた発見の物語だ。そうした発見が生物学と医学、そして人間という概念に影響をおよぼし、それらを根本から変えたのである。

起源細胞――目に見えない世界

真の知識とは、自分の無知に気づくことです。
――ルドルフ・ウィルヒョウ、一八三〇年代ごろに父に宛てた手紙より[1]

私たちはまず、ルドルフ・ウィルヒョウの声が小さかったことに感謝しなければならない。[2] 一八二一年一〇月一三日、ウィルヒョウはプロイセン王国（現在はポーランドとドイツに分割）のポメラニア地方で生まれた。父親のカールは農民で、市の出納係だった。母親のヨハンナ・マリア・ヘッセについてはほとんどわかっていない。ウィルヒョウは勤勉で聡明な学生だった。思慮深く、注意深く、外国語が得意で、ドイツ語とフランス語、アラビア語、ラテン語が堪能で、学問に秀でていた。

一八歳のときに「労働と苦難に満ちた人生は重荷ではなく祝福である」というタイトルの卒業論文を書き、聖職者になるための準備を始めた。牧師になって会衆の前で説教したいと考えていた。だがその一方で、彼は自分の声の弱さを気に病んでいた。信仰というものは強い啓示から生まれるものであり、啓示とは力強い話し方から生まれるものだ。もし説教壇から啓示を与えようとする自分の声が誰にも聞こえなかったら？　引きこもって勉強するのを好む、声の小さな青年には、医学と科学のほうが向いているような気がした。一八三九年に学校を卒業すると、彼は軍の奨学金を受けて、ベルリンのフリードリヒ・ヴィルヘルム大学で医学を学ぶことにした。

ウィルヒョウが足を踏み入れた一八〇〇年代半ばの医学界は、解剖学と病理学に二分されていたといえる。一方は比較的進歩しており、もう一方はいまだ発展途上だった。一六世紀のあいだに、解剖学者たちは人体の形や構造をしだいに正確に描写できるようになっていった。最も有名な解剖学者はイタリアのパドヴァ大学の教授であるフラマン人科学者のアンドレアス・ヴェサリウスだった。[3] 薬剤師の息子だったヴェサリウスは一五三三年、手術法を学び、外科医として働くためにパリにやってきた。そして、解剖学という分野が途方もない混乱状態にあることを知った。教科書はほとんどなく、人体の系統だった解剖図もまったくなかった。たいていの外科医や学生は、ローマ帝国時代の医師ガレノス（一二九～二一六年）の解剖学の教えを漠然と拠《よ》り所《どころ》にしていた。ガレノスが何世紀も前に書いた人体の解剖学的構造についての論文は動物の研究に基づいたものであり、とんでもなく時代遅れなだけでなく、正直言って、不正確な部分もかなりあった。

腐敗した遺体の解剖がおこなわれたパリの病院オテル＝デューの地下は、ほの暗く、空気のよどんだ、薄汚れた場所で、野犬たちが担架の下をうろついては、落ちてくる肉のかけらを貪《むさぼ》っていた。そんな解剖室を、ヴェサリウスは「精肉所」と呼んだ。助手たちが死体を切り刻み、人体の中をでためにに探っては、ぬいぐるみの詰め物を引っぱり出すみたいにして臓器やさまざまな部位を取り出すあいだ、教授たちは「高い椅子（に座って）、ぺちゃくちゃしゃべっている」とヴェサリウスは書いている。[4]

「医者たちは、自分で切ってみようともしなかった」とヴェサリウスは断じた。「だが、手技を任されていた理容師たちはあまりに無学で、解剖学の教授たちの論文を理解できなかった……医者たちの指示にしたがって人体を切り刻んでは、見せていただけだった。医者たちは絶対に自分の手で解剖することはなく、椅子に座ったまま、いささか傲慢な態度で舵を取るだけだった。その結果、すべてがまちがって教えられ、ばかげた論争のうちに日々は過ぎていった。そうした混乱の中で、見物人たちに見せられた解剖学的事実は、肉屋が店先で医者に教えられることよりも少なかった」。そして、ヴェサリウスは苦々しくこう結論づけた。「めちゃくちゃに切断された腹部の八つの筋肉をまちがった順序で見せられた以外、ひとつの筋肉も、ひとつの骨も提示されなかった。神経や、静脈や、動脈のつながり方など、言うまでもなく」

失望し、混乱したヴェサリウスは自分で人体の解剖図をつくろうと決心した。日に二度、病院のそばの死体安置所に足を運んでは、研究室に標本を持ち帰った。セント・イノセント墓地には、白骨化した遺体がむき出しになっている墓もあり、完全な状態を保ったままの骨格はスケッチに最適だった。パリの巨大な三階建てのさらし絞首台であるモンフォーコンの近くを通った際、ヴェサリウスは絞首台からぶら下がった囚人たちの死体を目にした。彼は処刑されたばかりの死体をこっそり盗んだ。死体の筋肉や内臓、神経の状態は申し分なく、ヴェサリウスは皮膚や筋肉をはがしながら、臓器の位置を解剖図に描いていった。

その後一〇年をかけて描かれたヴェサリウスの精緻な解剖図は人体解剖学を一変させた[5]。まるでメロンを切るようにして、脳を水平面で切断して描いた図もあった。近代のコンピュータ断層撮影（CT）画像のような図だ。血管を筋肉の上に重ねたり、筋肉の片側を切開して内部が見えるようにして描いた図もあった。それらはまるで解剖学の窓のようなものだった。それをのぞけば、人体の表面やその下にある構造が見えるのだ。

一五世紀のイタリア人画家、アンドレア・マンテーニャは「死せるキリスト」という作品の中で、横たわるキリストの身体を足元からの視点で描いている。ヴェサリウスもまた、人間の腹部を下から描いたあとで水平に切断し、核磁気共鳴画像法（ＭＲＩ）画像のような図を生み出したのだろう。ヴエサリウスは画家で版画家のヤン・ファン・カルカールの協力を得て、かつてないほど詳細かつ繊細な人体解剖図を生み出した。一五四三年、彼は全七巻からなる解剖学書『ファブリカ（人体の基本構造[6]：*The Fabric of the Human Body*)』を出版した。題名で使われている*Fabric*（基本構造）という言葉から、この解剖書の本質と目的をうかがい知ることができる。この本は人体を謎めいたものではなく、物理的な物質として扱っていた。精気ではなく、基本構造からなるものとして。七〇〇近い図版が挿入された彼の解剖書は、医学書であり、科学論文であり、そこに描かれた人体の地図や図譜はその後何世紀にもわたって人体解剖学の土台となった。

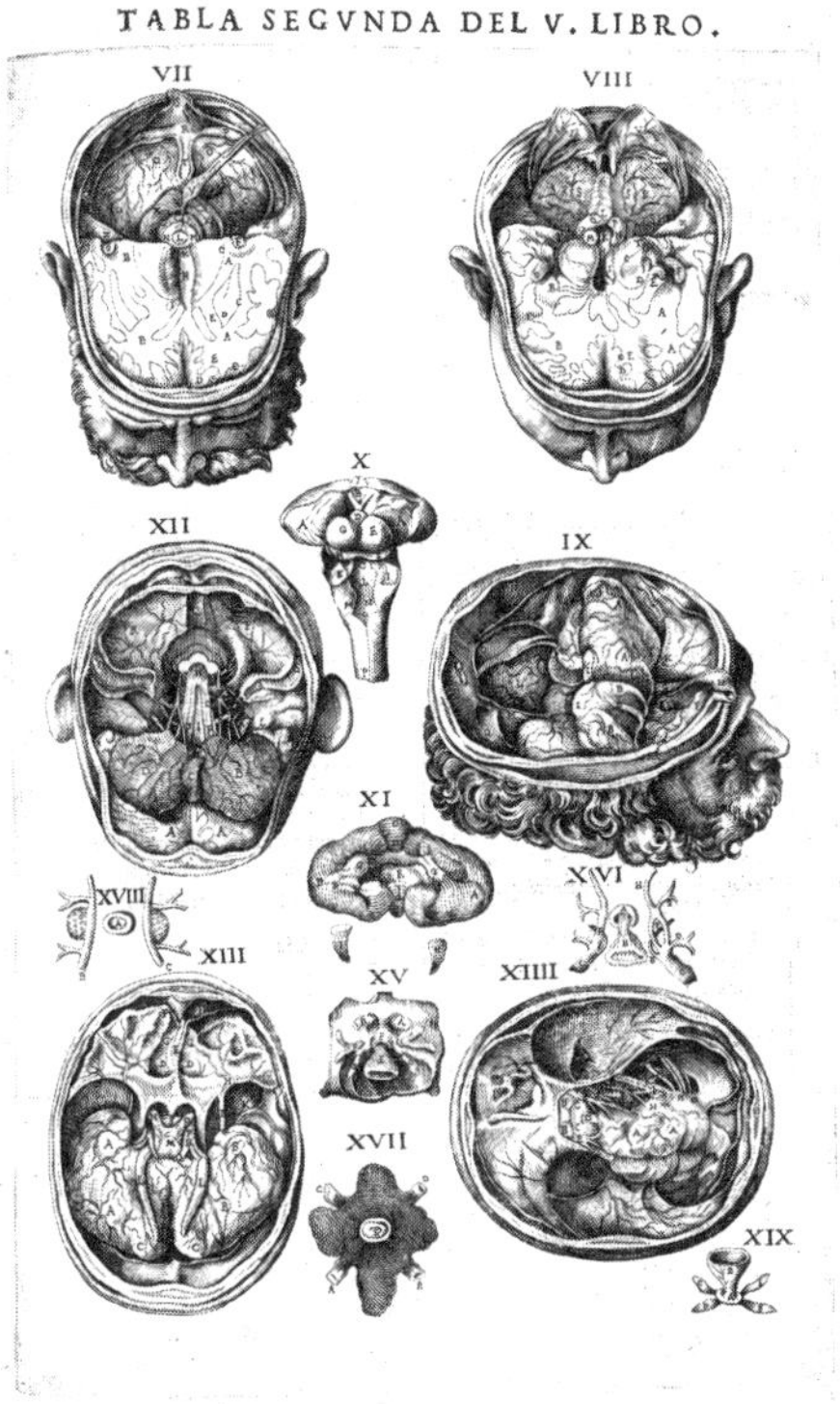

ヴェサリウスの『ファブリカ』（1543）の図版のひとつ。人体を水平面で連続的に切断する彼の手法を示したもので、各解剖学的断面の上下の構造の関係を描き出す近代の CT スキャン画像のような図だ。ヤン・ファン・カルカールが描いた『ファブリカ』のような学術書は人体解剖学に革命をもたらしたが、1830 年代には、これに匹敵するような生理学や病理学の包括的な教科書はいまだ存在しなかった。

偶然にも、彼の本が出版されたのは、ポーランド出身の天文学者ニコラウス・コペルニクスが〝天体の解剖図〟、すなわち太陽中心説に基づく太陽系の地図を示した画期的な書『天体の回転について』を出版した年だった。[7] その地図では、太陽が中心に揺るぎなく据えられ、地球はそのまわりの軌道に位置していた。

ヴェサリウスは人体解剖学を医学の中心に据えたのだ。

しかし、人体の構造の研究が著しく前進した一方で、人間の病気とその原因の研究である病理学には、そのような中心はなかった。病理学は地図のない、無秩序な宇宙だった。ヴェサリウスの本に匹敵するような病理学の本はなく、病気を説明する共通理論もなかった。新事実の発見もなければ、革新的な研究結果もなかった。一六世紀から一七世紀にかけて、ほとんどの病気の原因は瘴気《しょうき》と呼ばれる、汚染された空気や下水から放散される毒性の気体にあるとされた。瘴気には瘴気粒子という腐敗しつつある物質が含まれており、それが体内に入り込み、腐敗を引き起こすと考えられた（現在も使われている病名の中には、そうした歴史が反映されたものもある。たとえばマラリアは、イタリア語の *mala* と *aria* を組み合わせたもので、その意味は「悪い空気」である）。

そこで、人間の健康改善に取り組む初期の専門家たちは、病気を予防したり、治療したりする目的で、衛生状態の改善や公衆衛生改革に注力した。彼らは汚物を流すための下水道を掘り、家や工場に換気ダクトを設けて、瘴気粒子の霧が屋内に充満するのを防いだ。それは疑う余地のない論理の霧に包まれているように思われた。産業化が急速に進み、賃金労働者とその家族の流入に対応しきれずにいた多くの都市は、スモッグと下水に満ちた悪臭を放つ場所だった。そして病気は、最も悪臭のひどい、最も人口の過密な場所を追いかけるようにして発生した。ロンドンのイーストエンド（現在は最高級のリネンエプロンや、高価な単一蒸留所製ジンなどを売る店やレストランが並ぶきらびやかな地区）をはじめとする貧民街やその周辺に、コレラと発疹《ほっしん》チフスが忍び寄った。梅毒と結核が猛威を振るった。出産は恐ろしいものであり、赤ん坊の誕生ではなく、赤ん坊や母親の、ときに両方の死で終わる可能性が高かった。富裕層の暮らす地区では、空気は綺麗で、下水はしかるべく捨てられ、人々は健康だったのに対し、瘴気が充満する地区で暮らす貧民たちは避けがたく、病気で死んでいった。清潔が健康の秘訣なら、病気は不潔や汚染がもたらすものにちがいないと考えられた。

　汚染された霧や瘴気という概念は真実のように思えたし、金持ちと貧乏人とが暮らす地区をさらに強固に隔てることを完璧に正当化した。一方で、病理学には不可解な謎がつきまとっていた。たとえば、次のような謎だ。オーストリアのウィーンのある産科クリニックの妊産婦の産後死亡率はなぜ、隣のクリニックの三倍なのだろう？[8]　不妊の原因とはなんだろう？　申し分なく健康な若い男性が突然、関節に耐え難い痛みを生じる病気にかかって命を落とすのはなぜなのだろう？

　一八世紀から一九世紀をとおして、医師や科学者たちは、人間の病気を説明づける体系的な理論を探しつづけた。しかし、彼らが生み出せたのは余剰な説明ばかりで、そのどれもが結局のところ、肉眼的解剖学に基づいたものだった。つまり、それぞれの病気は、肝臓や胃、脾臓といった、個別の器官の機能異常である、というものだ。そうした器官や、それら全体に異常をきたす謎めいた症候群を関連づける、なんらかの深い原則はあるのだろうか？　人間の病理を体系的にとらえることは果たして可能なのだろうか？　もしかしたらその答えは、肉眼で見える構造ではなく、肉眼では見えない構造にあるのではないだろうか？　事実、一八世紀の化学者たちはすでに、水素の可燃性や水の流動性といった物質の性質は、それを構成する目に見えない粒子（分子や原子）の性質によるものであることを発見していた。ひょっとしたら生物にも同じことがあてはまるのではないだろうか？

ベルリンのフリードリヒ・ヴィルヘルム大学の医学部に入学したとき、ルドルフ・ウィルヒョウはまだ一八歳だった。[9] そこはプロイセン軍の軍医を養成するための学部であり、教育倫理もやはり軍隊式だった。学生たちは日中、週に六〇時間授業を受け、夜は暗記のために費やすべきであるとされた（外科の授業では、上級の軍医たちがよく抜き打ちの「出席テスト」をして、ひとりでも欠席していたら全員が罰を受けた）。[10]「毎日がこんな感じです。日曜以外は、朝六時から夜一一時まで休憩もありません」とウィルヒョウは意気消沈した様子で父親に宛てて書いた。「（……）あまりにも疲れていて、夜になると、気づけばずっと、固いベッドで横になりたいと思いつづけています。ようやくベッドに入って、ほとんど昏睡状態で眠り、朝、目を覚ましても、夜と同じくらい疲れているのです」。[11] 学生たちは配給される肉とジャガイモと水っぽいスープという食事をとり、狭い隔絶された個室で暮らした。そう、小部屋（cell）で。

ウィルヒョウは事実を淡々と覚えていった。解剖学の授業は合理的だった。ヴェサリウスの時代以降、何世代もの手術者による何千体もの解剖を経て、人体の肉眼的解剖図は徐々に完璧なものになっていった。しかし、病理学と生理学には根本的な理論がなかった。各器官はどのようにして機能するのだろう？　何をしているのだろう？　なぜ機能不全に陥るのだろう？　これらの疑問に対する答えは、まったくの推量でしかなかった。まるで軍が断言すれば、推量が事実に変わるかのようだった。病理学者たちはもう長いこと、いくつかの学派に分かれたままで、病気を引き起こす原因として、それぞれが異なる因子を挙げていた。瘴気説を支持する者たちは、汚染された霧こそが病気の原因だと考えていた。ガレノス学派の者たちは、病気とは「体液」と呼ばれる体内の四つの液体あるいは半流動体の病的な不均衡状態だと信じていた。そして「心霊学者たち」は、不満がもたらす精神状態が表に現れたものが病気だと主張した。ウィルヒョウが医学の世界に入ったころには、これらの理論のほとんどは混乱したり、廃れたりしていた。

一八四三年、ウィルヒョウは医学部を卒業し、ベルリンのシャリテ病院に入職した。そして、病理学者で顕微鏡学者、病院の病理学標本の管理者でもあるロベルト・フリオレプとともに働きはじめた。柔軟性のない医学部での勉強から解放されたウィルヒョウは、ヒトの生理学と病理学を理解するための体系的な方法を見つけたいと切望し、病理学の歴史を徹底的に調べた。「(顕微鏡学的な病理学を)理解しなければならないという、差し迫った、深い思いがありました」[12]と彼は書いている。しかし、病理学という分野はまちがった方向に進んでしまっているように感じられた。もしかしたら、正しいのは顕微鏡学者の考え方なのかもしれない、とウィルヒョウは考えた。体系的な答えは肉眼で見える世界では得られないのかもしれない。心不全に陥った心臓や、硬化した肝臓が単なる二次的な現象だとしたら? 肉眼では見えない、より深い部分の機能不全が病として表に現れただけだとしたら?

歴史を学んでいくうちに、ウィルヒョウは、この肉眼では見えない世界を可視化した先駆者たちがいたことを知った。一七世紀末、研究者たちは、植物や動物のあらゆる組織が細胞という単一の生きた構造体でできていることを発見していた。この細胞というものが、生理学と病理学の中心にあるのではないだろうか? もしそうなら、細胞はどこから生まれて、何をしているのだろう?

「真の知識とは、自分の無知に気づくことです」。医学生だったころの一八三〇年代、ウィルヒョウは父親に宛てた手紙の中でそう書いた。「自分の知識の欠落を、私は痛感しています。私が科学のどの分野にもとどまらないのはそのためです……私には不安定で、優柔不断なところがあるのです」。そんなウィルヒョウも、医学ではようやく、自分の足場を見つけた。まるで、かき乱されていた心の痛みがおさまったかのようだった。「私は自分自身の助言者です」。一八四七年、彼は新たに見いだした自信を滲ませて、そう書いた。[13] 細胞病理学という分野が存在しないのなら、ゼロから自分で立ち上げればいい。臨床医としての成熟と、医学史の広い知識を身につけたウィルヒョウはようやく、その場にじっととどまり、知識の欠落を埋めることができるようになった。

可視化された細胞――「小さな動物についての架空の物語」

部分の総和の中には部分しかない。
世界は目で測らなければならない。

――ウォレス・スティーヴンズ

「世界は目で測らなければならない」

近代遺伝学は農業から始まった。モラヴィア出身の司祭グレゴール・メンデルは、ブルノの修道院の中庭で絵筆を使ってエンドウを異花受粉させて雑種のエンドウをつくり、遺伝子を発見した。[1] ロシア人遺伝学者ニコライ・ヴァヴィロフも、農作物の選別から着想を得た。[2] 英国の自然科学者チャールズ・ダーウィンもやはり、選抜育種をとおして動物の形態が大きく変化することに気づいた。[3] そして、細胞生物学も、地味で実用的な技術から生まれた。高尚な科学は地味な手仕事から生まれたのだ。

細胞生物学の場合、重要なのは単に、見る技術だった。世界を目で計測し、観察し、分析する技術だ。一七世紀初頭、オランダ人の眼鏡技師の父子、ハンス・ヤンセンとその息子ツァハリアスは、筒の上と下にレンズをつけると、肉眼では見えない世界を拡大できることを発見した。[5†] 二つのレンズをつけた顕微鏡はやがて「複式顕微鏡」と名づけられ、レンズがひとつだけの顕微鏡は「単式顕微鏡」と呼ばれるようになった。どちらも、何世紀もかけて達成されたガラス吹きの技術革新があってこそ生まれたものだった。アラビアやギリシャから、イタリアやオランダのガラス職人工房へと伝わった技術だ。紀元前二世紀、劇作家のアリストパネスは「燃える球体」について書いている。市場で飾り物として売られるそのガラス球は、日光を目的の場所に集めることができた。もし誰かが「燃える球体」をじっとのぞき込んだなら、ミニチュア世界が拡大されて見えたはずだ。この燃える球体を引き伸ばして、目の大きさのレンズにすれば眼鏡ができる（一二世紀にイタリアの眼鏡職人アマティがこれを発明したと考えられている）。さらに、レンズに持ち手をつければ、拡大鏡の完成だ。

ヤンセン父子の発明の何が革新的だったかといえば、ガラス吹きの技術と、ガラス片を取付板の上で動かす技術とを組み合わせた点だった。この技術に基づいて、科学者たちはやがて、完全に透きとおったレンズ形のガラス片を金属板や筒に取りつけ、それをスライドさせるためのネジや歯車のシステムを備えつけ、その結果、それまで見たことのないミニチュアの世界に足を踏み入れることになる。人類がいまだかつて知らなかった宇宙に。それは、望遠鏡で見える巨視的な宇宙の対極にある、もうひとつの宇宙だった。

ある秘密主義のオランダ人商人が独学で、肉眼では見えない世界を可視化することに成功した。一六七〇年代、デルフトの織物商だったアントニ・ファン・レーウェンフックは、糸の品質を調べる道具を必要としていた。一七世紀のオランダは織物取引の中継地として栄え、束ねられた絹やビロード、羊毛、麻、綿が各地の港や植民地から運び込まれては、オランダを経由してヨーロッパ大陸各地で取引された。[6] レーウェンフックもヤンセン父子の顕微鏡を参考にして、自分で顕微鏡をつくってみた。真鍮《しんちゅう》の板にレンズをはめ込み、標本を設置するピンを備えつけただけのシンプルなものだった。彼は最初、布を選別するためにそれを使ったが、すぐに、この手製の道具の虜《とりこ》になり、ありとあらゆるも

(a)　(b)

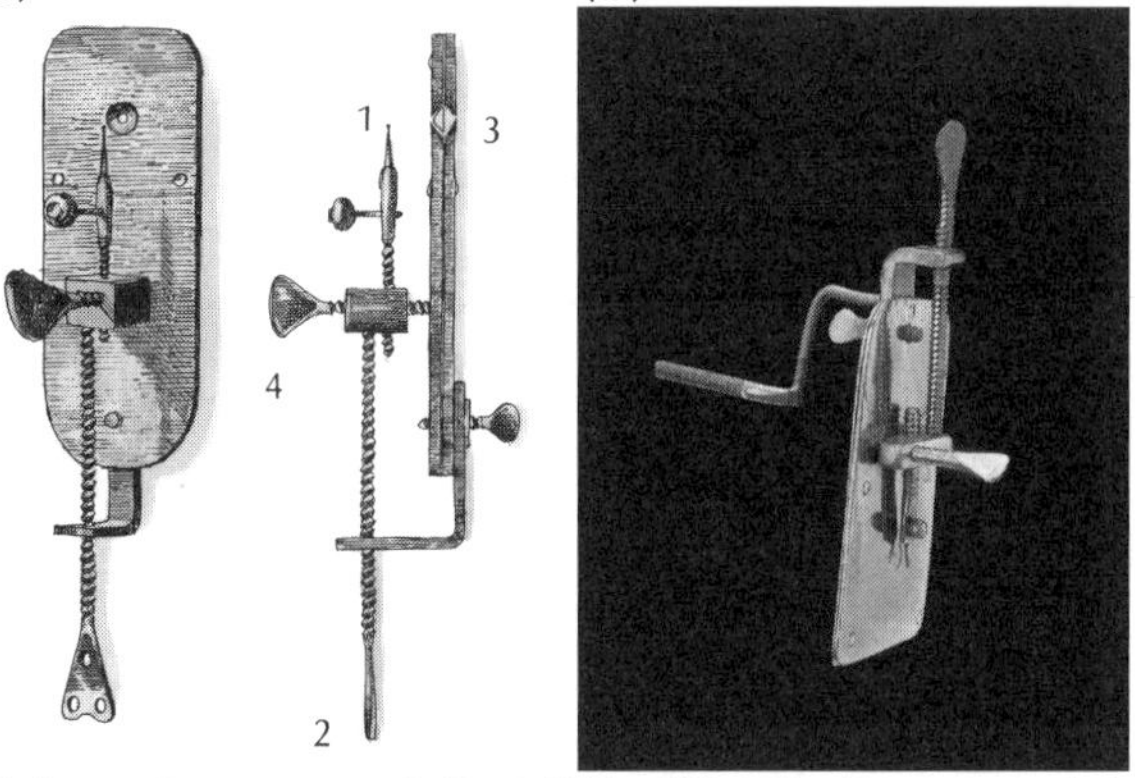

(a) レーウェンフックの初期の顕微鏡の構造を図で示したもの。(1) 標本用のピン (2) 主要なネジ (3) レンズ (4) 焦点調節用つまみ (b) レーウェンフックの顕微鏡の実物。レンズは真鍮の板に設置されている。

のにレンズの焦点をあてはじめた。

一六七五年五月二六日、デルフトの市《まち》は嵐に見舞われた。当時四二歳だったレーウェンフックは雨樋《あまどい》から水を集め、一日放置したあとで、一滴を顕微鏡のピンに垂らして光にかざした。[7] そしてたちまち、心を奪われた。彼が知るかぎり、このようなものを見たことがある者はいなかった。雨水の中に、何十種類もの小さな生き物がうごめいていたのだ。彼はそれらを「アニマルクル」と名づけた。そのころにはすでに、望遠鏡学者たちは巨視的な世界を見ていた。青みを帯びた月、ガスに覆われた金星、環に囲まれた土星、赤く輝く火星。しかし、一滴の雨水の中の驚くべき宇宙について報告した者はいなかった。「私がこれまで自然界で発見してきたものの中でも、最も素晴らしいものでした」と彼は一六七六年に書いている。「一滴の雨水の中の無数の生き物がつく

† 歴史学者の中には、ヤンセンのライバルだった眼鏡職人のハンス・リッペルハイとコルネリウス・ドレベルがそれぞれ独自に、複式顕微鏡を発明したと主張する者もいる。[4] それらの発明時期については諸説あるが、概《おおむ》ね一五九〇年代から一六二〇年代にかけてだと考えられている。

る壮麗な光景以上に、私の目を喜ばせてくれたものはありません」[8]

レーウェンフックはもっと見たかった。彼の心を奪う生き物の新宇宙を見るためのより優れた道具をつくりたいと思った。そこで彼は、高品質のビーズとベネチアンガラスの小球を買い、それらを念入りに研いで磨き、きれいなレンズ状にした（彼のつくったレンズの中には、棒状のガラスを炎にかざし、引き伸ばして細い針状にし、先端を溶かしてから、その針状のガラスを「膨らませて」レンズ状にしたものがあったことが知られている）。彼はそれらのレンズを真鍮や銀、金でつくった薄い金属板にはめ込んだ。顕微鏡のパーツを上下に動かして試料に焦点がぴたりと合うようにするための、極小の台やネジなどの装置をしだいに複雑なものにつくり上げていった。

別の場所から採取した水にもこうした生き物は存在するのだろうか？　レーウェンフックは海辺へ行く男性に頼んで「清潔なガラス瓶に」海水を入れて持ち帰ってもらい、そして、海水の中にも、単一の細胞からなる生物を見つけた。「ねずみ色で、先端に向かって細まった形の」生き物が水中を泳いでいた。[9]一六七六年、彼はついに、当時最も権威のあった科学協会に観察結果の記録を送った。

英国王立協会に宛てて、彼はこう書いた。「一六七五年、私は、新しい陶器の壺に入れて数日放置した雨水の中に、生き物を発見しました……これらのアニマルクル、つまり生きた原子は、動くときに二本の角を前に出し、そして、絶えず動きつづけます。体は丸みを帯びていて、お尻の先端に向かって少し細くなっています。先端には一本の尻尾がついていて、その長さは体の四倍ほどです」[10]

この段落を書き終えるころには、私も同じくミニチュア世界に心を奪われていた。自分の目でその世界を見てみたくなった。パンデミックの最中で時間を持て余していたこともあり、私は顕微鏡を自作してみることにした。どうせなら、できるかぎり本物に近いものをつくってみたかった。金属板と調節用つまみを注文して、金属板にドリルで穴を開けてから、購入できた中で最小のレンズを金属板にはめ込んだ。しかし、私がつくったものと近代的な顕微鏡とでは、いうなれば牛車と宇宙船ほどのちがいがあった。試作品を何十個も捨てたあと、ようやく使えそうなものがひとつ完成した。陽光が降り注ぐ午後、私は水たまりのよどんだ雨水を一滴、試料用のピンに垂らし、顕微鏡を光にかざした。

何も見えなかった。霊界からやってきた影のような、ぼんやりしたものが視野を横切っただけで、あとは何もかもぼやけていた。失望しながら、私はレーウェンフックならそうしたように、調節つまみを動かしてみた。あまりの期待に、ネジの回転が身体に伝わるようだった。まるでつまみが私の背筋にネジを食い込ませていくように感じられた。そしていきなり、見えた。まずは水滴がくっきり見え、次に、その中の世界全体が見えた。アメーバのような形をしたものがきらめいた。名前を知らない生物もいた。らせん状の生物。動きつづける丸い塊。その塊は見たことがないほど美しく繊細な繊維で囲まれていた。私はそれらの細胞たちから目を離すことができなかった。

一六七七年、レーウェンフックは、淋病《りんびょう》の男性と自分の精液の中のヒト精子、彼が呼ぶところの「生殖のアニマルクル」を観察し[11]、それが「ヘビのように、あるいは水中を泳ぐウナギのように」動くことを発見した[12]。情熱も能力も持ち合わせていた織物商人のレーウェンフックはしかし、自分の顕微鏡を科学者たちにのぞかせないことで悪名高かった。科学者たちは当然のことながら疑念を抱き、彼の主張を信じなかった。王立協会の事務総長だったヘンリー・オルデンバーグはレーウェンフックに要請した[13]。「他者が観察結果の正しさを確認できるように、観察の方法を示し」、スケッチや確認データを提出するように、と。レーウェンフックが王立協会に送った、およそ二〇〇通の手紙のうちの半数にしか、出版に値すると思われる証拠や、使用された科学的手法が書かれていなかったからだ。しかしレーウェンフックは、使用した道具や方法について、あいまいな情報しか伝えなかった。科学史家のスティーブン・シェイピンは書いている。レーウェンフックは「哲学者でもなければ、医師でもなく、紳士でもなかった[14]。大学に行ったこともなければ、ラテン語もフランス語も英語も話せなかった。（水中に極小の生物が無数に存在するという）彼の主張は、既存の妥当性のある科学の体系を汚すものであり、自らの主張の信頼性を高めるうえで、彼のそうした人となりはなんの役にも立たなかった」。

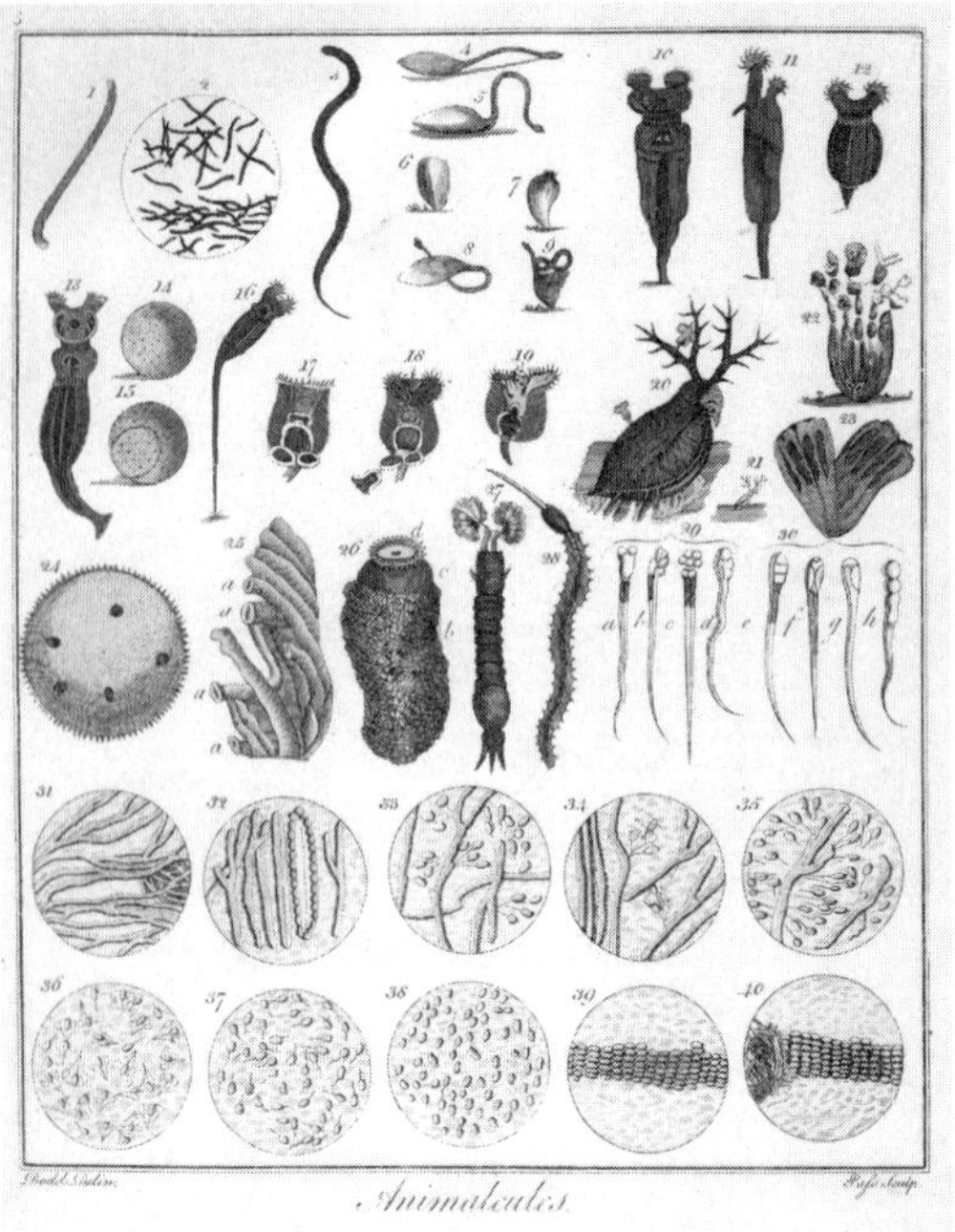

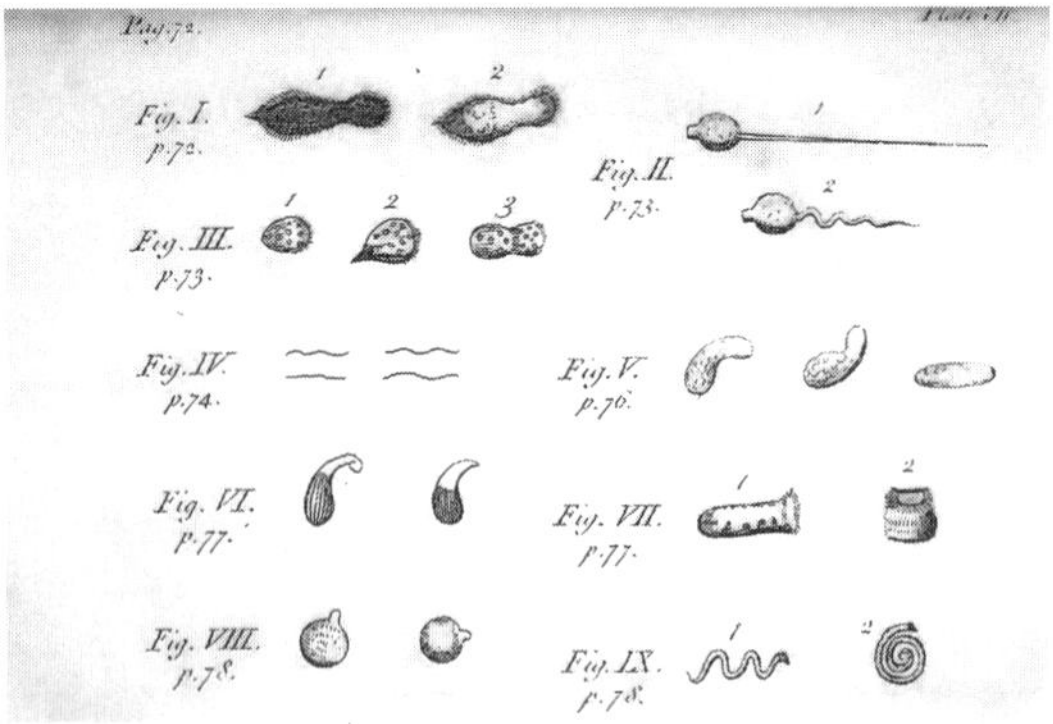

レーウェンフックが単眼レンズの自作の顕微鏡で観察した「アニマルクル」の一部。下の図のFig. Ⅱは、ヒトの精子、あるいは鞭《べん》毛《もう》のある細菌のいずれかと考えられている。

ガラス瓶に海水を入れて持ち帰ってくるように友人に頼む織物商人。用心深い無口なアマチュア。そんな人物像を彼自身が面白がっているようなふしもあった。織物商人から顕微鏡学者になり、さらには、極小生物の新世界の存在を提唱して生物学の常識をひっくり返そうとしていたこの人物の言葉を裏づけるのは、レーウェンフック自身が集めたデルフトの住人八人の証言だけだった。住人たちは誓って言った。レーウェンフックの道具をのぞいたら、ほんとうに「泳ぐ動物」が見えたのだと。だが、そんな宣誓供述書頼みの科学など通用するはずはなく、結果的に、レーウェンフックの評判はがた落ちになった[15]。疑念と苛立《いらだ》ちを抱えたまま、レーウェンフックは彼にしか見えない極小の世界のさらに奥深くへ引きこもった。一七一六年、彼は憤りに駆られて書いている。「長いあいだ続けてきた研究は、称賛を得たいがためのものではなく、強い知的欲求によるものでした。私の知的欲求はたいていの人よりも強いことに気づきました[16]」

まるで彼自身が自作の顕微鏡に呑み込まれ、その存在が縮んでしまったかのようだった。やがて、彼はもうほとんど目に見えない存在となった。ないがしろにされ、忘れ去られた。

一六六五年、レーウェンフックが水中のアニマルクルについての手紙を王立協会に出す一〇年ほど前、英国の科学者で博識家のロバート・フックも細胞を見ていた[17]。とはいえ、彼が見たのは生きた細胞ではなかったし、その細胞にはレーウェンフックのアニマルクルほどの多様性もなかった。科学者として、フックはレーウェンフックとは正反対だったといえるかもしれない。オックスフォード大学ウォドム・カレッジで学んだフックは広い知的好奇心の持ち主で、さまざまな科学の世界を渡り歩いては、その分野全体の知識を吸収していった。物理学者であるだけでなく、建築家、数学者、望遠鏡学者、科学イラストレーター、顕微鏡学者でもあった。

当時のたいていの紳士科学者（収入を気にせずに自然科学に没頭できる裕福な家の出の者）とはちがって、フックは英国の貧しい家に生まれた。オックスフォード大学の奨学生となった彼は、著名な物理学者ロバート・ボイルに助手として雇われた。一六六二年には、まだボイルの助手という身分だったにもかかわらず、すでに独自の考えを持つ影響力の高い思想家としての評判を確立しており、「実験の監督者」として王立協会に雇用された。

フックの知性には輝きと弾力性があった。伸ばすときらりと光る輪ゴムのようだった。彼はさまざまな分野に足を踏み入れては、それらを拡張するとともに、内なる光で照らした。力学や光学、材料科学について幅広く執筆をおこない、一六六六年九月に五日間にわたって猛威を振るったロンドン大火のあとには、高名な建築家クリストファー・レンの助手として市《まち》の測量や復興にたずさわった[18]。強力な新型の望遠鏡をつくり、それを使って火星の表面を観測し、さらには、化石の研究や分類もおこなった。

一六六〇年代初め、フックは顕微鏡を使った一連の研究をおこなった。アントニ・ファン・レーウェンフックが発明した顕微鏡とはちがい、フックが使ったのは複式顕微鏡だった。精巧に磨かれたレンズが、可動式の筒の上下にはめ込まれたものだ。彼は次のように書いている。「物体を近接させて置き、レンズをのぞいたら、物体が拡大されて見え、ときに、どんな大きな顕微鏡を使った場合よりも、鮮明に見えることがあります。このレンズは、つくるのは（きわめて）簡単ですが、使い勝手が非常に悪いのです。なぜなら、とても小さいうえに、見ようとするものをごく近くに置かなければならないからです。この二つの問題を解決し、なおかつ屈折を二回だけしかしないようにするために、私は真鍮の筒を使いました[19]」

一六六五年一月、フックは、顕微鏡を使った実験と観察記録を詳述した著書を出版した。『ミクロ

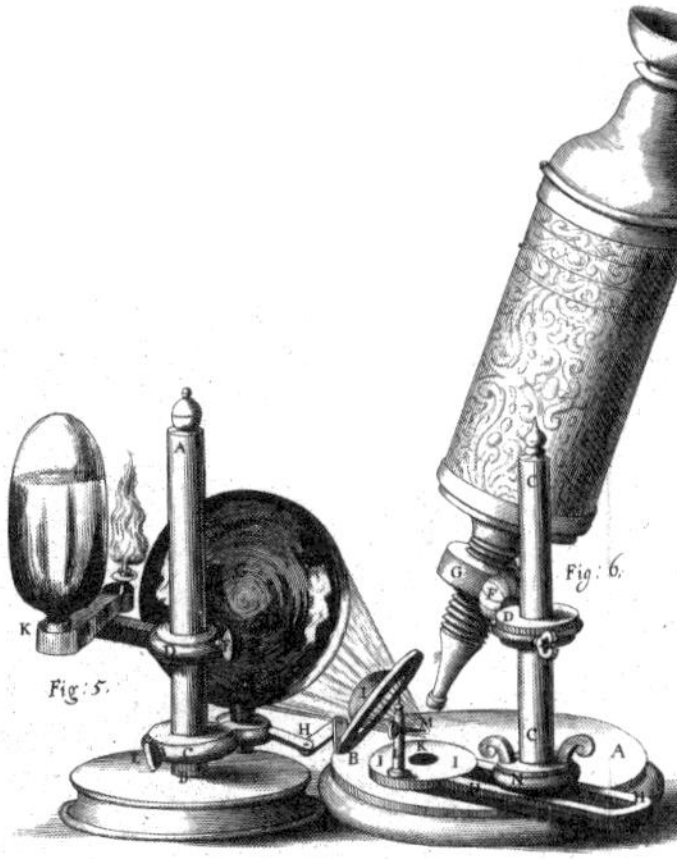

ロバート・フックが使った二枚レンズの複式顕微鏡。二枚のレンズがはめ込まれた真鍮の筒の横には、オイルランプとその光を集めるためのガラス球が設置され、円筒の下に試料が置かれている。

グラフィア——拡大ガラスによる微小体の生理学的記述、観察結果および研究』と題した彼の本は、その年の予想外のヒットとなった。「これまでに読んだ中で最も精巧な本」と日記作家のサミュエル・ピープスは書いている。[20] 読者は極小の物体の見たこともない拡大図におののき、魅了された。緻密に描かれた何十ものイラストの中には、ノミの拡大図もあれば、ページの八分の一の大きさに拡大された巨大なシラミの絵もあった。[21] シラミはいかにも寄生虫らしいグロテスクな口をしていた。何百ものレンズを持つイエバエの複眼は極小のシャンデリアのようであり、フックは「ハエの眼は格子に似ている」と書いている。[22] 触角を詳細にスケッチするために、ブランデーで酔わせてから描いたアリの絵もあった。[23] そして、このような寄生虫や害虫の図の中にひっそりと隠れるようにして、比較的平凡な図があり、その図こそが、生物学の根底を静かに揺るがすことになった。フックが顕微鏡の下に差し入れたのは、植物の茎の断面図——そう、コルクの薄片だった。

コルクは単なる平らで単調な素材ではなかった。『ミクログラフィア』の中でフックはこう説明している。「私は良質のきれいなコルクを手に入れ、カミソリの刃のように鋭く研いだペンナイフを使って、コルクの一片を切り取り、表面をきわめて滑らかな状態に保ったまま、顕微鏡で入念に観察しました。その結果、それが多数の穴でできていることに気づいたのです[24]」。それらの穴は、それほど深くなく、「無数の小さな箱」のようだった[25]。つまり、コルク片は多角形の構造が規則的に集まってできていた。同じ形の「単位」が寄せ集まって、全体を形成していたのだ。まるでハチの巣のように。あるいは、修道士の宿舎のように。

　フックはそれらの箱の名前を探し、最終的に「小部屋」を意味するラテン語 *cella* から細胞 *cell* と

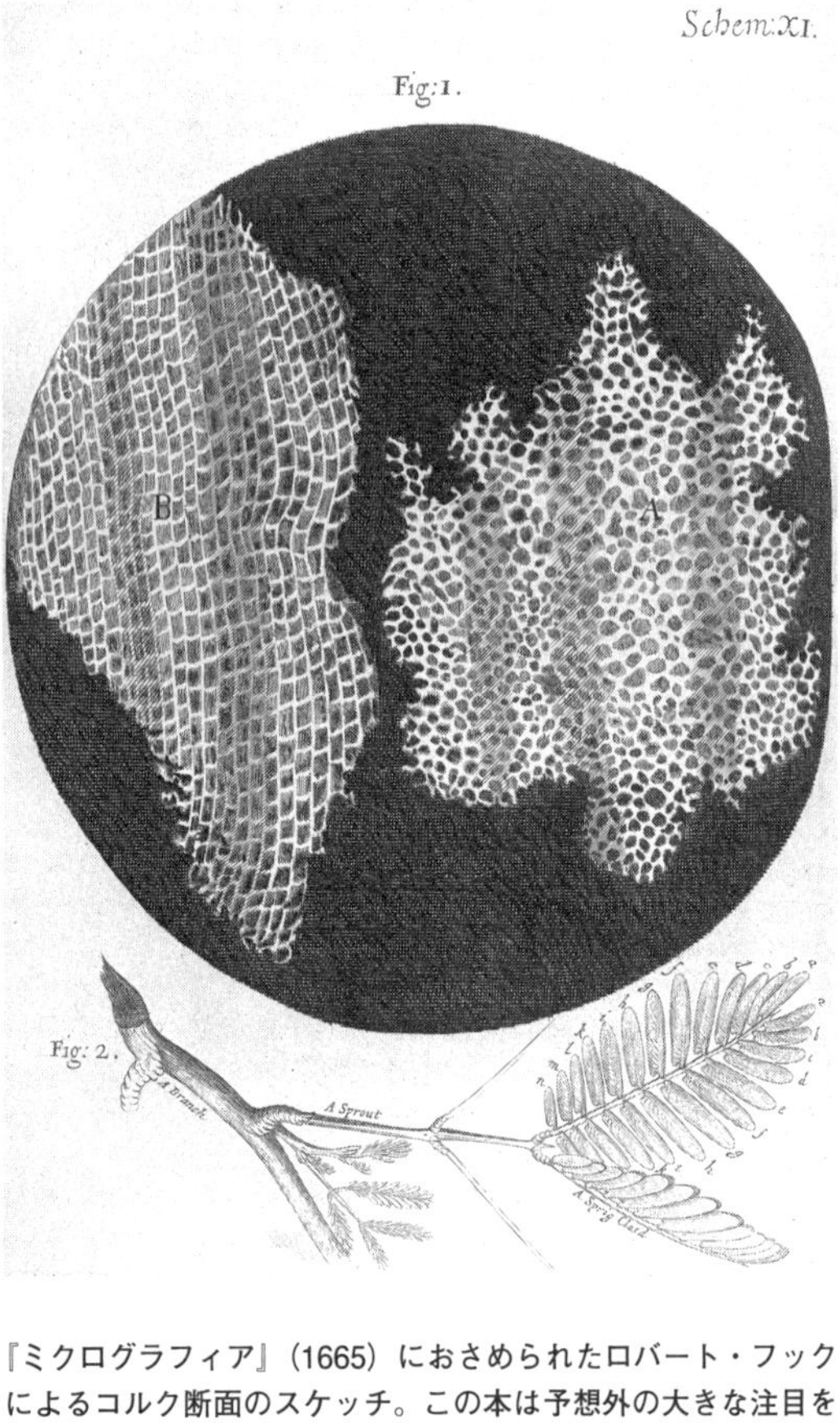

『ミクログラフィア』（1665）におさめられたロバート・フックによるコルク断面のスケッチ。この本は予想外の大きな注目を集め、そこに描かれた極小の動物や植物の拡大図が話題となって、英国じゅうで人気を博した。フックがこの試料で観察したのは細胞壁だったが、彼はのちに、水中に存在する本物の細胞を観察することができた。

名づけた（フックが観察したのは実際には「細胞」ではなく、植物細胞を取り囲む壁の輪郭だった。もしかしたらその中に生きた細胞が存在していたかもしれないが、それを証明する図はなかった）。フックが思い浮かべたとおり、それらは「無数の小さな箱」だった。しかし無意識のうちに、彼は生き物についての、そしてヒトについての新たな概念を生み出していたのだ。

フックは肉眼では見えない、独立した、小さな生命の単位をさらに詳細に、深く観察した。一六七七年一一月の王立協会の会議で、彼は顕微鏡を使った雨水の観察結果を発表し、協会は彼の観察結果を記録した。

提示された最初の実験結果は雨水でつくった濁り水を観察したもので……雨水は九日から一〇日前に採取したものだった[26]。フック氏は一週間かけて、水中を泳ぎまわる数多くのきわめて小さな動物を発見した。体積を一〇万倍に拡大できるガラスをとおして観察すると、それらがネズミほどの大きさに見えたことから、実際の体積はネズミの一〇万分の一であると考えられた。外見は楕円形、あるいは卵形の透明な極小の泡のようだった。この卵のような泡の太いほうの端を先にして、それらが水中をあらゆる方向に行ったり来たりする様子が観察され、観察した者全員が動物であると確信した。外見には、それを疑う点はなかった。

フックの研究について知ったアントニ・ファン・レーウェンフックは、その後一〇年間、フックに手紙を書きつづけた。自分の顕微鏡の下で動いていたアニマルクルが、コルクの生命単位――細胞――や、雨水の中の生物といった、フックの一連のコレクションと同じものだと気づいたからだ。しかしこれらの手紙には、絶望や失望が滲んでいた。たとえば、一六八〇年一一月の手紙にはこう書かれている。「しばしば私の耳に聞こえてくるのですが、どうやら私は、小さな動物について、つくり話をしているだけだと言われているようです……」[27]。しかし一七一二年の手紙には、次のような予測が記されていた。「いいえ、さらに研究を進めれば、この小さな世界の最小の粒子の中に、他の世界に影響を与えるような、いまだ手つかずの新たな物質の宝庫が見つかるかもしれません[28]」

フックはと言えば、レーウェンフックにときどき返事を書いただけだった。しかしその一方で、レーウェンフックの手紙が翻訳されて、王立協会に渡るように取りはからった。フックはそうすることで、後世に伝わるレーウェンフックの評判を救った可能性がある。しかし、細胞生物学的考察に対するフック自身の影響力は、依然として、かなり限定的なものにすぎなかった。細胞生物学の歴史家であるヘンリー・ハリスは次のように書いている。「これらの構造が、あらゆる生物と動物を構成する基本的な単位の輪郭だとフックが示唆したことは一度もなかった[29]。その基本単位が、自分が観察したコルクの穴のサイズと形を持つことを彼は想像すらしなかった……（フックが見たのは）コルクの細胞の壁だったが、彼はその機能を誤解したうえ、壁内のスペースを占めているものについての概念を持ち合わせていなかった[30†]」。穴の空いた一片の死んだコルク。顕微鏡レベルのスケッチからほかに何がわかるだろう？　植物の茎はなぜこんなふうにできているのだろう？　この「細胞」はどのようにして発生するのだろう？　どんな機能を持つのだろう？　すべての生物に存在するのだろうか？　この生きた「小部屋」は正常な身体や病気にどう関係しているのだろう？

顕微鏡に対するフックの興味はいつしか失われていった。ひとところにとどまることのない彼の知性は、広い世界を駆けめぐることを求めており、やがて彼は、光学や数学、物理学といった分野へ戻っていった。実際、ほぼすべてのものに対して興味を抱いたことが、彼の重大な欠点だったのかもしれない。王立協会のモットー「*Nullius in verba*」（大雑把に訳すと「誰の言葉も証拠とみなしてはならない」）がフックの座右の銘だった。彼はひとつの科学分野から別の分野へと移っていき、そのたびに、誰の言葉も信じずに説得力のある洞察をもたらして各分野の重要な部分に影響を与えたが、どの分野であれ、その完全な権威になることはなかった。アリストテレス学派の哲学者・科学者を模範としていたフックは、現代の科学者のようなある特定の分野の権威ではなく、世界のあらゆる事象についての質問者であり、あらゆる証拠を裁く裁判官だった。結果的に、彼の信望は揺らぐことになった。

一六八七年、アイザック・ニュートンは『プリンシピア　自然哲学の数学的諸原理』を出版した[31]。過去を打ち砕き、科学の未来の新たな風景を形づくる、とてつもなく深遠かつ広い影響力を持つ著作だ。そこに書かれた驚嘆すべき発見のひとつが、ニュートンの万有引力の法則だった。ところがフックは、重力の法則を先に導き出したのは自分であり、ニュートンがそれを盗んだと主張した。とんでもない主張だった。たしかにフックをはじめとする数人の物理学者は、惑星が目に見えない「力」で太陽に引き寄せられていると提唱したが、彼らの分析は、ニュートンが『プリンシピア』の

† 一六七一年、王立協会はさらに二通の手紙を受け取った。ひとつはイタリア人科学者のマルチェロ・マルピーギからのもので、もうひとつは王立協会幹事のネヘミヤ・グルーからのものだった。どちらの手紙も、さまざまな組織、とりわけ植物組織の形態について説明していた。レーウェンフックとフックは、この二人の研究の価値を認めはしたが、一七世紀には、マルピーギとグルーの細胞の観察結果が注目されることはほぼなかった。グルーが描いた植物の茎のイラストは歴史の中に埋もれたが、動物組織の顕微鏡レベルの解剖学的構造へと観察対象を広げていったマルピーギの影響は今も残っている。数多くの細胞の構造体（皮膚のマルピーギ層や、腎臓のマルピーギ小体）が彼にちなんで名づけられたからだ。

中で示した、数学的な厳密さや科学的に深遠な謎解きとはほど遠いものだった。[32] フックとニュートンの論争は数十年のあいだに、いびつなものになっていったものの、結局、最後に笑ったのはニュートンのほうだった。真偽のほどは定かではないが、しばしば語られる話として、次のようなものがある。ロバート・フックの死から七年が経った一七一〇年、ニュートンが王立協会のクレイン・コートへの移転を監督した際に、フックの唯一の肖像画が紛失した（フックの死後に肖像画は描かれなかった）。光学のパイオニアで、世界全体を可視化した男の姿は、今なお私たちには見えないままだ。フックの信頼できる似顔絵も、肖像画も残されてはいない。[33]

普遍的な細胞――「この小さな世界の最小の粒子」

私は、全体が穴だらけであるという確信を非常に強くしています。穴は蜂の巣にとてもよく似ていますが、その形状は不規則であり……これらの穴、つまり細胞は……実際のところ、私が観察した初めての顕微鏡レベルの穴です。

――ロバート・フック、一六六五年[1]

植物の観察に顕微鏡が使われるようになってすぐ、それがいかに単純な構造をしているかという点に……必然的に、注目が集まることになった。

――テオドール・シュワン、一八四七年[2]

生物学の歴史ではよく、画期的な発見のあとに沈黙の谷間が続く。一八六五年にグレゴール・メンデルが遺伝子を発見したあとには、ある歴史家の言を借りれば、「科学の歴史上最も不可解な沈黙」が続いた。[3]遺伝子（メンデルはそれを「要素」や「因子」と大雑把に呼んだ）は、その後四〇年近くも言及されることはなく、一九〇〇年代初頭になってようやく再発見された。一七二〇年には、ロンドンの医師ベンジャミン・マーテンが、結核（当時は肺癆《はいろう》や、消耗と呼ばれた）とは呼吸器系の伝染病であり、極小の生物によって運ばれるのではないかと考えた。そして、伝染病を運ぶこの因子を

「驚くほど小さな生物」[4]や「生きた伝染病」[5]（「生きた」という言葉が使われたことに注目しよう）と呼んだ。もしマーテンが自身の医学的な発見を深めていたなら、彼はあと少しで近代微生物学の父になるところだった。しかし、それから一世紀近くが経過してようやく、微生物学者のロベルト・コッホとルイ・パスツールがそれぞれ、病気と腐敗には微生物が関係していることを突き止めた。

しかし、この歴史の谷間をのぞき込めば、そこが沈黙や停滞とはかけ離れた時代だったことがわかる。きわめて実り豊かな期間であり、科学者たちは、ある発見の重要性や普遍性、その発見によってどこまで説明できるかを解明しようと励んでいた。この発見は生物全体にあてはまるものなのだろうか。それとも、ニワトリや、ランや、カエルといった特定の生物だけにあてはまる性質なのだろうか？　これよりもさらに異なるレベルの構造が存在するのだろうか？

なぜこのような沈黙の谷間が存在していたのか。その理由のひとつは、こうした疑問に対する答えを出すのに必要な道具やモデル生物を生み出すのに時間がかかったからだ。たとえば遺伝学は、生物学者のトマス・モーガンの研究を待たなければならなかった。モーガンは一九二〇年代に、ショウジョウバエの形質の遺伝のしかたを調べ、その結果、遺伝子が物理的に存在していることを証明した。そして最終的に、X線結晶構造解析という、DNAなどの分子の三次元構造を解明する技術が一九五〇年代に登場したことによって、遺伝子の物理的な形状が判明した。ジョン・ドルトンが原子論を初めて提唱したのは一八〇〇年代初めだったが、一八九〇年代にブラウン管が開発され、そして、二〇世紀初頭に量子物理学モデルをつくるのに必要な方程式が解明されてようやく、原子の構造が解明された。同じく細胞生物学もまた、遠心分離と生化学、電子顕微鏡の登場を待たなければならなかった。

しかし、ある存在（顕微鏡下の細胞、遺伝の単位としての遺伝子）を描写する段階を脱して、その普遍性や構造、機能、挙動の解明に至るには、同じく、推測に基づく概念の変化が必要なのかもしれない。中でもいちばん大胆なのは、原子論者の主張だ。彼らは、世界の根本的な再編成を主張している。世界は原子や遺伝子、細胞という基本的な単位でできており、われわれは細胞についても、異なる考え方をしなければならない、と。レンズの下の物体としてではなく、生理学的・化学的な反応が起きる機能的な場所として細胞をとらえなければならないのだ。あらゆる組織の構成単位として、さらには生理学と病理学を結びつける場として。連続する構造として生物界をとらえるのではなく、不連続かつ自律的な個別の要素によって統合される世界としてとらえなければならない。たとえるならば、「肉」（連続的で、一様で、目に見えるもの）を透過して、その奥にある「血」（連続しない、粒子状の、目に見えないもの）を想像しなければならないのだ。

一六九〇年から一八二〇年までの年月は、細胞生物学にとっての沈黙の谷間だった。フックが薄くスライスしたコルク片で細胞（正確には、細胞壁）を発見して以来、大勢の植物学者や動物学者が、動物や植物の標本を顕微鏡で観察し、それらの顕微鏡レベルの構造を理解した。一七二三年に生涯を閉じるまで、アントニ・ファン・レーウェンフックは顕微鏡をのぞき、肉眼では見えない世界の要素（彼が呼ぶところの「生きた原子」）を記録しつづけた。この目に見えない世界を初めて見たときの興奮を、彼は生涯忘れることがなかった（たぶん、私も生涯、忘れないだろう）。

一七世紀末から一八世紀初めにかけて、マルチェロ・マルピーギやマリー＝フランソワ＝グザヴィエ・ビシャといった微生物学者が、レーウェンフックの「生きた原子」は必ずしも、すべてが単一細胞とはかぎらないことに気づいた。より複雑な動物や植物では、それらは組織を形成していたのだ。とりわけ、フランス人解剖学者のビシャは、ヒトの器官をつくる基本的な組織構造を二一種類（！）も見分けることができたが、残念ながら、結核のために三〇歳で世を去った。[6] 基本的な組織構造についての彼の考えはいくつかの点でまちがってはいたものの、彼が細胞生物学を組織学へと、すなわち細胞同士が協力し合うシステムである組織についての学問へと発展させたのはたしかだった。

　こうした初期の観察結果に基づいて、細胞生理学の理論を生み出そうと、どの顕微鏡学者よりも努力したのはフランソワ＝ヴァンサン・ラスパイユだった。たしかに、細胞はそこらじゅうに存在していた。植物や動物の組織の中に。そのことは彼も認めていた。しかし、なぜ細胞が存在しているのかを理解しなければならなかった。細胞は何かしているにちがいなかった。

　ラスパイユは実践の重要性を信じていた[7]。独学した植物学者で化学者、顕微鏡学者でもあった彼は、一七九四年にフランス南東部のヴォクリューズ県の都市カルパントラで生まれた。ラスパイユは自分を見識ある自由思想家だとみなしており、カトリックの誓願を拒み、道徳や文化、学術、政治の権威に対抗することに身を捧げた。科学界の複数の組織のメンバーとなったが、そうした組織がいかに排他的で、時代遅れであるかに気づくと、医学校に通うのもやめた。しかし、一八三〇年のフランス七月革命の際には、なんのためらいもなく、フランス解放を目指す秘密結社に協力し、その結果、一八三二年から一八四〇年初めにかけて投獄された。獄中では、仲間の受刑者に消毒や衛生、清潔を保つ方法について教えた。一八四六年、王政転覆を目指すクーデター未遂事件への関与と、正式な医師免許なしに囚人たちに医学的助言をしたかどで、ラスパイユはふたたび裁判にかけられ、ベルギーへ国外追放された。しかし検察官すら、彼の裁判について申しわけなさそうにこう語っている。「裁判所は本日、傑出した科学者に対峙している。もしご当人が医学部から医師免許を受け取られ、医療界の一員となることに承諾してくだされば、医療界は彼を迎え入れることを誇りに思うことだろう」[8]。もちろん、ラスパイユは拒否した[9]。

　こうした政治的な脇道に逸れていたあいだにも、ラスパイユは一八二五年から一八六〇年にかけて、生物学の正式な訓練を受けることもないままに、植物学や解剖学、法医学、細胞生物学、消毒法について五〇本以上の論文を発表した。そして先駆者たちよりさらに深く、細胞の構造や機能、起源を調べはじめた。

細胞は何でできているのだろう？　「個々の細胞は、周囲の環境から必要なものだけを取り入れている」[10]と彼は一八三〇年代末、細胞生物学の世紀の到来を予見するかのように書いた。そして、こう続けた。「細胞は種々の選択の方法を持ち、その結果、水や炭素、塩基がさまざまな比率で細胞壁の構造を通過して中に入る。ある特定の壁が特定の分子の通過を許していることは想像に難くない」。選択的な孔《あな》の空いた細胞膜という考えや、細胞の自律性という考え、そして、細胞は代謝の単位であるという概念を彼がすでに持っていたことがうかがえる。

細胞は何をしているのだろう？　ラスパイユは「細胞は……ある種の実験室である」という仮説を立てた。ここで少し、その概念の限界について考えてみよう。化学や細胞についてのごく基本的な仮定に基づいて、ラスパイユは、細胞は組織や器官を機能させるための化学的なプロセスを実行していると推定した。要するに、細胞は生理機能を可能にしている、と。細胞は生命を維持するための反応を起こす場だと想像したのだ。だが当時、生化学はまだ初期段階にあり、細胞の「実験室」で起きている化学反応をたしかめることはできなかった。彼にできたのは、それを理論として説明することだけだった。ひとつの仮説として。

最後に、細胞はどこから来るのだろう？　一八二五年のある原稿に書かれたエピグラフの中で、ラスパイユはラテン語の格言「*Omnis cellula e cellula*（すべての細胞は細胞から生じる）」を引用している。[11]道具も実験法もなかったため、ラスパイユがこの点について検証することはなかったが、彼はすでに、細胞の正体やその役割についての根本的な概念を転換させていた。

型破りな精神は型破りな報酬を得る。ラスパイユは当時の社会と学会を軽蔑しており、そんな彼がヨーロッパの科学界から認められることはなかった。しかし、カタコンブからサンジェルマンへと延びるパリで最も長い大通りのひとつは彼にちなんで名づけられている。ラスパイユ通りを歩くと、ジャコメッティ研究所《アンスティテュ》（フランスで活動したスイス出身の彫刻家アルベルト・ジャコメッティの作品を展示する美術館）を通りすぎる。そこには、痩せ細った男たちの彫刻がある。その孤独な男たちは小さな台座の上で消えることのない思いに耽《ふけ》っているように見える。私はこの通りを歩くたびに、細胞生物学のパイオニアとなった、孤独を好む、不敵な男のことを思う（念のため言っておくと、ラスパイユ自身はとくに痩せていたわけではない）。細胞とは生物の生理機能を可能にする実験室であるという概念が私の頭に浮かぶ。私の実験室の培養器の中で増えているすべての細胞が、実験室の中にある実験室なのだ。オックスフォード大学の実験室で、私が顕微鏡をのぞいて目にしたT細胞は「監視の実験室」だった。それらは、他の細胞内に隠れている病原体を見つけ出そうと、液体の中を泳いでいた。レーウェンフックが自作の顕微鏡で見た精子細胞は「情報の実験室」だった。男性から遺伝情報を集め、それをＤＮＡにパッケージして卵子に届けられるよう、自らに強力なモーターを取りつけていた。細胞はいわば、生理学の実験をおこなっているようなものであり、分子を出し入れしたり、化学物質をつくったり壊したりしている。細胞は生命を成り立たせるための反応を起こす実験室なのだ。

時代と、そしておそらくは場所がちがったなら、自律性の生命の単位――細胞――の発見が、生物学という分野を大きく騒がせることはなかったかもしれない。しかし、細胞生物学という分野は偶然にも、その誕生の瞬間に、生命についての別の二つの仮説とぶつかることになった。一七世紀から一八世紀にかけてヨーロッパの科学界を席巻し、激しい議論を巻き起こしていたこれら二つの仮説はどちらも、今では不可解にしか思えないかもしれない。しかし当時は、覆すのが最もむずかしい説だった。一八三〇年代に細胞生物学がひっそりと誕生したあと、細胞生物学者たちは、この分野を成熟させるために、それら二つの説に真っ向から対峙しなければならなくなった。

ひとつめは、生気論者が主張する説だった。生気論者とは、生物は自然界に広く存在する化学物質でできてはいないと主張する生物学者や化学者、哲学者、神学者たちだ。生気論と呼ばれるこの考え方はアリストテレスの時代から存在したが、一八世紀末にロマン主義と融合したことによって、生命現象は特別な「有機的」魂に満ちたものだとする、いかにも神秘的な説明が広まることになった。そうした魂とは、いかなる化学的・物理的な物質や力にも変換できないものだとされた。一七九〇年代にはフランス人解剖学者のマリー＝フランソワ＝グザヴィエ・ビシャが、一八〇〇年代初めにはドイツ人生理学者のユストゥス・フォン・リービッヒが、この生気論の支持者として影響力を発揮した。一七九五年、生気論は、詩人のサミュエル・テイラー・コールリッジにも擁護された。コールリッジは次のような、きわめて豊かで詩的な表現を使っている。あらゆる「自然の生命」は、そよ風がハープを鳴らし、単なる音符へと簡略化することのできない音楽を生み出すように、命の力が流れることによって誕生する、と。コールリッジは次のように書いている。「すべての自然の生命が／異なる形の有機的なハープにすぎないのなら／風が通り抜けると、ハープは震え、思考を形づくる／変わりやすくて、広大で、知的なそよ風が通り抜けると／各人の魂であると同時にすべての神であるような風が[12]」

生気論者たちは生物の液体と身体にはなんらかの神聖なしるしがあるにちがいないと考えた。ハープを鳴らす風のようなものが。人間は「命のない」無機的な化学反応の単なる寄せ集めなどではない。たとえ人間が細胞からできていたとしても、細胞自身も神聖な生体流体を持っているにちがいない、と。生気論者たちにとって、細胞という概念自体はなんの問題もなかった。彼らの意見では、あらゆる有機体のレパートリーを六日間でデザインした神聖なる創造主が、単一のブロックを使って有機体を組み立てることに決めた可能性は十分にあった（同じブロックを使ってゾウやヤスデをつくるほうがはるかに簡単だからだ。とりわけ、急ぎのオーダーが入って、六日間で完成品を届けなければならないような場合には）。彼らの懸念は、細胞の起源のほうにあった。生気論者たちの中には、人間が人間の子宮内で生まれるように、細胞は細胞内で生まれると主張する者がいた。また中には、無機的な世界で化学物質が結晶化するように、細胞も生体流体が自然に「結晶化」したものにちがいないと考える者がいた。ただこの場合には、命の物質を生み出すのは生命だった。生気論は必然的に、「自然発生」という概念に帰結した。生物界に充満する生体流体こそが、細胞を含む生命の自然発生にとって必要かつ十分なものであるという概念だ。

　生気論者たちと対立していたのは、少人数の科学者からなる劣勢なグループだった。生物の持つ化学物質と自然界に存在する化学物質は同一であり、生物は生物から生まれる、と彼らは主張した。ただし、自然発生によってではなく、誕生と成長によって生まれると彼らは考えた。一八三〇年代末、ドイツ人科学者ロベルト・レーマクはベルリンで、カエルの胚とニワトリの血液を顕微鏡で観察した。とりわけ、ニワトリの血液で細胞が生まれる現象は観察されたことがなく、彼は、細胞が生まれる瞬間をとらえたいと願って、ひたすら待った。そして、ある晩遅く、彼はついに目にした。顕微鏡の下で、一個の細胞が震え、大きく膨らんで、二つに分かれたのだ。「娘《じょう》」細胞が誕生した瞬間だった。レーマクの背筋にはまさに、喜びの旋律が走ったにちがいない。彼は細胞が既存の細胞から生まれることを示す、疑いの余地のない証拠を目にしたのだ。ラスパイユがあまりにさりげなくエピグラフの中にはさみ込んだ言葉のとおりだった。「すべての細胞は細胞から生じる†（*Omnis cellula e cellu-*

la)」。だがレーマクの先駆的な発見が注目されることはほとんどなかった。彼はユダヤ人だったために、大学の正教授に任命されなかったからだ（一世紀後、著名な数学者だった彼の孫はナチスのアウシュビッツ強制収容所で殺害されることになる）。

生気論者たちは、細胞は生体流体が固まってできたものだと主張しつづけた。彼らがまちがっていることを証明するために、非生気論者は、細胞がいかに生まれるかを説明する方法を見いださなければならなかったが、それは対処できない難問だと生気論者は信じていた。

一八〇〇年代をとおして支配的だった二つめの仮説は、前成説だった。受精のあと、子宮に初めて現れた時点で、人間の胎児はすでに、サイズは小さいが完全な形をしているとする説だ。前成説には長く、興味深い歴史があった。おそらくは民間伝承や神話で語られたのが始まりで、その後、初期の錬金術師たちによって支持されたと考えられている。一五〇〇年代半ばには、錬金術師で医師でもあったスイス人のパラケルススが「透明な」極小人間について触れ、「人間に似ている」ものが、すでに精子の中に存在していると記している。錬金術師の中にも、精子の中に人間のすべての形があらかじめ存在していると確信する者がいて、そうした人々は、ニワトリの卵をヒトの精子と一緒に培養すれば、完全な形の人間が生まれると考えた。人間をゼロからつくり出す設計図はすでに精子の中に存在していると信じていたからだ。一六九四年、オランダ人顕微鏡学者のニコラス・ハルトゼーカーは、両精子の中にしまい込まれた極小人間の図を発表した[13]。彼が顕微鏡で観察したとされるその図には、

† ドイツ人植物学者のフーゴー・フォン・モールもまた、植物の細胞から細胞が生まれるところを観察しており、レーマクもウィルヒョウも、フォン・モールのこの観察結果について知っていた。その後、テオドール・ボヴェリやヴァルター・フレミングなどの科学者が植物やウニの細胞分裂の段階を示し、フォン・モールの研究を発展させた。

腕と両脚を折りたたんだ状態で精子の頭部におさまっている極小人間の姿が描かれていた。要するに、細胞生物学者たちが証明しなければならない点は次のようなものだった。あらかじめ形成されたひな形が存在しないとしたら、人間のような複雑な生き物はどのようにして受精卵からできあがるのか。

新しい科学を確立し、細胞の世紀の到来を告げたのは、生気論と前成説という二つの仮説の粉砕だった。

一八三〇年代半ば、フランソワ＝ヴァンサン・ラスパイユが獄中でしだいに弱っていき、ルドルフ・ウィルヒョウがまだ医学生としてもがいていたころ、マティアス・シュライデンという名の若きドイツ人弁護士が自分の職業に失望していた。彼はピストルで頭を撃って死のうとしたが、弾丸は急所をはずれた。自殺に失敗したことで我に返った彼は、弁護士を辞めて、真の情熱の的である植物学に向き合うことにした。

シュライデンは顕微鏡で植物組織を観察しはじめた。フックやレーウェンフックの時代と比べて、当時の顕微鏡は大きく改良されており、良質のレンズや、焦点を正確に合わせるための微調整用つまみがついていた。植物学者として、シュライデンは当然ながら、植物組織の性質に興味を持っていた。そこで彼は、茎や葉、根、花弁を観察し、フックが発見したのと同じ単一の構造を発見した。組織は小さな多角形の単位が寄せ集まってできている、と彼は書いている。「完全に個別の、独立した、別々の存在である細胞の集合体である[14]」

シュライデンは、自らの観察結果について、動物学者のテオドール・シュワンと語り合った。彼にとって、シュワンは誠実で思いやりのあるパートナーであり、生涯の共同研究者だった。シュワンもまた、動物の組織が顕微鏡でしか見えない規則正しい構造を持っていることを発見していた。組織が細胞という単位でできていることを。

「動物の組織の大部分は、細胞から生じ、細胞で構成されている」とシュワンは一八三八年の論文で書いている[15]。「（器官や組織の）形態の驚くべき多様性は、単純な基本構造がさまざまに組み合わさって生み出されている。それらの基本構造は、形は異なっていても、本質的には同じである。すなわち、どれも細胞なのだ」[16]。植物や動物の複雑な組織は、レゴブロックでできた超高層ビルのように、生命の単位でできており、どれも同じように組み立てられていた。筋肉をつくる繊維状の細胞は、外見上は、赤血球や幹細胞とはまったく異なるが、シュワンが書いているとおり、「形は異なっていても」本質的には同じだった。どれも、生物を構成する生命の単位だったのだ。シュワンが注意深く観察したすべての組織で、小さな生命の単位が存在していた。「無数の小さな箱」とフックが呼んだものだ。

シュワンもシュライデンも、新しい発見をしたわけではなかったし、それまで見つかっていなかった細胞の性質を解き明かしたわけでもなかった。彼らを有名にしたのは、発見の目新しさではなく、二人の主張の途方もない厚かましさだった。彼らはフックやレーウェンフック、ラスパイユ、ビシャ、そしてドイツ人研究医のヤン・スワンメルダムといった先駆者たちの研究を統合し、そこから、根本的な説を生み出した。先駆者たちが発見したのは、特定の組織、あるいは特定の動物や植物だけにそなわった特別かつ特有の性質ではなく、生物全体にあてはまる普遍的な原則であることに、二人は気づいたのだ。[†] 細胞は何をしているのだろう？　生物をつくっているのだ。自分たちの主張のおよぶ範囲の広さや、その一般性がしだいに明らかになると、シュライデンとシュワンは、細胞説の最初の二つの原則を提唱した。

1　すべての生物は一個かそれ以上の細胞でできている。
2　細胞は生物の構造と組織の基本単位である。

しかしシュワンとシュライデンですら、細胞がどこから生じるのか解明できずにいた。動物と植物がどちらも、独立した自律性の生命の単位でできているなら、それらの単位はどこに由来するのだろう？　結局のところ、動物の細胞は一個の受精卵から発生し、受精卵の細胞が何百万倍、何十億倍にも増えて、生物をつくっているにちがいなかった。それでは、細胞が生じ、増殖するプロセスとはどんなものなのだろう？

シュワンもシュライデンもヨハネス・ミュラーの弟子であり、二人とも、偉大なる師匠に憧れていた。ミュラーは洗練されたドイツの生物科学界において支配的な力を持つ唯一の人物だった。科学史家のローラ・オーティスが言うところの「葛藤を抱えた、得体の知れない、とらえどころのない人物」だったミュラーは矛盾に悩まされた[17]。命の物質には特別な性質がそなわっているとする生気論者の説にとらわれていた一方で、生物界全体を支配する普遍的な科学原則を探しつづけていたのだ[‡]。普遍原則を探究するミュラーの姿勢に刺激を受けたシュライデンは、細胞の起源という問題に目を向けた。組織内部で無数の基本単位が生じるメカニズムや、顕微鏡での細胞の観察結果を説明づけるには、ひとつの化学物質から無数の組織化された単位が生まれる化学的な過程が働いていると考える以外になかった。つまり、結晶化という過程だ。ミュラーも主張していたではないか。細胞は生体流体から結晶化によって生まれるにちがいない、と。シュライデンはその考えに異を唱えることができなかった。

それでも、さまざまな組織を顕微鏡で観察すればするほど、シュワンはこの説の矛盾に気づきはじめた。生命の結晶なるものは、いったいどこに存在するのだ？ 自著『動物および植物の構造と発育の一致に関する顕微鏡的研究』の中で、彼は書いている。「われわれは実際に、生物の成長を結晶化と比較した。[18] しかし、（結晶化は）きわめて不確かで、矛盾を含んだ過程である」[19]。たしかに矛盾を含んでいたものの、シュワンですら、生気論という正統派的信念を捨て去ることができなかった。たとえそれが、実際の観察結果とは相容れなくても。そこで彼はこう提案している。「主な結果は次のようなものだ。すなわち、生物の発生の根底にある一般原則は……結晶を形づくる法則とほぼ同じである」[21]。努力はしてみたものの、シュワンも結局、細胞がいかに生まれるのかを解明することができ

† 科学史家が初期の細胞生物学についてより深く調べるにつれ、自分たちが細胞説の最初の提唱者だとするシュワンとシュライデンの主張の信憑性が揺らいでいる。とりわけ、科学者のヤン・プルキニェ（プルキンエと広く呼ばれている）と、ガブリエル・グスタフ・ヴァレンティンをはじめとする彼の学生たちによる画期的な研究は、相対的に無視されたようだ。その理由のひとつとして挙げられるのが、科学界における国家主義だ。シュワンやシュライデン、そしてウィルヒョウはいずれもドイツで研究をおこない、科学の知識人の言語とみなされていたドイツ語で論文を書いたが、一方のプルキニェと彼の学生たちはヴロツワフで研究をした。ヴロツワフは正式にはプロシアの領地だったが、ポーランド人が多く暮らす辺境の地とみなされていた。一八三四年、新しい顕微鏡を手に入れたプルキニェとヴァレンティンは組織の観察結果をまとめて、フランス学士院にエッセイを送り、その中で、動物や植物の中には、単一の構成要素で成り立つものがあると主張した。しかし彼らは、シュワンやシュライデンとはちがって、すべての生物に共通する普遍的な原則を提唱することはなかった。

‡ 生気論をめぐるミュラーの葛藤は、彼の多くの著作に表れている。たとえば、彼の画期的な著作『生理学の要素（*Elements of Physiology*）』の中で、ミュラーは、生命が「普通の」無機物からではなく、生体流体から発生するという説に対してなぜ自分が確信を持てずにいるのか熟考している。「究極の要素が有機体の中で結合する状態や、結合具合に影響を与えるエネルギーという概念はとても奇妙であり、どんな科学的過程によってもそれらを再現できないことは、いずれにせよ、認めざるをえない[20]」

なかった。

一八四五年の秋、医学校を卒業したばかりの二四歳のルドルフ・ウィルヒョウはベルリンで五〇歳の女性患者を診察した。ひどい倦怠感に苛《さいな》まれていたその女性の腹部は膨満し、脾臓は腫れて大きくなっていた。ウィルヒョウは女性から血液を採取し、顕微鏡で観察した。その結果、女性の血液におびただしい数の白血球が存在していることがわかった。ウィルヒョウはその状態を*leukocythemia*と呼び、のちに単に白血病（*leukemia*）――白血球が多い病――と名づけた[22]。

同様の症例はそれ以前にもスコットランドで報告されていた。一八四五年三月のある晩、スコットランド人医師ジョン・ベネットは緊急の呼び出しを受け、不可解な病のために死に瀕している二八歳の屋根葺《ふ》き職人を診察してほしいと言われた。ベネットはこう記している。「浅黒い肌の、おだやかな性格の男で、ずっと健康だったが、二〇カ月前に極度の疲労感に襲われ、それが今も続いている。六月の末、男は腹部の左側に腫れ物ができていることに気づいた。腫れ物はその後四カ月かけてしだいに大きくなったが、それ以降は同じ大きさを保っている[23]」

その後、患者のわきの下や鼠径部《そけいぶ》、首にも大きな腫瘍ができた。数週間後、死体解剖がおこなわれ、その結果、屋根葺き職人の血液に白血球が充満していることがわかった。ベネットは、患者は感染症のために亡くなったと考えた。「これは大変貴重な症例である」とベネットは書いている。「なぜなら本例は、全身の血管系にくまなく形成される真の膿《うみ》の存在を示唆しているからだ[24]」。自然発生する「血液の化膿」と彼は呼んだ。彼もまた、無意識のうちに、自然発生という生気論者的な発想に戻っていた。しかし血液以外には、患者の身体のどこにも感染症や炎症を示唆する所見は見当たらず、医師たちはその点に当惑した。

スコットランドの症例は単なる医学的な好奇心の的として、あるいは特別な症例として扱われた。しかし自分自身の目で同様の特異な状態を見たウィルヒョウは、この症例に心を奪われた。生体流体が結晶化して細胞が形づくられるというシュワンやシュライデン、ミュラーの考えが正しいのなら、なぜ、どのようにして、無数の白血球がいきなり、血液中で結晶化したのだろうか？

これらの細胞の起源について、ウィルヒョウは悩みつづけた。何千万個もの白血球がなんの理由もなく、いきなり発生するなどということは想像できなかった。やがて彼は、これらの無数の異常な白血球は、他の細胞から生まれるのではないかと考えはじめた。細胞は互いに似ているようにすら見えた。がん細胞の外見は似通っていたのだ。ウィルヒョウは、フーゴー・フォン・モールの植物の観察記録について知っていた。モールは、細胞が分裂して二つの娘細胞ができることを発見していた。そしてもちろん、ロベルト・レーマクの存在も忘れてはいなかった。レーマクは、顕微鏡のそばで辛抱強く待ちつづけ、カエルとニワトリの細胞が別の細胞から生じるところを見たのだ。しかし、もしそのプロセスが植物と動物の両方で起きるなら、ヒトの血液で起きても不思議はないのではなかろうか？　自分が見た白血病が、生理機能のプロセスの結果だとしたら？　荒れ狂った細胞分裂の結果だとしたら？　機能不全に陥った細胞が機能不全の細胞を生み、細胞が次々と無秩序に生まれた結果、白血病が引き起こされるのではないだろうか？

それまでのウィルヒョウの人生を貫いていたテーマは、驚くほど首尾一貫していた。彼は活動的かつ、ものごとを突きつめるタイプで、一般に受け入れられている見識や正統的な説明に対して懐疑的だった。一八四八年、彼の活動的な面は政治でも発揮されることになる。[25]その年の初め、シレジア（現在のポーランド南西部からチェコ北東部にかけての地域）は飢饉《ききん》に見舞われ、その後、腸チフスが猛威を振るった。新聞や大衆の大騒ぎに駆り立てられて、内務教育省はようやく、腸チフスの流行状況について調査するための委員会を設立した。委員のひとりに任命されたウィルヒョウは、プロイセン王国のポーランド側の端に位置するシレジアに向かった。数週間の滞在期間中に、ウィルヒョウは、国の病が市民の病を生んでいることに気づきはじめた。彼は感染の大流行に関する怒りに満ちた論文を書き、自らが創刊したばかりの医学雑誌《解剖病理学、生理学、臨床医学のアーカイブ》（のちに《ウィルヒョウズ・アーカイブ》と改名）に掲載した[26]。その中で彼は、病気の原因は病原体だけではなく、何十年も続く政治の失策と、社会的無関心にあると結論づけた[27]。

批判に満ちた彼の論文が大目に見られることはなかった。彼はリベラル（当時のドイツでは、危険人物を指す、軽蔑的な呼び方だった）として目をつけられ、監視下に置かれた。一八四八年にヨーロッパ各地で激しい市民革命が起きると、ウィルヒョウは街頭に出て抗議の声をあげた。そしてさらに別の雑誌《医学改革（*Medical Reform*）》を創刊し、その中で自らの科学的・政治的信条をハンマーのごとく振るい、国を攻撃した。

ウィルヒョウは同世代の中で最も優秀な研究者としての地位を確立した人物だったが、煽動的な活動家としての彼の側面が王政主義者に好意的に受け止められることはなかった。反乱は制圧され（いくつかの地域では残虐な手段によって、たちまち抑えつけられた）、ウィルヒョウはシャリテ病院の職を辞するように命じられた。そして、今後一切、政治的な論文を執筆しないという宣言が書かれた文書に無理やり署名させられたのち、屈辱感を抱きつつも無言のまま、ヴュルツブルクの静かな研究所に送られた。そこで、彼はスポットライトを浴びることなく、そして面倒に巻き込まれることなく過ごすことになる。

騒がしい、沸き立つようなベルリンから、退屈な郊外の町ヴュルツブルクへ移ったときのウィルヒョウの頭の中には、どのような思いが渦巻いていたのだろう。一八四八年の革命がなんらかの歴史的な教訓を生んだとしたら、それは国と市民は相互に結びついているということだった。総和は部分でできており、部分が総和をつくる。ほんの一部分の病気や怠慢が全体の病を生み出す可能性がある。ちょうど一個のがん細胞が何十億個もの悪性細胞を生み出し、死をもたらす複雑な病を発症させるように。「身体とは細胞からなる国家であり、細胞ひとつひとつが市民である」とウィルヒョウは書いた。「病気とは、国家の構成員である市民同士の対立にすぎず、そうした対立は外部から加えられた力によって起きる」[28]

ベルリンで渦巻く騒動や政治から離れて、ウィルヒョウはヴュルツブルクで、新たに二つの原則を考えついた。そしてそれらが細胞生物学と医学の未来を変えることになった。彼は、動物や植物のあらゆる組織は細胞でできているとするシュワンとシュライデンの考えを受け入れた。しかし、細胞が生体流体から自然発生するという説を信じることはできなかった。

では、細胞はどこからやってくるのだろう? シュワンとシュライデンの場合と同様に、今こそ根本原理を見いだすときであり、ウィルヒョウにはその準備ができていた。先駆者たちがすでに、あらゆる証拠のピースを並べてくれていた。彼はただ、王冠を手に取り戴《いただ》くだけでよかった。細胞が細胞から生まれるという現象は、ある種の細胞や、ある種の組織だけにあてはまるのではなく、すべての細胞にあてはまるものだ、とウィルヒョウは述べた。それは例外的な性質でもなければ、特異な性質でもなく、植物や動物、そして人間の生命の持つ普遍的な性質なのだ。一個の細胞が分裂して二つの細胞が生じ、二つが四つになる。「*Omnis cellula e cellula*」と彼は書いた。「細胞は細胞から生じる」。ラスパイユのこの言葉がウィルヒョウの中心的な信条となった。[29]

新たな生体流体が固まったり、あるいは、個々の細胞の持つ生体流体が固まったりすることによって細胞ができる、などという現象は起きていなかった。「結晶化」は起きていなかったのだ。それはファンタジーにすぎず、そのような現象が起きるのを目にした者はいなかった。そのころには、三世代にわたる顕微鏡学者たちが細胞を観察しており、彼らが実際に観察したのは、細胞が他の細胞から（やはり分裂によって）生まれる現象だった。細胞の起源を説明するのに、特別な化学物質や神聖なプロセスを呼び覚ます必要はなかった。新しい細胞はすでに存在する細胞の分裂によって生まれる。それがすべてだった。ウィルヒョウは書いている。「直接的な連続でしか生命は存在しない[30]」

細胞は細胞から生じる。さらに、細胞の生理機能は正常な生理機能の基盤である。ウィルヒョウのひとつめの原則が生理機能に関するものだったとしたら、二つめの原則はその反対の状態に関するものであり、それは異常についての医学的解釈を根底から変えるものだった。ウィルヒョウは考えた。細胞の機能障害が身体の機能不全の原因だとしたら？　あらゆる病理が細胞の病理に起因するとしたら？　一八五六年の晩夏、ウィルヒョウはベルリン大学に迎えられた。若いころの政治的な罪は、彼の科学的な名声が高まるにつれて忘れ去られていた。一八五八年春、ウィルヒョウはベルリン病理学研究所での一連の講義をまとめ、多大な影響力を持つ著書『細胞病理学』を出版した。

『細胞病理学』は医学界全体に途方もない影響を与えた[31]。解剖病理学者たちは何世代にもわたって、病気とは組織や器官、器官系の破綻だとみなしていた。それに対してウィルヒョウは、解剖学者たちは病気の真の起源を見落としていると主張した。生物の生命と生理機能の基本単位は細胞なのだから、病気の組織や器官で起きている病理的変化もまた、それらの組織を構成する単位、すなわち細胞の病理的変化に起因するはずだとウィルヒョウは考えた。病理を解明するには、肉眼で見える器官だけでなく、それらを構成する肉眼では見えない単位の根本的な異常を探さなければならないのだ、と。†「機能」とその反対の意味を持つ「機能障害」。重要なのはその二つだった。正常細胞は、身体の清らかさと生理機能を維持するために正常な働きを「実行する」。正常細胞は単なる受け身の構造的要素ではない。動作主体であり、プレーヤーであり、実行者であり、作業者であり、建築者であり、創造者だ。そう、生理機能において中心的な役割を果たしているのだ。そして、こうした細胞の機能がなんらかの形で破綻すると、身体が病気をわずらうようになる。

この場合もやはり、簡潔であるがゆえに、ウィルヒョウの理論は力強さと広がりを持っていた。病気を理解するために、医師は、ガレノスの体液や精神的異常、ヒステリー、神経症、瘴気――さらに言えば神の意志――を探す必要はなかった。身体の解剖学的な変化やさまざまな症状（屋根葺き職人の発熱や腫瘤、それに続く血液中の白血球の増加）はすべて、細胞の変化と機能不全に起因しているのだ。

最初の二つの原則（「すべての生物は一個かそれ以上の細胞でできている」、「細胞は生物の構造と組織の基本的単位である」）に、さらに三つのより重要な原則をつけ加えることによって、ウィルヒ

† ウィルヒョウはスコットランドの二人の外科医、ジョン・ハンターとその兄ウィリアムの研究、そして、パドヴァの病理学者ジョヴァンニ・モルガーニの研究を覚えていた。ハンター兄弟やモルガーニをはじめとする多くの病理学者や外科医がおこなった死体解剖から、病気がひとつの器官におよぶと、その組織や器官には必ず、明白な病理学的所見が見られることが判明していた。たとえば結核の場合は、肺に肉芽腫と呼ばれる、膿の充満した白い結節が多数見られた。心不全では、心筋の壁は薄く、弱々しかった。ウィルヒョウは、それらの症例では細胞の機能障害が起きており、それこそが、病気の真の原因であると考えた。顕微鏡レベルでは、心臓の不全は心筋細胞の不全の結果であり、結核患者の膿の充満した肉芽腫は、結核菌に対する細胞の反応の結果だった。

ヨウはシュワンとシュライデンの細胞説を、実質的により精緻なものにした。

3　すべての細胞は細胞から生じる（*Omnis cellula e cellula*）。
4　正常な生理機能とは細胞の正常な生理機能である。
5　疾病、すなわち生理機能の破綻は、細胞の生理機能の破綻の結果である。

これら五つの原則は、細胞生物学と細胞医学の支柱となった。それらは人体についての解釈を根本的に変え、細胞という基本単位の集まりとして身体をとらえる考え方をもたらした。人体についての原子論者的な概念を完成させ、細胞は身体の基本的で「原子のような」単位であるとしたのだ。ルドルフ・ウィルヒョウの人生の最終段階は、国家とは協調的な社会組織でなければならないとする信念を彼がいかに強く抱いていたかを物語っている。ウィルヒョウは身体を協調的な社会組織（細胞が他の細胞と協力し合って働く）としてとらえただけではなかった。人種差別主義者と反ユダヤ主義者がはびこりつつある社会の中で、ウィルヒョウは、市民の平等を熱心に訴えつづけた。病気とは誰もがかかるものであり、医学にはそもそも差別などない、と。「必要とあらばすべての病人が入院できるようにしなければならない」と彼は書いた。「金があろうとなかろうと、ユダヤ教徒だろうと異邦人だろうと関係なく[32]」

一八五九年、ウィルヒョウはベルリン市議会議員に選ばれた（さらに一八八〇年代には、ライヒ議会議員に選出された）。そして、ナチス国家の誕生へとつながる過激な国家主義が有害な形となってドイツで勃興するのを目の当たりにした。のちに「アーリア人種」の人種的卓越性と呼ばれる誤った考え方や、金髪碧眼で肌の白い「清潔な」民族《フォルク》が多数を占める国家を目指す方向性はすでに、ドイツ

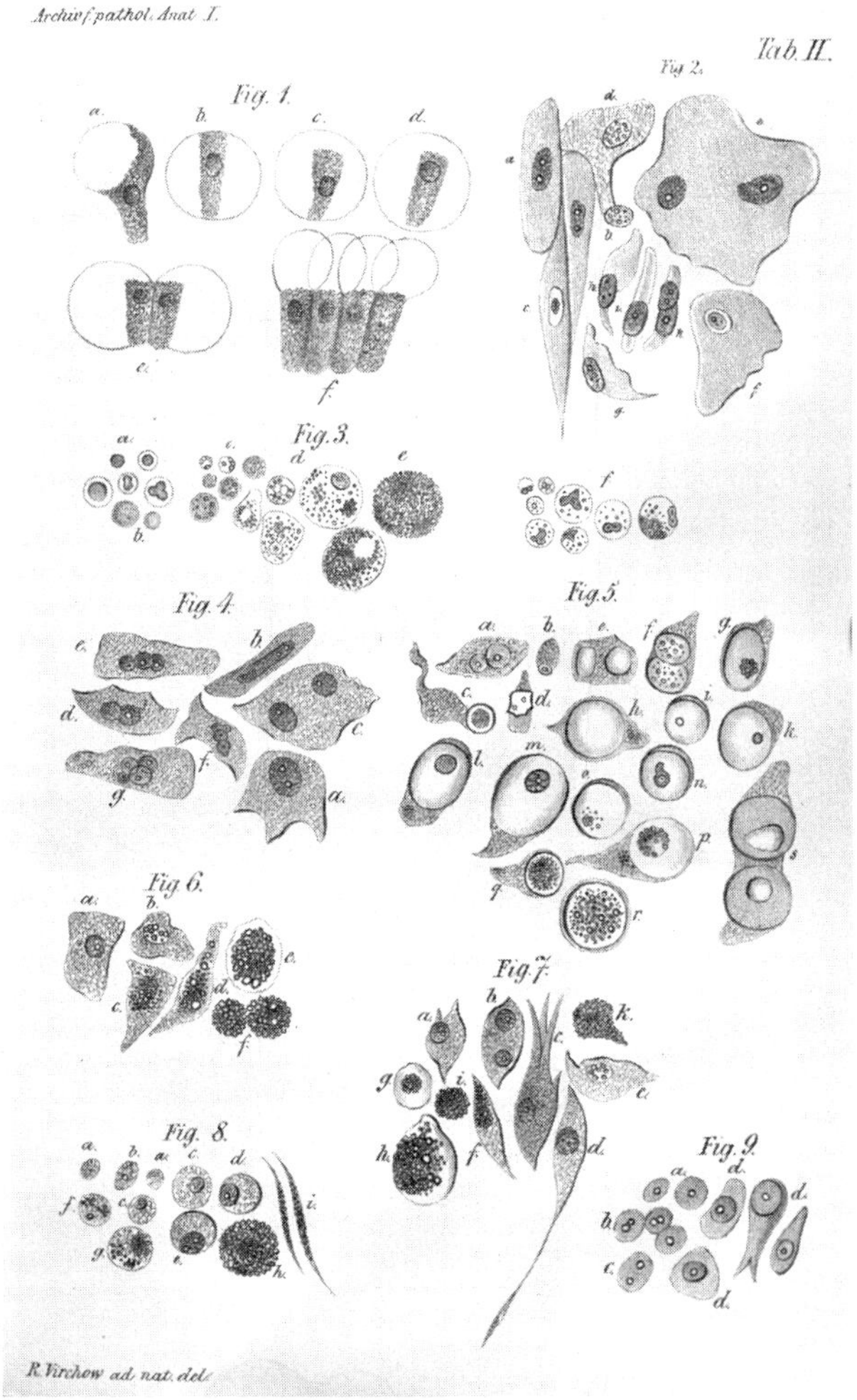

《ウィルヒョウズ・アーカイブ》に掲載されたスケッチ（1847年ごろ）。細胞と組織の構造が描かれている。Fig. 2では、隣接し合い、互いに付着する多様な形状の細胞が描かれている。Fig. 3. fには、血液中で観察された細胞が描かれており、顆粒と多数の核を持つ細胞（好中球）も見られる。

全土を蝕む病気となっていた。

当然のことながら、ウィルヒョウは当時の通念をはねつけ、急速に勢いを増しつつある人種隔離というゆがんだ迷信の拡大を抑えるべく努力した。一八七六年、ウィルヒョウは、六七六万人のドイツ人の髪の色と肌の色を分析し、その結果、国の考えが誤りであることを証明した。アーリア人種の卓越性の象徴とされる身体的特徴を有するドイツ人は三人にひとりしかおらず、半数以上のドイツ人はさまざまな人種の混合だった。肌は茶色か白、髪は金髪か茶色、目は青色か茶色といった特徴が種々に組み合わさっていた。注目すべきは、ユダヤ人の子供の四七パーセントが同様の組み合わせを持っており、じつに一一パーセントものユダヤ人の子供が、金髪で青い目だったことだ（つまり、典型的なアーリア人と見分けがつかなかった）。一八八六年、ウィルヒョウは分析結果を《病理学のアーカイブ（*Archive of Pathology*）》で発表した[33]。それはオーストリア生まれのドイツ人扇動家が産声をあげる三年前のことだった。その人物はやがて、ゆがんだ迷信を生み出す天才であることが判明する。そして、科学的データなどものともせずに、人種差別を拡大し、ウィルヒョウが大きく前進させた平等の概念を完全に打ち砕くことになる。

ウィルヒョウは晩年、社会改革や公衆衛生事業に注力し、下水道の整備や、市の公衆衛生の改善を進めた。医師から研究者へ、そして、人類学者、活動家、政治家へと転向する過程で、叡智あふれる大量の論文や手紙、講義集、記事を残した。しかし、時代を超越した最も大きな価値を持つのは、彼が細胞説を追い求める、きわめて探究好きな青年だったころの初期の著作だ。一八四五年におこなわれた先見の明のある講義の中で、ウィルヒョウは、生命や生理機能、胚の発生は細胞の活動の結果であると語った。「生命とは概ね、細胞の活動である。生物の研究に顕微鏡が使われたのがきっかけとなり、広範囲の研究がおこなわれた結果……あらゆる植物と動物は……一個の細胞から始まることが示された。その一個の細胞から別の細胞が生まれ、そこからさらに新たな細胞が生じ、それらが一緒に新しい形態をつくり出し、そして最終的に……それらが構成要素となって、驚くべき生物が生み出されるのだ[34]」

病気の基盤は何かというある科学者からの質問に対し、ウィルヒョウは病理の中心は細胞にあると答えた。「あらゆる病気は生物の身体をつくる多数の、あるいは少数の細胞単位の変化に起因しており、どんな病理的な不具合も、治療効果も、それがなぜ生じるのかを根本的に説明するには、関与している特定の細胞要素を見つけ出す必要がある[35]」

これら二つのフレーズ（細胞は生命と生理機能の単位である、細胞は病気の中心的な単位である）は私のオフィスのボードにピンで留めてある。細胞生物学や細胞治療、細胞から新しい人間《ニューヒューマン》をつくる技術について考えるときには決まって、私はこの二つのフレーズを読み返す。それらはまるで一対のメロディーのように、本書全体に響き渡っている。

二〇〇二年冬、研修医として三年間勤務したボストンのマサチューセッツ総合病院で、私はそれまでに経験した中で最もむずかしい症例のひとつに遭遇した。その患者、M・Kという二三歳の青年は、抗生物質が効かない重症の慢性肺炎をわずらっていた[36]。ベッドの上でシーツをかぶって身体をまるめている彼は、顔色が悪く、やせ細っており、熱のために皮膚はじっとり湿っていた。発熱には明らかなパターンがなかった。彼の両親（イタリア系アメリカ人で、聞くところによると、またいとこ同士だった）は遠くを見るような、うつろな表情を浮かべて、ベッド脇に座っていた。M・Kの身体は慢性の感染症のためにやせ細っており、一二、三歳くらいの少年のようだった。若手の研修医と看護師が静脈ラインをとるための血管を見つけようと彼の両手を探したが、見つからなかった。依頼されて、私は抗生物質と補液を注入するための太い中心静脈カテーテルを内頸静脈に挿入した。針を刺したとき、まるで乾いた羊皮紙を刺しているかのように感じられた。彼の皮膚は紙のように薄く、ほとんど透き通っていて、触っただけでぼろぼろと砕けそうだった。

M・Kは重症複合免疫不全症（SCID）の特定の病型と診断されていた。[37] B細胞（抗体をつくるリンパ球）とT細胞（微生物に感染した細胞を殺し、免疫反応の開始を助けるリンパ球）の両方がうまく働かない病気だ。彼の血液を培養すると、ぞっとするほど多種多様な微生物が検出された。ありふれた微生物も、めずらしい微生物もあった。レンサ球菌、黄色ブドウ球菌、表皮ブドウ球菌、奇妙な種々の真菌、名前をうまく発音できないような、まれな細菌種。あたかも彼の身体全体が生きた微生物培養皿になってしまったかのようだった。

彼にくだされたSCIDという診断には合点のいかない点がいくつかあった。M・Kの検査をしたところ、B細胞の数は正常以下だったものの、危険なほど少ないわけではなかった。同じことは、血液中の抗体値についても言えた。免疫系において、抗体は病気と闘う歩兵のような役割を果たす。MRIやCTでは、悪性疾患を示唆する腫瘤は認められなかった。さらに詳しい血液検査がおこなわれた。彼がこうした試練に耐えているあいだ、母親は目を充血させ、無言のまま、息子のそばを片時も離れなかった。簡易ベッドで眠り、毎晩、膝枕をして彼を寝かしつけた。この子はいったいどうしてこんなに具合が悪いのだろう、と思いながら。

私たちは細胞の機能障害を見落としていた。凍てつくような一一月のある晩、ボストンの病院の自分のデスクで（家まで運転して帰ったら、途中でスリップしそうだった）、私は考えうる可能性を頭の中で列挙していった。必要なのは、身体を解剖するのと同じように細胞の病理を体系的に調べることだった。この患者の身体をつくっている細胞の図譜が必要だった。私はウィルヒョウの講義集を開き、いくつかの文章をもう一度読んでみた。「あらゆる動物は、生命の単位の総和である……いわゆる個体というものは例外なく、さまざまな部分がつくる社会的な集合体である」[38]。彼はさらにこう続けていた。「(すべての細胞が)特別な役割を持っている。たとえ、その役割のための刺激を他の部分から引き出しているとしても」

「さまざまな部分がつくる社会的な集合体」「すべての細胞が……他の細胞から刺激を引き出す」。あるひとつの点の不具合によって網《ネット》全体に混乱が生じるような細胞のネットワーク(ソーシャルネットワーク)を想像してみてほしい。重要な部位が破れてしまった漁師の網のようなものだ。網の端のほうが一箇所たわんでいるのを見つけて、あなたはそこが問題だと結論づけるかもしれない。しかし、あなたはほんとうの原因――中心――を見落としている。網がたわんでいるのは、端ではなく中心に問題があるからなのだ。

　翌週、病理医がＭ・Ｋの血液と骨髄の検体を検査室に持ち帰り、細胞ひとつひとつに剖検をほどこすようにして、細胞を分析しはじめた。いうなれば「ウィルヒョウ的な分析」だ。「Ｂ細胞は無視してかまいません」と私は病理医に言った。「血液全体をくまなく見て、細胞ひとつひとつを調べ、たわんだ網の中心を見つけてください」。微生物を探しながら血液や器官の中を移動している好中球は正常だった。同様の機能を持つ別の白血球であるマクロファージにも問題はなかった。しかし、病理医がＴ細胞の数を数え、分析したところ、問題は一目瞭然だった。Ｔ細胞の数が激減していたうえに、見つかったＴ細胞も、うまく機能することができない、未熟な細胞ばかりだったのだ。ついに、たわんだ網の中心が見つかった。

　他のすべての細胞の異常や免疫機能の破綻は、このＴ細胞の機能不全の症状にすぎなかった。Ｔ細胞の機能不全の影響が免疫系全体に連鎖的に広がり、ネットワーク全体が崩壊したのだ。この青年がわずらっていたのは、最初に診断されたＳＣＩＤではなかった。まるでピタゴラ装置のように、Ｔ細胞の問題がＢ細胞の問題となり、それらの影響が次々と連鎖して、最終的に、免疫系全体が機能しなくなったのだ。

数週間後、Ｍ・Ｋの免疫機能を回復させるために、骨髄移植がおこなわれた。新しい骨髄がうまく機能しはじめれば、ドナー由来の正常なＴ細胞が増えて、免疫機能を取り戻せるはずだ。彼は移植に耐えた。骨髄細胞が増えはじめ、免疫機能が回復した。感染症状がおさまり、体重も増えていった。細胞が正常化した結果、個体も正常化したのだ。五年後のフォローアップでは、彼は依然として感染症にかかってはおらず、免疫機能も正常なままで、Ｂ細胞とＴ細胞は互いにコミュニケーションを取っていた。

病室にいたＭ・Ｋの姿を思い出す。彼の父親は雪の中、重い足取りでボストンのノースエンドまで行き、息子の好物のイタリアン・ミートボールを買って病室に届けた。しかし結局、ミートボールは手つかずのまま、ベッド脇のテーブルに置かれたままだった。当惑し、混乱した医師たちは、カルテに次々と記録を書き込んでは、いくつものクエスチョンマークを残した。そんなＭ・Ｋという症例について考えるたびに、私は、ルドルフ・ウィルヒョウと、彼が進展させた「新しい」病理学のことを思う。器官の中の病気の位置を突き止めるだけでは不十分であり、器官を構成するどの細胞に問題があるのかを突き止めなければならないのだ。免疫の機能不全はＢ細胞の問題やＴ細胞の不具合、あるいは、免疫系を構成するいくつもの細胞の不調によって引き起こされる。たとえば、エイズ患者が免疫不全に陥るのは、免疫反応を調節する細胞（ＣＤ４Ｔ細胞）がヒト免疫不全ウイルスによって破壊されるためだ。それとは別に、Ｂ細胞が抗体をつくれなくなるために免疫不全が引き起こされる場合もある。どの場合も、病気の症状は似通っているが、原因をピンポイントで突き止めないかぎり、免疫疾患を診断することも、治療することもできない。そして、原因をピンポイントで突き止めるためには、基本的な単位である細胞の構成や機能という観点から、器官系を分析しなければならない。そう、ウィルヒョウが私に毎日、思い出させるように。「どんな病理的な不具合も、治療効果も、それがなぜ生じるのかを根本的に説明するには、関与している特定の細胞要素を見つけ出す必要がある」

正常な生理機能や病気の中心を突き止めるには、まず細胞に目を向けなければならないのだ。

病原性の細胞——微生物、感染、そして抗生物質革命

微生物はまるで世捨て人のように、自力で食べることだけを気にすればよい。それに、他者と協力し合う微生物もいるが、基本的に、微生物は他者との協調や協力を必要としない。それとは対照的に、四細胞からなる藻や三七兆個の細胞からなるヒトなどの多細胞生物をつくる細胞は、独立をあきらめて、互いにしっかりとくっつき合っている。それらは特殊化した機能を担っており、より大きな利益のために、機能を遂行するのに必要なだけ増殖する。そんな細胞が反逆を起こすと、がんが発生する。

——エリザベス・ペニシ、二〇一八年、《サイエンス》より[1]

一八五〇年代に病理学について熟考し、その結果、細胞について理解した科学者は、ルドルフ・ウィルヒョウだけではなかった。ウィルヒョウの二世紀ほど前に、アントニ・ファン・レーウェンフックが自作の顕微鏡で観察したアニマルクルは自律性の単細胞生物、つまり微生物だった可能性が高い。そうした微生物の大多数は無害だが、中にはヒトの組織に侵入して、炎症や化膿、さらには致死的な病を引き起こすものもいる。細胞（この場合は、微生物細胞）を病理学と医療に結びつけたのは、病原菌説だった。微生物は独立した、生きた細胞であり、ときに、ヒトの病気を引き起こすこともある

とする説だ。

微生物とヒトの病気との関連は、何世紀ものあいだ科学者や哲学者が抱いていた疑問に対する答えとして浮かび上がった。腐敗の原因は何かという疑問だ。腐敗は単なる科学的な問題ではなく、神学的な問題でもあった。キリスト教の教義では、とりわけ死から復活、そして昇天までのあいだ、聖人や王の身体は腐敗を免れるとされていた。しかし、聖人も罪人と同じスピードで腐敗することがわかると、神学的な考察をおこなわなければならなくなった。それがなんであれ、腐敗を引き起こすものはどうやら、神の法にはしたがわないようだ、と。神聖なる身体があたかも身体の一部を投げ捨てるようにして、腐敗した肉片を落としながら天国にのぼっていくなどということを受け入れるのはむずかしかった。

一六六八年、フランチェスコ・レディは「昆虫の世代についての実験」と題した論文を発表した。[2]その物議を醸した論文の中で、レディは、腐敗の最初の徴候のひとつである蛆《うじ》は、ハエが産みつけた卵からのみ発生し、空気からは発生しないと結論づけ、生気論者たちが提唱する自然発生説に異を唱えた。[3]レディは子牛肉と魚の死骸を別々の瓶に入れ、どちらの瓶も目の細かい薄い綿で覆って、空気は中に入るがハエは入らないようにした。すると、蛆はわかなかった。次に、同じ子牛肉と魚の死骸を空気とハエの両方にさらしたところ、蛆が大量にわいた。瘴気説では、肉の腐敗は肉の内部から自然に生じるか、あるいは空気中を漂う瘴気から生じるとされていた。それに対してレディは、腐敗は、空気中の生きた細胞（ハエの卵）が肉に着地することで発生すると主張した。「*Omne vivum ex vivo*」、すなわち「あらゆる生命は生命から生まれる」とレディは書いた。実験生物学の開祖として知られるレディは要するに、ウィルヒョウの主張につながる説を唱えたのだ。生命は生命から生まれる、と。細胞から細胞が生まれるという、それよりはるかに大胆な概念まで、あと一歩のところまで来ていた。

一八五九年、ルイ・パスツールはパリで、レディの実験をさらに発展させた。[4]彼は煮沸した肉汁を白鳥の首の形をした瓶（首が白鳥のようにS字形に曲がった、丸いフラスコ）に入れた。この〝白鳥の首フラスコ〟をそのまま放置しても、肉汁は腐敗しなかった。なぜなら空気中の微生物が曲がった首を通って肉汁の中に入るのはむずかしかったからだ。しかし、フラスコを傾けて肉汁を空気にさらした場合や、白鳥の首を折った場合には、肉汁の中で微生物が増殖し、肉汁は濁った。そこでパスツールは、細菌は空気や塵によって運ばれると結論づけた。腐敗は、生物の内部から自然に発生するのではなく——あるいは、内なる罪が形をなしたものでもなく——細菌が肉汁に入った場合にのみ生じる、と。

　腐敗と病気は表面上、まったくの別物に見えた。しかしパスツールはそれらのあいだにきわめて重要な関連性を見いだした。カイコの感染症やワインの腐敗、動物での炭疽《たんそ》菌の伝播について研究した結果、パスツールは、感染とは浮遊する瘴気粒子や宗教的な罪がもたらすものではなく、微生物の侵入によって引き起こされるという結論に達した。単一の細胞からなる生物が他の生物の中に入り込み、病理学的な変化と組織の変性を引き起こすのだと。

　ドイツのウォルシュタイン（現在はポーランドのボルシュティン）という町で地区医務官として働いていたロベルト・コッホという名の青年が、粗末な実験室でパスツールの説をいっきに発展させた。[5]一八七六年、彼は炭疽にかかったウシやヒツジから炭疽菌を分離して顕微鏡で観察した。[6]透きとおった竿のような形をした微生物が小刻みに震えているのが見えた。一見、弱々しそうに見えながら、命を奪うことのできる微生物だ。炭疽菌はやがて、休眠状態の丸い芽胞《がほう》を形成した。芽胞は乾燥や熱に強く、水を加えたり、宿主に移植したりすると、休眠状態から目覚めて致死的な生物になり、竿状の炭疽菌を生み出した。

生み出された炭疽菌は急速に増殖し、病気を発症させた。コッホは、滅菌した木片でマウスの尾に小さな切り傷をつけ、そこに、炭疽菌に感染したウシの血液を一滴、垂らした。そして待った。コッホはこのようにして、生物の個体から個体へ、体系的かつ科学的な手法を使って病気を伝搬させた。コッホがこの実験をおこなう一八七六年まで、同様の実験をした科学者がひとりもいなかったことは、生物学の歴史における不可解で信じがたい事実である。

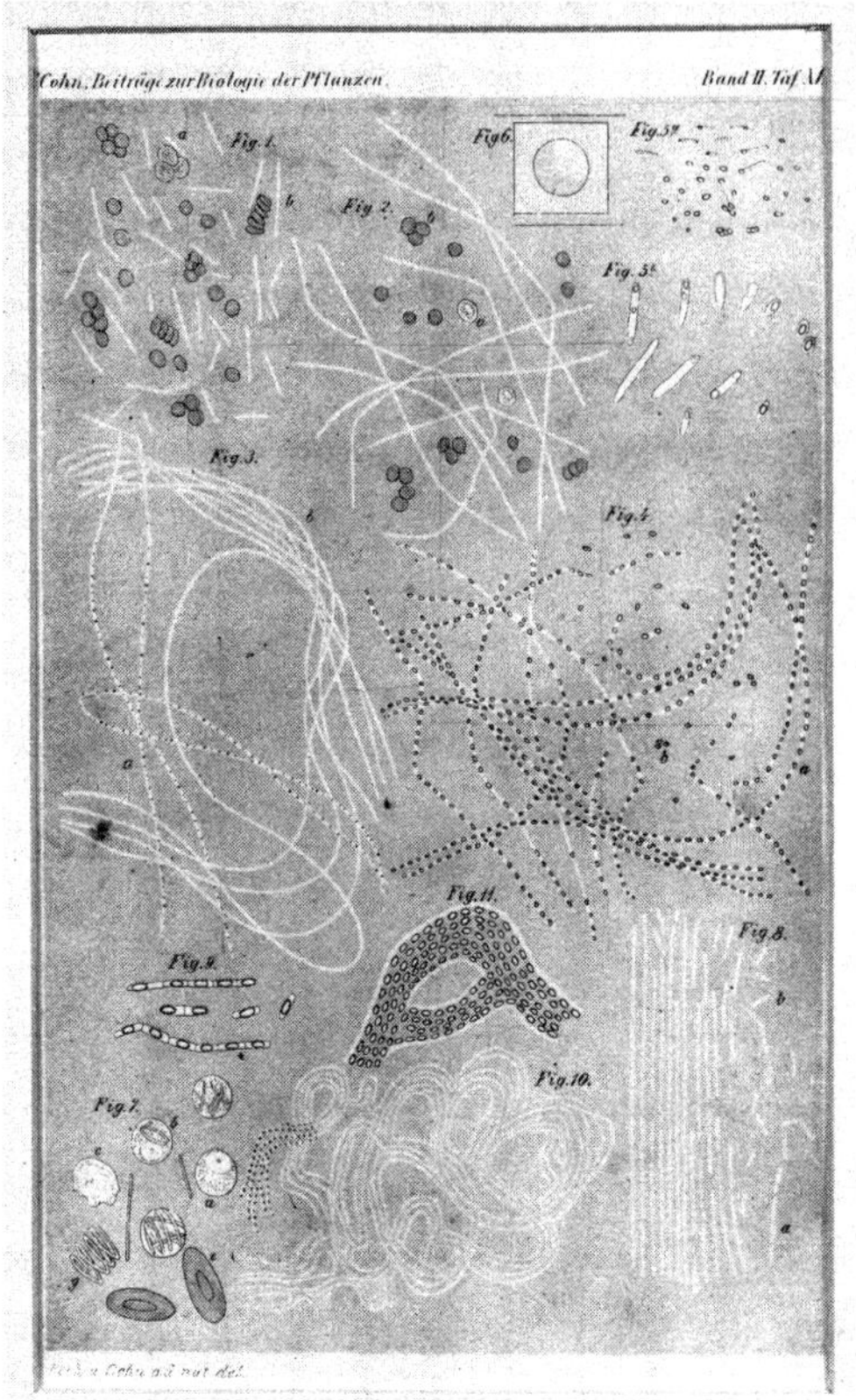

ロベルト・コッホによる炭疽菌（*Bacillus anthracis*）のスケッチ。長い竿のような形をした炭疽菌と、小さな丸い芽胞が描かれている。

炭疽菌は細胞を殺す毒素を分泌するため、マウスはそれによる症状を呈した。脾臓は腫れて黒みを帯び、中には死んだ細胞が詰まっていた。肺にも同様の黒っぽい病変がいくつもできていた。コッホが脾臓を顕微鏡で観察すると、無数の死んだ細胞に取り囲まれて、竿状の細菌が震えながらうごめいているのが見えた。コッホはさらに同じ実験を繰り返した。炭疽を発症したマウスの脾臓の一部を別のマウスに接種してから脾臓を採取し、さらに別のマウスに接種するという実験をじつに二〇回もおこなった。すると毎回、脾臓を接種されたマウスは炭疽を発症した。コッホの最後の実験はきわめて巧妙だった。彼は無菌のガラス容器に死んだ雄牛の目から採取した液体を一滴入れ、そこに、炭疽にかかったマウスの脾臓の一部を注入した。すると、同じ竿状の細菌がその中で増殖し、透明だった液体が濁った。

コッホの実験は着実に、体系的に進められた。もうほとんど訓練のように、正確に。ルイ・パスツールは、関連性から因果関係を推測した。ワインの腐敗は細菌の増殖に関連しており、肉汁の腐敗は微生物との接触と関連している、といった具合に。一方のコッホは因果関係をより秩序だった方法で解明したいと望んだ。まず最初に、彼は病気の動物から微生物を分離した。次に、その病原体を健康な動物に接種すると、同じ病気が引き起こされることを示した。接種を受けた動物からふたたび微生物を分離して、それを純粋培養して、別の動物に接種すると、同じ病気が引き起こされた。この論理を打ち破れる者がいるだろうか？　彼は覚書の中で書いている。「この事実を踏まえれば、炭疽菌が炭疽の真の原因かつその病原菌だということには疑いの余地がない」[7]

炭疽菌の実験を終えてから八年後の一八八四年、コッホは自身の観察結果と実験から、感染症の原因を特定するための四つの原則を提唱した。ある微生物が特定の病気の原因だと主張するための原則だ（たとえば、レンサ球菌が肺炎の原因であり、炭疽菌が炭疽の原因である、といった具合に）。それは以下のようなものだった。（1）ある特定の病気にかかった個体からは、ある特定の生物や微生物の細胞が見いだせるが、健康な個体からは見いだせないこと。（2）病気にかかった個体からその微生物細胞が分離できること。（3）分離した微生物を培養し、健康な個体に接種すると、同じ病気が引き起こされること。（4）接種を受けた個体から再度分離した微生物が、もとの微生物と同じであること。†

コッホの実験と原則は、生物学と医学に深く響きわたり、パスツールの思考にも深い影響を与えた。しかし同様の知性を持っていたにもかかわらず（いやひょっとしたら、持っていたからこそ）、コッホとパスツールはその後数十年にわたって、熾烈なライバル関係にあった（フランスとドイツの科学者同士の仲間意識が高まらなかった背景には、当然のことながら、一八七〇年代の普仏戦争があった）。コッホの論文とほぼ同時期に発表された炭疽についてのパスツールの論文では、悪意ともとれるような満足感を滲ませて、*bacteridia*（細菌）‡というフランス語の用語が使われている。パスツールは、脚注の中でコッホの専門用語に触れ「ドイツ人が呼ぶところの *Bacillus anthracis*（炭疽菌）」[8]

† 病気の原因についてのコッホの原則はたいていの感染性疾患にあてはまるが、宿主の側の要因が考慮されていないため、この原則を非感染性疾患にあてはめるのはむずかしい。たとえば、喫煙は肺がんの原因だが、喫煙者がすべて肺がんになるわけではない。がん患者の肺からタバコの煙を分離するのは不可能だ。受動喫煙が肺がんの原因なのはたしかだが、人から人へ肺がんをうつすことはできない。ＨＩＶはまちがいなくエイズの原因だが、ＨＩＶに暴露された人が全員感染してエイズを発症するわけではない。なぜなら、ＨＩＶが細胞に侵入できるかどうかには、宿主の遺伝的な要因が影響するからだ。神経変性疾患である多発性硬化症（ＭＳ）の患者から微生物や病原体を分離することはできず、この病気を人から人へうつすこともできない。疫学者たちは長い時間をかけて、非感染性疾患の原因を特定するためのより広い基準を生み出すことになる。

‡ フランスの科学者カシミール・ダバインが炭疽で死んだ動物の標本を観察して、やはり竿状の微生物を発見し、それを *bacteridia* と名づけた。パスツールがその用語を使ったのは、同じフランス人であるダバインに対する敬意と、ドイツ人への軽蔑の表れだった。[10]

と書いている。こうした嘲笑に対して、コッホは科学的な侮辱の言葉で応じた。一八八二年、あるフランスの学術誌で、コッホは次のように書いている。「現在に至るまで、炭疽についてのパスツールの研究はなんの成果も生み出していない」[9]

前じ詰めれば、二人の科学的な反目はささいなものだった。パスツールは、実験室で培養を繰り返すことによって、細菌の病気を引き起こす能力を弱めることができると主張した。生物学の用語を使えば、弱毒化できると。そして、弱毒化した炭疽菌をワクチンとして使うことに思い至った。弱毒化した細菌は免疫を強化するが、病気を引き起こすことはないと考えたからだ。しかしコッホによれば、微生物の病原性は不変であり、弱毒化などナンセンスだった。やがて、両者の主張はどちらも正しいことが判明する。微生物の中には弱毒化できるものもあれば、弱毒化がむずかしいものもあることがわかったのだ。しかし、パスツールとコッホの研究を合わせたなら、それは病理学の新たな方向を指し示していた。二人は、自律性の生きた微生物が腐敗と病気を引き起こすことを示したのだ。少なくとも、モデル動物と、培地において。

だが、微生物が引き起こす腐敗と人間の病気とのあいだにはどんな関係があるのだろう？　その関連性を示唆する最初のヒントをもたらしたのは、一八四〇年代末にウィーン総合病院の産科で教授助手として働いていたハンガリー人産科医、イグナーツ・センメルヴェイスだった[11]。その病院の産科は第一産科と第二産科に分かれていた。一九世紀の出産は死と隣り合わせであり、産褥熱《さんじょく》（いわゆる「産床熱」）と呼ばれる感染症によって、五パーセントから一〇パーセントの妊産婦が出産後に死亡した。センメルヴェイスは奇妙なパターンに気づいた。第二産科に比べて、第一産科では、産褥熱による妊産婦の死亡率が著しく高かったのだ。この事実はやがて、世間話や噂によってウィーンじゅうに広まり、公然の秘密となった。妊婦たちは懇願や甘言、根まわしによって、なんとかして第二産科に入院しようとした。中には賢明にも、いわゆる路上（院外での）出産を選ぶ者すらいた。第一産科で出産するほうが、それよりはるかに危険だと思ったからだ。

「院外で出産した妊産婦たちが、第一産科に特有の未知の致死的な影響を受けずにすんだのはなぜなのだろう?」[12]とセンメルヴェイスは熟考した。「自然」実験をおこなう、めったにない機会だった。同じ状態の二人の女性が同じ病院の別々の入口からそれぞれ中に入る。ひとりは健康な新生児を抱いて退院し、もうひとりは霊安室へ送られる。なぜなのだ? 容疑者をひとりずつ消去していく探偵のように、センメルヴェイスは、頭の中で原因を列挙しては、ひとつずつ消していった。産科病棟が過密になっているせいではなかった。妊産婦の年齢や換気の具合、陣痛の長さ、ベッド間の距離のせいでもなかった。

一八四七年、センメルヴェイスの同僚医師のヤコブ・コレチカが、病理解剖中にうっかりメスで自分の指を傷つけてしまった。コレチカはたちまち発熱し、敗血症を発症した。センメルヴェイスは、コレチカの症状が産褥熱に酷似していることに気づいた。[13]答えが見つかった。第一産科では、外科医や医学生が病理解剖室と分娩室を気軽に行き来していた。亡くなった患者の遺体を解剖したあと、まっすぐ分娩室へ行き、赤ん坊を取り上げていたのだ。一方の第二産科では、助産師が出産を担当しており、助産師たちは遺体を触ることもなければ、死体解剖をおこなうこともなかった。センメルヴェイスは、手袋をせずに妊産婦の診察を日常的におこなっている学生や外科医が、なんらかの物質（彼はそれを「死体物質」と呼んだ）を腐敗した遺体から妊婦の身体へ運んでいるのではないかと考えた。

センメルヴェイスは学生と外科医に、産科病棟に入る前に塩素と水で手を洗うよう指示し、二つの産科での死者数を厳密に記録していった。手洗いの効果は驚くべきものだった。第一産科での死亡率が九〇パーセントも低下したのだ。一八四七年には、死亡率は二〇パーセントで、じつに五人にひとりの妊産婦が産褥熱で死亡していたのに対し、厳格な手洗いを導入したあとの八月までには、妊産婦の死亡率は二パーセントまで低下していた。

こうした結果そのものは驚嘆すべきものだったが、センメルヴェイスには具体的な理由がわからなかった。原因は血液なのだろうか？　体液？　粒子？　ウィーンのベテラン医師たちは病原菌説を信じておらず、手洗いの重要性を唱える若手助手の主張には興味を示さなかった。センメルヴェイスは嘲笑され、虐げられた。昇進を見送られ、そして結局、解雇された。産褥熱が実際には「医者の疫病」（医原性の、つまり医者が引き起こす病気）であるなどという考えは、ウィーンの教授たちには受け入れ難かった。センメルヴェイスはヨーロッパじゅうの産科医や外科医に手紙を書いたが（その文面はしだいに自暴自棄かつ非難めいたものになっていった）、変人扱いされるだけで、相手にされなかった。最終的に、彼はブダペストの田舎町に移り、やがて精神をわずらった。精神病院に入院したあと、監視人に激しい暴行を受けて骨折し、足に壊疽《えそ》ができた。一八六五年、おそらくはこの傷を原因とする敗血症で、イグナーツ・センメルヴェイスはこの世を去った。感染症の原因として、彼がずっと探しつづけてきたまさにその「物質」、すなわち細菌によって命を奪われたのだ。

センメルヴェイスがブダペストに移って間もないころの一八五〇年代、ジョン・スノウという名のイギリス人医師が、ロンドンのソーホーで猛威を振るっていたコレラの広がりを調査していた。[14]スノウは病気を症状や治療という観点から見るだけでなく、その発生には地理や伝播のしかたといった要因が関係しているのではないかと考えた。そして、コレラの流行がある特定のパターンで、特定の地区や地形全体に広がっている可能性に気づいた。それこそが原因を特定するためのヒントではないか。

スノウは個々の症例について、その人物がコレラを発症した時間と場所をピンポイントで突き止めようと考え、住人たちを登録し、時間と場所をさかのぼっていった。あたかも映画を巻き戻すように、感染の発端と発生源、原因を見つけようとしたのだ。

スノウは、感染の発生源は空中を漂う目に見えない瘴気ではなく、ブロード・ストリートの特定の給水ポンプだという結論に達した。そのポンプから流行が広がっているように見えたのだ。というよりもむしろ、池に投げ込まれた石がつくる波紋のように、流行が外側へ流れ出しているかのようだった。スノウは流行の地図をつくった。死亡したコレラ患者の家の位置をひとつひとつ地図に記入していくと、患者を示す棒がその給水ポンプを取り囲んでいることがわかった（その後、一九六〇年代に、症例を点で示した地図がつくられた。たいていの疫学者にとっては、その地図のほうがなじみ深いはずだ）。「ほぼすべての死亡例の家が（ブロード・ストリートの）給水ポンプの近くにあった」と彼は書いている[15]。「例外は一〇例だけで、それらの家は別の給水ポンプのほうに近かったものの、そのうちの五例について、故人の家族が私に知らせてくれたところによると、彼らはいつもブロード・ストリートの給水ポンプまで行っていたとのことだった。家から近いポンプの水よりも、そちらのポンプの水のほうが好きだったからだと。他の三例は子供で、いずれもブロード・ストリートのポンプ近くにある学校に通っていた」

だが、汚染された発生源から運ばれている物質とはなんだろう？　一八五五年までには、スノウはすでに給水ポンプの水を顕微鏡で観察しており、その物質は増殖できるにちがいないと確信していた。ヒトに感染し、さらには再感染できる構造と機能を持つなんらかの粒子にちがいない、と。自著『コレラの感染様式について』の中で、スノウは記している。「コレラの病因となる物質が増殖できる性質を持つためには、必然的に、なんらかの構造を持っていなければならない。おそらくは細胞と同じ

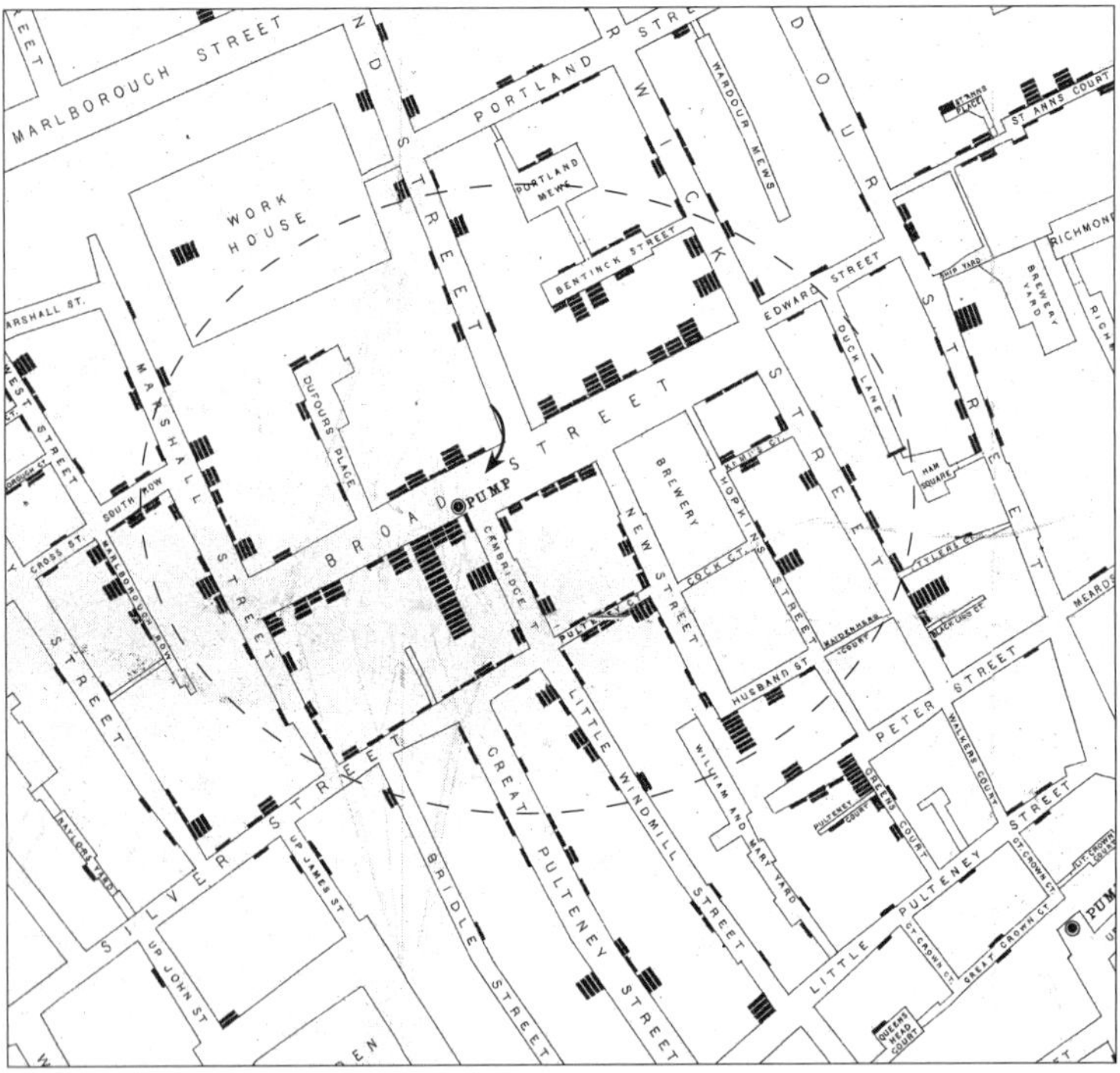

1850年代にジョン・スノウが最初につくった地図のひとつ。ロンドンのブロード・ストリートの給水ポンプを取り囲むようにコレラの症例が広がっている。矢印は給水ポンプの位置を示している（著者が書き込んだもの）。スノウは、一世帯あたりの死者数を棒の高さで表した（スノウが特定したエリアを示す破線の丸は著者が書き込んだもの）。

構造を」[16]

きわめて鋭い洞察だった。とりわけ、細胞という言葉を使用した点で。スノウは本質的に、三つの異なる説およびそれに基づく医学分野を部分的に統合したのだ。ひとつめの分野である疫学は、ヒトの病気のパターンを統計によって説明しようと試みていた。分野としての疫学（epidemiology）は人々の上を「ホバリングして」いるような学問であるために、*demos*（人々）の*epi*（上）と呼ばれた。ヒト集団での広がり方、発生率や有病率の上昇や低下、特定の地理的・物理的な区域（たとえば、ブロード・ストリートの給水ポンプからの距離）における発生の有無によって、ヒトの病気の解明を試みていた。結局のところ、疫学とは、リスクを評価する学問なのだ。

しかし、スノウは疫学を病理学へとじわじわと近づけた。推定されるリスクを物質へと。例のポンプの水の中に存在するなんらかのもの——まさしく、細胞——が感染の原因なのだ、と彼は考えた。地理的な分布、つまり病気の地図は、根本的な原因を示唆するヒントにすぎなかった。時間と空間を物理的な物質が移動し、病気を引き起こしていることを示す徴候にすぎなかったのだ。

いまだ初期段階にあった二つめの分野、すなわち病原菌説に基づく分野は、感染症とは微細な生物が体内に侵入して生理機能を混乱させることによって引き起こされるという概念を進展させた。

最も大胆なのは三つめの説だった。病気を引き起こす目に見えない微細な生物とは、じつのところ、水中に存在する、独立した、生きた細胞であるとする細胞説だ。顕微鏡で実際にコレラ菌を見つけたわけではなかったが、スノウはとっさに、病気を引き起こす因子は体内で増殖でき、そして下水に混じってふたたび感染サイクルを開始できるものにちがいないと悟ったのだ。感染性の単位は、自らの複製をつくることのできる、生きた存在にちがいない、と。

これを書きながら、私はこの枠組み——病原菌、細胞、リスク——が今なお医学における診断技術を支えていることに気づいた。患者を診察するたびに、私は、これら三つの要素に関する質問をとおして病気の原因を探る。細菌やウイルスなどの外因性の病原体が原因なのだろうか？　それとも、細胞の生理機能に内因性の障害があるのだろうか？　ある特定のリスク、たとえば、なんらかの病原体や家族歴、環境有害物質といったようなリスクがあるのだろうか？

何年も前、私がまだ若手の腫瘍内科医だったころ、ある教授を患者として受け持ったことがある。彼はそれまでまったく健康だったが、ある日突然、ひどい倦怠感に襲われた。繰り返し彼を襲う倦怠感はあまりに強く、日によっては、脚を上げることすらできず、ベッドから出られなくなった。彼はさまざまな専門医を受診し、種々の診断がくだされた。慢性疲労症候群、全身性エリテマトーデス、うつ病、心身症、原因不明のがん。難解な診断名のリストはどんどん長くなっていった。

検査結果はほぼすべて正常だったが、唯一、血液検査で慢性の貧血があることがわかった。しかし、貧血、つまり赤血球数の減少は病気の症状のひとつであって、原因ではなかった。その間にも、彼の身体はみるみる弱っていき、背中に謎の発疹ができた。原因不明のまま、症状だけがまたひとつ増えた。数日後、教授は診断名もないまま再度入院した。X線検査で、肺を取り囲む二層の胸膜のあいだに胸水がわずかに貯まっていることがわかった。私はようやく、診断に確信が持てた。彼はがんをわずらっているにちがいなかった。それまでずっと、がんは姿を隠していたのだ。私は肋骨の隙間に注射器を刺し、胸水を少量引き抜き、病理検査室に送った。胸水中にがん細胞が見つかるにちがいない。この症例にようやく決着をつけられると確信していた。

しかし、さらに画像検査と生検をおこなう前に、私の中に小さな疑念がわいた。自分のくだした診断に対し、私の直感が異を唱えていた。そこで私は、私が知る中で最高の内科医に患者を紹介した

(俗世を超越したような風変わりなその内科医はときに、異なる時代からやってきた大昔の医師のようにふるまった。「患者のにおいを嗅ぐことを忘れてはならない」。プルーストのような彼はかつて私にそう助言した。それから、においだけで診断可能な疾患を列挙した。私は彼のオフィスで立ちつくしたまま、途方に暮れながら耳を傾け、そして学んだ)。

翌日、彼から電話があった。

リスク因子について患者に尋ねましたか?

私はイエスを意味する言葉をあいまいにつぶやいたものの、自分の診断が完全にがんに傾いていたことに気づいて、恥じ入った。

患者が生後三年間、インドで暮らしていたことを知っていましたか? その後も何度かインドを旅行したことは? そんな質問などまったく思いつかなかった。患者は私に、子供のころからずっとマサチューセッツ州ベルモントに住んでいると言った。私は彼の出生地や、いつアメリカにやってきたのか尋ねていなかった。

「それで、細菌検査室に胸水を送りましたか?」と賢明なるドクター・プルーストは訊いた。

私の顔はすでに真っ赤になっていた。

「なぜその必要が?」

「なぜなら、結核の再活性化だからです。言うまでもなく」

ありがたいことに、検査室は私が送った胸水の残りの半分を保存してくれていた。三週間後、胸水から結核の原因菌である結核菌が検出された。患者は適切な抗生物質で治療され、徐々に回復した。数カ月後、症状はすべてなくなった。

このエピソード全体が私にとって、謙虚さを忘れてはならないという教訓となった。私はそれからずっと、診断のむずかしい患者を診るたびに、ジョン・スノウと、患者のにおいを嗅ぐのが好きな友人の内科医を思い出し、ひとりごとを言う。病原菌。細胞。リスク。

病原菌説は医学に変革を起こした。ルイ・パスツールが腐敗についての実験を完了してからほんの数年後（さらには、ロベルト・コッホがモデル動物を用いて、微生物が病気を引き起こすことを決定的に証明する一〇年以上前）の一八六四年、スコットランドのグラスゴーで、若き外科医のジョゼフ・リスターが偶然、パスツールの論文「腐敗に関する研究（*Recherches sur la putrefaction*）」を読んだ。そして直感的に、パスツールが〝白鳥の首フラスコ〟で見た腐敗と、自分が病棟で目にする術後感染症との関連性に気づいた。古代のインドやエジプトの医師たちですら、自分たちが使う器具を煮沸消毒していたにもかかわらず、リスターの時代の外科医たちは、微生物による汚染の可能性についてほとんど注意を払わなかった[17]。手術は途方もなく不潔な処置であり、衛生についてのあらゆる歴史的な知識を意図的に無視しているかのようにすら思えた。たとえば、外科医は、ひとりの患者の傷から膿がべったりとついた探針を取り出すと、それを消毒することなく、別の患者の身体に差し入れた。実際、外科医たちはよく「見事な膿」という言葉を使った。なぜなら、膿の存在は治癒過程の一部だと考えていたからだ。血液と膿で汚れた手術室の床にメスが落ちると、外科医はメスを拾い、同じく汚れた自分のエプロンでぬぐって、ためらうことなく次の患者に使った。

リスターは細菌が感染を引き起こしていると確信し、細菌を殺す作用があると考えられる溶液で手術器具を煮沸消毒しようと決心した。だが、どんな溶液で？　下水や汚水の悪臭を消すのに石炭酸が使われていることを知っていたリスターは、下水の周囲を漂う瘴気をつくる病原菌を石炭酸が殺している可能性に思いあたった。そこで彼は、直感にしたがって、手術器具を石炭酸で消毒しはじめた。

すると、術後の感染症の発生率が激減した。術創はすみやかに治癒し、敗血症性ショック（あらゆる外科処置で恐れられていた、死をもたらす合併症）を発症する患者がいなくなった。外科医たちは最初、リスターの考えに抵抗していたが、データはしだいに疑いの余地のないものになっていった。センメルヴェイスと同じく、リスターも、病原菌説を医療へと変えたのだ。

一八六〇年代から一九五〇年代にかけての一世紀にも満たない期間で、感染を防ぐ唯一の確立された方法である殺菌・消毒・滅菌法は、微生物を殺す抗生物質の発明によって大幅に強化された。一九一〇年、パウル・エールリヒと秦佐《はたさ》八郎《はちろう》が最初の抗生物質であるヒ素化合物のアルスフェナミンを発見し、この物質が梅毒の原因菌を殺すことを示した。[18] それからほどなくして、さまざまな抗生物質が開発されていき、一九二八年には、アレクサンダー・フレミングが培地に増殖するカビから分泌される抗菌物質ペニシリンを発見した。[19] さらに一九四三年には、アルバート・シャッツとセルマン・ワクスマンが、土壌の細菌から抗結核薬のストレプトマイシンを分離した。[20]

医療を一変させた薬である抗生物質が効くのは、それが微生物細胞には存在するが宿主細胞には存在しない何かを攻撃するためだ。ペニシリンは細菌の細胞壁を合成する酵素を阻害し、細胞壁を「穴だらけ」にする。ヒトの細胞には細胞壁は存在しないため、ペニシリンは、細胞壁に穴があくと生きていけない細菌だけを標的とする魔法の弾丸となるのだ。

あらゆる効果的な抗生物質（ドキシサイクリン、リファンピシン、レボフロキサシンなど）は、ヒト細胞とは異なる、なんらかの細菌の分子成分を認識する。要するに、すべての抗生物質が「細胞の薬」、つまり微生物細胞とヒト細胞との差異に依存する薬なのだ。細胞生物学の知識が深まり、微妙な差異が解明されていくにつれ、今後、さらに強力な抗微生物薬が生み出されることだろう。

抗生物質と微生物の世界を離れる前に、ここで少し、差異について考えてみよう。地球上のすべての細胞、すなわち、すべての生物のすべての単位は、生物の三つの系統（ドメイン）のいずれかに属している。一番目のドメインは細菌だ。細菌は、細胞膜に包まれた単細胞生物で、動物や植物の細胞が持つ特定の細胞構造を持たず、細菌だけに特徴的な構造を持つ（これこそがまさに、前述した抗生物質の特異性の基盤となる差異だ）。

細菌はぞっとするほど獰猛で、不気味なほど首尾がよく、細胞の世界を支配している。私たちはバルトネラや肺炎球菌、サルモネラなどの細菌を病原体とみなしている。なぜならそれらは病気を引き起こすからだ。一方、私たちの皮膚や腸管、口腔内には数十億個の細菌が存在するが、それらはなんの病気も引き起こさない（サイエンスライターのエド・ヨンの画期的な著作『世界は細菌にあふれ、人は細菌によって生かされる』は、ヒトが細菌と結んだ、概ね双方が利を得るような親密な共生関係について広い視野を与えてくれる）[21]。じつのところ、細菌は無害か有益かのどちらかだ。腸管では、細菌は消化を助ける。皮膚では、有害な微生物がコロニーをつくるのを防いでいると考えられている。ある感染性疾患の専門家がかつて私に、ヒトは単に「細菌を世界じゅうに広めるための見栄えのいいスーツケース」にすぎないと言った[22]。彼の言葉は正しいのかもしれない。

細菌のおびただしさと回復力の強さには圧倒させられる。中には、マグマに熱せられた摂氏数百度の海水が海底から噴き出す熱水噴出孔に棲む細菌もいる。そんな細菌なら、湯気を立てているやかんの中でも容易に生きられそうだ。また中には、胃酸の中で生きられる細菌もいれば、地球上の最も寒い場所で楽々と生きる細菌もいる。一年のうち一〇カ月間も地面が凍結して硬いツンドラとなっている場所だ。細菌はみな、自律性で移動でき、互いにコミュニケーションを取り合い、増殖する。加えて、自らの体内環境を一定に保つ機能、すなわちホメオスタシス（恒常性）の維持という強力なメカニズムも持っている。細菌は完全に自給自足の隠遁者のような存在だが、一方で、資源を共有するために他者と協力することもできる。

そして私たちは――あなたも私も――真核生物と呼ばれる第二のドメインに属している。真核生物（*eukaryote*）という用語は、このドメインに含まれるヒトをはじめとする動物や真菌、植物の細胞がみな核（ギリシャ語では *karyon*）と呼ばれる特別な構造を持つことを意味している。後述するように、核には染色体が保管されている。一方、核を持たない細菌は、前核（原核）――核以前の――生物と呼ばれる。細菌と比べて、ヒトは脆弱なため、生き延びるには細心の注意を払わなければならない。細菌とはちがい、ヒトが生存できる環境の範囲ははるかに狭く、生態的地位（ひとつの種が利用する環境要因）も限定的だ。

第三のドメインは、古細菌（アーキア）だ。今から約五〇年前にようやくこのドメインが発見されたことは、分類学の歴史上、最も驚くべき事実だといえる。一九七〇年代半ば、イリノイ大学アーバナ・シャンペーン校の生物学部教授、カール・ウーズが比較遺伝学という方法（さまざまな生物種の遺伝子を比較する方法）を使って調べた結果、これまでの分類法がいくつかの微生物だけでなく、ひとつのドメインをまるごとまちがえて分類しているのではないかと考えるに至った[23]。何十年ものあいだ、ウーズは勇気ある闘いを続けてきた。それはまた、疲弊させられる孤独で苦しい闘いでもあった。分類学は単に要点を見失っているだけでなく、ひとつのドメイン全体を見落としているとウーズは考えた。古細菌は細菌に「類似する」生物でもなければ、真核生物に「類似する」生物でもない、と彼は主張した[24]（分類学者の言う「類似する」とは、親が子供に言う「じゃまだから、あっちに行って」と同じだ）。

大勢の著名な生物学者たちがウーズの研究を嘲笑《あざわら》ったり、単に無視したりした。一九九八年、生物学者のエルンスト・マイヤーはウーズの研究についてエッセイを書き、その中に、まるで生徒に言い聞かせるような、見下したような言葉をちりばめた[25]。「進化とは表現型に関係するものであり……遺伝子は関係ない」。とんでもない見当違いだった。ウーズが異を唱えていたのは進化についてではなく、分類学についてであり、分類学とはまさに遺伝子の問題だった。コウモリと鳥の身体的な特徴、つまり表現型はよく似ている。秘密を解き明かすのは遺伝子のちがいであり、遺伝子から、両者が異なる動物のグループに属していることがわかるのだ。科学雑誌《サイエンス》はウーズを「傷だらけの革命家」と呼んだ[26]。しかし、それから数十年が経過した今では、彼の説は広く受け入れられ、立証され、支持されており、古細菌は現在、生物の第三のドメインに明確に分類されている。

表面上は、古細菌は細菌とよく似ている。細菌と同じく極小で、動物や植物の持つ構造のいくつかを欠いている。しかし古細菌は細菌とも、植物や動物や真菌とも明らかに異なっている。とはいえ実際には、古細菌についてはまだ未知の部分が多い。ユニバーシティ・カレッジ・ロンドンの進化生物学者のニック・レーンは自著『生命、エネルギー、進化』の中で、古細菌は生物界のチェシャ猫（ルイス・キャロルの小説『不思議の国のアリス』に登場する架空の猫）のようなものだと書いている[27]。古細菌は物語全体にとって不可欠な存在だが、「不在によってのみ、その存在」を主張している。要するに、他の二つのドメインを定義する特徴を持たないという事実によって、その存在を主張するということだ。その理由のひとつは、ごく最近まで、古細菌についての研究がおこなわれてこなかったからだ。

生物を主要なドメインに分類するという考え方は、細胞についての本書の物語の軌道に別の本質的な特徴を与える。実際、ここには互いに交差する二つの物語がある。ひとつめは、細胞生物学の歴史だ。私たちはこれまで、このひとつめの物語の広大な領域を旅してきた。一六〇〇年代末にレーウェンフックやフックが顕微鏡で細胞を見てから二世紀後、組織と器官が発見された。パスツールとコッホが腐敗と病気の原因が細菌であることを発見し、一九一〇年にはエールリヒが最初の抗生物質を合成した。私たちはさらに、細胞生理学の起源――「すべての細胞は……実験室のようなものである」というラスパイユの先見の明のある言葉――から、細胞は正常な生理機能と病理の中心であるという若きウィルヒョウの大胆な考えへと旅してきた。

しかし、これらは細胞生物学の歴史であって、細胞そのものの歴史ではない。細胞の歴史に比べたら、細胞生物学の歴史などほんの一瞬の出来事だ。最初の細胞（最も単純で原始的な私たちの祖先）が地球上に現れたのは、地球が誕生してから約七億年後、今から三五億年から四〇億年前のことである（考えてみれば、地球の誕生から細胞の出現までの期間は驚くほど短い。地球の歴史の最初の五分の一が経過したころにはすでに、地球上で生物が増殖していたのだ）。この「最初の細胞」はどのように出現したのだろう？　どんな形をしていたのだろう？　何十年ものあいだ、進化生物学者たちはこの問題に取り組んできた。最も単純な細胞（「原始細胞」と呼ばれる）は、自らの複製をつくることのできる遺伝情報システムを持っていた。原始細胞の最初の複製システムはリボ核酸（ＲＮＡ）と呼ばれる一本鎖の分子だった可能性が高い。実際、実験室で太古の地球の大気に似せた環境をつくり、粘土の層の中に単純な化学物質を閉じ込めると、それらの化学物質がＲＮＡの前駆体と、さらには、ＲＮＡ分子の鎖を生み出すことがわかった。

しかし、一本鎖のＲＮＡ分子から自己複製するＲＮＡ分子への変化は、進化における途方もない偉業だった。そのためには、二つのＲＮＡ分子が必要だったはずで、ひとつがテンプレート（情報の担い手）の役割を果たし、もうひとつがテンプレートのコピーをつくったにちがいない（つまり複写機だ）。

これら二つのＲＮＡ分子（テンプレートと複写機）の出会いは、地球の歴史上、最も重要な情事だったといえる。しかし、出会っただけでは不十分であり、重要なのは、恋人同士が離れ離れにならないことだった。もし二つのＲＮＡが互いから離れてしまったら、複製はおこなわれず、その結果、細胞も生まれなかった。したがって、なんらかの構造（球形の膜）が二つのＲＮＡを閉じ込めるために必要だったはずだ。

これら三つの要素（膜、テンプレート、複写機）を持つものが最初の細胞だった可能性が高い[28]。自己複製するＲＮＡシステムが球形の膜の中に閉じ込められたなら、このシステムが膜の中でＲＮＡのコピーを次々とつくっていき、それに伴って膜も広がり、細胞のサイズは大きくなっていったはずだ。

生物学者たちは考えた。どこかの時点で、膜に囲まれたこの球形の細胞は二つに分裂し、新たにできた細胞がそれぞれのＲＮＡ複製システムを持ったのではないか[29]（ジャック・ショスタクと彼の同僚たちは、脂質の膜に囲まれた球形の構造体が、脂質をさらに吸収しながら広がり、最終的に二つに分かれることを実験的に示した）。その後、原始細胞は長い進化の行進を開始し、やがて現代の細胞の祖先が生まれることになる。進化によって、より複雑な特徴を持つ細胞が選択されていき、最終的に、情報の担い手はＲＮＡからＤＮＡへ替わった。

細菌はおよそ三〇億年前に単純な構造の祖先から進化し、そして今なお進化を続けている。古細菌は少なくとも細菌と同じくらい古くから存在し、地球上に現れたのは細菌と同時期だと考えられている（正確な出現時期については今も活発な議論が交わされている）。そして、古細菌もまた現在も存在し、進化しつづけている[†]。

しかし、細菌でも古細菌でもない細胞についてはどうだろう？　つまり、私たちの細胞は？　およそ二〇億年前（やはり、正確な時期については意見が分かれている）、進化の道筋は説明のつかない不可思議な方向へ曲がった。それは、ヒト細胞、植物細胞、真菌細胞、動物細胞、アメーバ細胞に共通の祖先である細胞が地球上に現れたときのことだ。レーンは次のように述べている。「この祖先は、明らかに〝現代〟細胞である。精巧な内部構造と前例のない分子ダイナミズムを持ち、それらすべてが、細菌には存在しない何千もの新しい遺伝子にコードされた精巧な極小マシーンによって駆動されている」[30]。そして新たな証拠によって、この「現代の」真核細胞は古細菌の中から出現した可能性が示唆されている[31]。言い換えれば、生物には細菌と古細菌という二つの主要ドメインしかなく、真核細胞（「私たちの」細胞）は、比較的最近、古細菌から枝分かれしたドメインということになる。ひょっとしたら私たちは新参者なのかもしれない。二つの主要なドメインという彫刻からこぼれ落ちた、おがくずのようなものなのかもしれない。

本書ではこの先、この現代細胞を取り上げる。私たちはその精巧な内部構造を目の当たりにし、生殖と発生を可能にする「前例のない分子のダイナミズム」を発見することになる。細胞の組織だったシステム（特殊な形と機能を持つ多細胞生物のシステム）が、いかにして器官や器官系の構造や機能を生み出したり、身体の恒常性を維持したり、骨折した足首を修復したり、衰弱と闘ったりしているのかを学ぶ。さらに、この知識を利用して、新しい人間《ニューヒューマン》の機能的なパーツをつくり、それによって、症状を和らげたり、病気を治したりするような未来の医療についても考えてみる。

† 第三のドメインである古細菌については、本書では簡単に触れるにとどめた。生物学者の中には、現代細胞の構造は、細菌と古細菌が協調的に集まってできたものなのではないかと考える者もいる。しかし、古細菌や、あるいはなんらかの共通の祖先の進化が、核を持つ細胞（つまり、私たちの現代細胞）の進化にどの程度貢献しているかについては意見が分かれている。そうした議論は、生命の初期の歴史を研究している進化生物学者にとっては重要なものだが、本書の範囲を超えている。

しかし、ある疑問についての答えは本書には書かれていない。ひょっとしたら、その答えは見つからないのかもしれない。現代細胞の起源は進化にまつわる謎のままなのだ。現代細胞は、その祖先の指紋をごくわずかしか残しておらず、「はとこ」も「みいとこ」もいなければ、今も存在する近しい「仲間」もおらず、中間的な存在もいない。レーンはそれについて「説明のつかない虚空……生物学の中心にあるブラックホール」と書いている。[32]

私たちはほどなく、この現代の真核細胞の構造や機能、発生、分化について本書の中で学ぶことになる。ただし、この二つめの物語である私たちの細胞の起源については、本書も、そして進化学も、今はまだ完全に語ることができない。

第二部　ひとつと多数

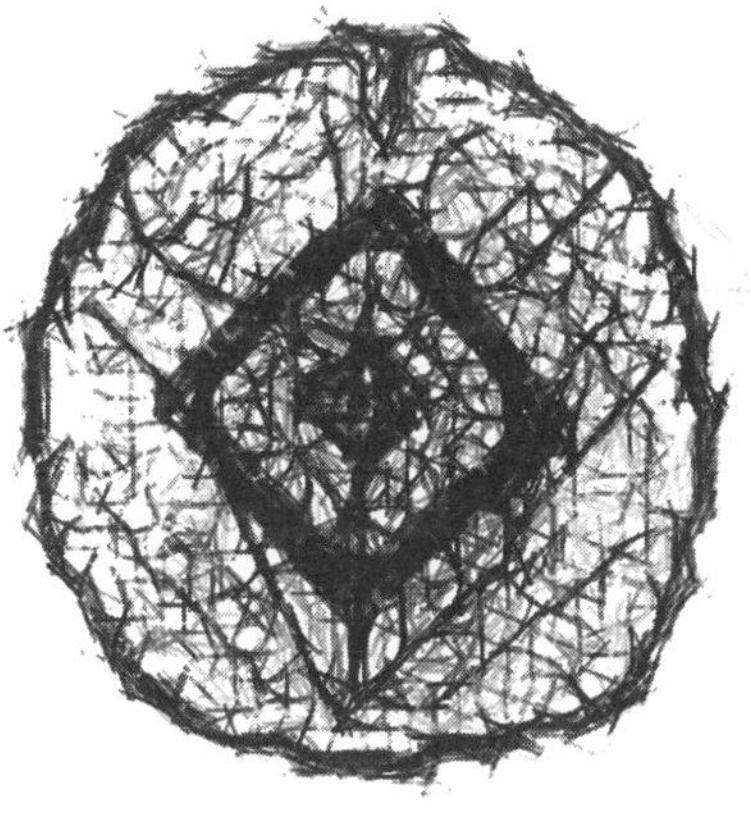

つくれるだろうか?　すでに可能になっているように、ヒトの生殖を子宮外でおこなえるなら、体外受精でつくった胚の遺伝子を操作してもいいのだろうか?　生命の最初の基本的性質の操作はどこまで許容できるだろう?　そうした操作の危険性とはどんなものだろう?

† 単細胞生物の場合、細胞の「発生」は個体の成熟と同じであると考えられ、単細胞の微生物の成熟については詳しく解明されている。これに対して、多細胞生物の発生過程はもっと複雑だ。細胞の増殖と成熟から、それぞれの場所への移動、他の細胞との関係、特殊な機能を持つ特殊な構造の形成、組織や器官の形成など、種々の過程が複雑に組み合わさっている。

組織化された細胞――細胞の内部構造

生命を与えられた生物の小嚢《しょうのう》（細胞）を私に与えてくれたなら、お返しに、生物界全体を見せてあげよう。

――フランソワ＝ヴァンサン・ラスパイユ[1]

細胞生物学はようやく、一世紀前からの夢、つまり病気を細胞レベルで分析するという夢を実現した。それは病気の究極のコントロールへ向けた第一歩だ。

――ジョージ・パラーデ[2]

一八五二年、ルドルフ・ウィルヒョウは次のように提唱した。「細胞とは閉じた生命単位であり、その内部に……自らの存在を支配する法則を持つ[3]」。外部から仕切られた自律的な生命の単位（その存在を支配する法則を持つ「閉じた単位」）であるためには、まず最初に、その単位は境界を持たなければならない。

境界とは膜、すなわち内側と外側とを区切るものだ。たとえば、身体は多細胞からなる膜、すなわち皮膚によって外界と区切られている。精神もまた、自己がつくる別の膜で外界と区切られている。同じことは家や国にもあてはまる。内部環境を定義することは、その境目（内部と外部を区切る部分）を定義することだ。境目がなければ、自己もない。細胞であるためには、細胞として存在するためには、自己と非自己を区別しなければならない。

では、細胞の境界とはなんだろう？　どこまでがひとつの細胞で、どこからが別の細胞なのだろう？　細胞の境界もやはり、それを取り囲む膜がつくっている。

細胞膜は矛盾した部位だ。もし細胞膜に隙間がなく、何も通り抜けることができなければ、細胞の内部は完全な状態を保つかもしれない。しかし、その場合、細胞はどのようにして生命の避けがたい要求（そして責務）に対処するのだろう？　細胞には、栄養素を出し入れするための孔が必要だ。外部からのシグナルをとらえ、処理するためのドックのようなものも要る。生物の個体が飢餓状態に陥りそうになり、細胞が栄養素を保存したり、一時的に代謝を止めたりしなければならなくなったら？　細胞はまた、老廃物を排出しなければならない。老廃物を外に捨てるためのハッチをどこに、どのようにつくればいいのだろう？

そのような孔はどれも、完全性を保つという法則の例外だ。結局のところ、外に出るための戸口は、中に入るための戸口にもなるからだ。栄養素を細胞内に取り込むルートや、老廃物を捨てるためのルートを利用して、ウイルスなどの微生物が細胞内に入る可能性がある。つまり、有孔性は生命にとって不可欠の特徴だが、生命の本質的な弱点でもあるのだ。完全に密閉された細胞とは、完全に死んだ細胞だ。しかし、戸口を開いて膜の密閉性をなくせば、細胞は潜在的な危険にさらされることになる。つまり細胞は二面性を持たなければならず、外に対して閉じていると同時に、開いていなければならないのだ。

では、細胞膜は何でできているのだろう？　一八九〇年代、生理学者の（ちなみに、チャールズ・ダーウィンのいとこである）アーネスト・オーバートンはさまざまな細胞を種々の物質を含む何百種類もの溶液に浸した。その結果、油に溶ける物質は細胞内に入れるが、溶けない物質は入れないことに気づいた。そこで彼は、細胞膜は油を含んだ層なのではないかと考えた。しかし、鉄や糖などの油に溶けない物質が細胞に出入りする仕組みについては明確に説明することができなかった。[4]

　オーバートンの研究結果によって謎がいっそう深まった。細胞膜は分厚いのだろうか、それとも薄いのだろうか？　油の分子（脂質と呼ばれる）[†]が一列に並んだ一層構造なのだろうか？　それとも、複数の層でできているのだろうか？

　二人の生理学者による巧妙な実験によって、細胞膜の詳細な構造が解明された。一九二〇年代、エバート・ゴーターとフランソワ・グレンデルは赤血球から脂質を取り出して一層に広げ、脂質の表面積を算出した。[5]次に、脂質を取り除いた赤血球の表面積の合計を算出した。その結果、脂質の表面積は、赤血球の表面積のほぼ二倍であることがわかった。

　その結果は予期せぬ真実を物語っていた。つまり、細胞膜は二層の脂質分子でできていたのだ。細胞膜は脂質の二重層だった。背中合わせに糊でくっつけられた二枚の紙が三次元物体（たとえば、紙風船）をつくっているようなものだ。紙風船が細胞で、二枚の紙が二層の細胞膜である。

　残る疑問は次の二つだ。糖やイオンなどの分子はどのように脂質二重層を通過するのか。そして、細胞はいかにして外界とコミュニケーションを取るのか。この二つの疑問に対する答えが出たのは、ゴーターとグレンデルの実験から五〇年近くが経った一九七二年のことだった。二人の生化学者、ガース・ニコルソンとシーモア・シンガーが、タンパク質が細胞膜を貫通し、ハッチやチャネルのようなものをつくっているモデルを提唱した。[6]脂質二重層は均一でも単調でもなく、孔の空いた構造をしているにちがいないと彼らは考えた。膜に浮かんだタンパク質は、膜の内側から外側までの長さがあり、さまざまな分子を通過させたり、他のタンパク質や分子を細胞の外側に結合させたりしている。

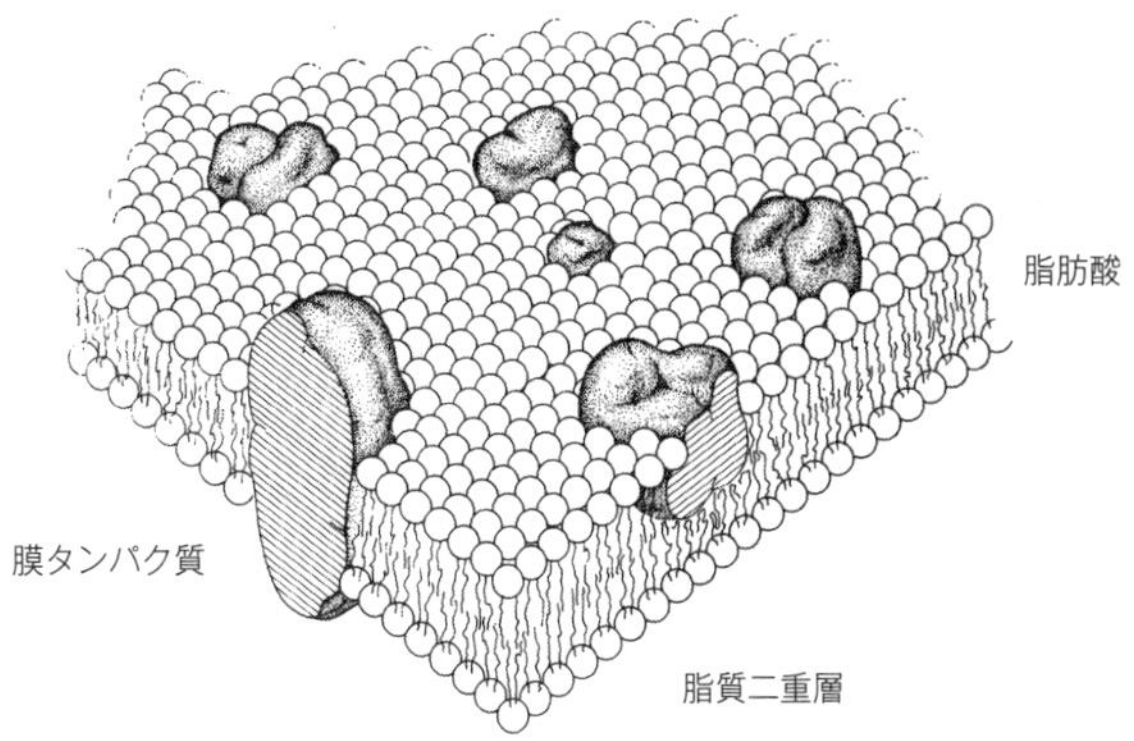

細胞膜の構造の概略。脂質二重層をつくる分子の丸い頭部はそれぞれ外側と内側を向き、そのあいだに長い尾部がはさまれている。頭部は帯電したリン酸で、水に溶ける（そのため、内側と外側を向いている）。リン酸につながった尾部（脂肪酸）は炭素と水素からなる長い鎖で、水に溶けない（そのため、二重層の上下にはさまれた部分を向いている）。膜の中に浮いている塊はチャネルや受容体、孔などの役割を果たすタンパク質だ。

細胞膜とは複数の構成要素が点のように合わさったモザイク構造だと気づいたニコルソンとシンガーは、この構造を「細胞膜の流動モザイクモデル」と呼んだ。その後、電子顕微鏡によって、このモデルが正しいことがたしかめられた。

理解しやすいように、あなたが今から細胞の中に入り込んで、その内部を探検すると想像してみよう。宇宙飛行士が未知の宇宙船の中を探検するような感じだ。あなたは今、細胞の外にいて、あなたのいる場所から宇宙船、すなわち細胞の輪郭が遠くに見える。それが卵母細胞なら、灰白色の楕円形だし、赤血球なら深紅色の円盤状だ。

あなたが細胞膜に近づくにつれ、外側の層が

† 脂質の構成要素はその後、さらに詳しく分類された。構成要素として最も多いのは、〝頭部〟に帯電した分子（リン酸）を持ち、〝尾部〟に長い炭素鎖を持つタイプの脂質だ。それ以外の分子、たとえばコレステロールなども脂質の膜の内部に存在していることがわかった。

はっきりと見えてくる。その流動性の膜にはタンパク質がぷかぷかと浮かんでいる。シグナルをとらえる受容体の役割を果たすタンパク質もあれば、細胞同士をくっつける分子の糊として働くタンパク質もある。あるいは、チャネルとして働くタンパク質もある。運がよければ、栄養素やイオンが細胞膜の孔を通って、中に入る瞬間が見られるかもしれない。

そしてあなた自身も、宇宙船に「搭乗」する。外郭構造、つまり二重層の外側の層を通り抜けて内側に入り、層と層のあいだの部分（幅はヒトの毛髪の一万分の一、わずか一〇ナノメートルしかない）をすばやく通って、そしてついに、細胞の中に出る。

周囲や頭上を見まわしてみよう。頭上に、細胞膜の内側の薄い層が見える。まるで海中から見た水《みな》面《も》のようだ。さらに、膜に浮かぶタンパク質の底面も見える。その様子は海に浮かぶブイを思わせる。

あなたはまず、細胞内の液体の中を泳ぐ。原形質や細胞質（原形質のうち核以外の部分）、細胞質基質（細胞質のうち細胞小器官を除いた部分）と呼ばれる部分だ。原形質とは、一九世紀の生物学者が生きた細胞や生き物で発見した「生体流体」である。† 多くの細胞生物学者たちが細胞の内部に液体が存在することに気づいており、一八四〇年代にフーゴー・フォン・モールが初めて、それを原形質と呼んだ。原形質は気が遠くなるほど複雑な化学物質のスープだ。どろりとしたコロイド状の部分もあれば、水っぽい部分もある。‡ まさに生命を維持する母なるゼリーなのだ。

モールが一八四〇年代に原形質について研究してから半世紀近くのあいだ、細胞生物学者たちは、細胞とは特定の形をとらない無形の液体で満たされた風船のようなものだと考えていた。しかし、細胞内に入ったあなたはまず、細胞の形態を維持する分子の〝骨格〟が細胞内に存在していることに気づくはずだ。それは生物の形態を保つ骨のようなものである。‡‡ 細胞骨格と呼ばれるこの足場は主に、アクチンフィラメントという縄状の繊維と、チューブリンというタンパク質からなる微小管で構成されている‡‡‡。しかし骨とちがって、細胞内に存在するこれら縄状の構造は静止してもいなければ、単なる構造物でもなく、個体の内部システムを形成している。細胞骨格は細胞の構成要素をつなぎ止め、細胞の運動を可能にしているのだ。微生物に忍び寄るとき、白血球はアクチンフィラメントを使って触角を前に伸ばす[7]。エイリアンのエクトプラズムのように、先端の部分を次々にゲル化しながら伸ばしていくのだ。

何千ものタンパク質が細胞骨格につながったり、原形質の液体の中に浮いたりしている。それらのタンパク質は生体反応（呼吸、代謝、老廃物の排出）を引き起こしている。原形質内を泳ぎながら、

† 実際、原形質はあまりに重要なため、一八五〇年代には、生命の普遍的な土台は細胞ではなく、原形質なのではないかと考えられ、その点について活発な議論が交わされた。細胞とは単に、原形質の容れ物に過ぎないのではないかと考えられたのだ。ドイツ人細胞生物学者ロベルト・レーマクは、この考えを最も強く主張した科学者のひとりだ。最終的には細胞説が勝ち、〝原形質論者〟たちは譲歩した。彼らは、最も重要なのは細胞だと認めつつも、生体流体はすべての細胞にとって不可欠だと主張した。細胞の原形質内にさまざまな細胞小器官が発見されたことで、原形質こそが生物の必要かつ十分な土台であるという主張はその勢いを減じたと考えられる。

‡ 原形質のさまざまな物理的性質（水っぽい、半流動体、硬いゼリー状）については最近、盛んに研究されている。細胞内で化学物質が水滴のように集積した部位は、特定の生化学反応が起きる部位である。多くの重要な反応において、そうした明確な「相」（と呼ばれるもの）がいかに重要かはすでに判明しており、さまざまな「相」を探す研究が進められている。

‡‡† 原形質がそうした内部構造を持つことを一九〇四年に最初に提唱した科学者のひとりが、植物学者のニコライ・コルツォフだった。強力な顕微鏡によって原形質内の多種多様な要素が観察された結果、彼の主張の正しさが証明された。

‡‡‡ 細胞の骨格を形成するタンパク質はほかにもあり、中間径フィラメントという三つめのタンパク質によって細胞骨格が構成されている細胞もある。種々の中間径フィラメントをつくるタンパク質は七〇種類以上もある。

あなたはまちがいなく、きわめて重要な分子に遭遇する。リボ核酸（RNA）と呼ばれる長い鎖状の分子だ。

　RNA分子は四つの文字でできている。アデニン（A）、シトシン（C）、ウラシル（U）、グアニン（G）だ。たとえば、この四つの文字が何千も連なっているRNA鎖の一部はACUGGUUC-CGUCGGGCCCのように書かれている。これはタンパク質を組み立てるメッセージ、つまり暗号であり、[†]まるで一本のテープに書かれたモールス信号のようなものだ。細胞の核でつくられたばかりのRNAがあなたのそばにやってくる。このRNAはインスリンを組み立てる仕様書を運んでいる。種々のタンパク質をつくる暗号を担ういくつもの鎖が通り過ぎる。

　これらの暗号はどのようにして解読されるのだろう？　右か左を見てみよう。リボソームと呼ばれる巨大分子構造が見えるはずだ。リボソームとは、多数の部品が集まってできた構造体で、一九四〇年代にルーマニア系アメリカ人のジョージ・パラーデが初めて報告した。[8]あなたがリボソームを見逃すわけはない。たとえば肝臓の細胞なら、細胞一個あたり何百万個も存在するからだ。リボソームはRNAをつかまえて、タンパク質を組み立てる仕様書を解読する。まるで細胞のタンパク質工場のようなものだ。そしてこの工場自体がタンパク質とRNAでできている。つまりタンパク質がタンパク質を合成しているのだ。リボソームもまた生命のすばらしい再帰性のひとつだといえる。

　タンパク質を組み立てることは、細胞の主要な仕事のひとつだ。タンパク質は生化学反応を制御する酵素や、細胞の構造要素となる。外部からのシグナルを受け止める受容体もタンパク質でできている。タンパク質はまた、細胞膜の孔やチャネルをつくったり、刺激に反応して遺伝子のオンとオフを調節したりする。タンパク質とはまさに、細胞の馬車馬なのだ。

　あなたはおそらく、別の巨大分子構造にも遭遇するはずだ。筒状の肉挽き器のような形をしたプロテアソームと呼ばれる廃棄物圧縮機、タンパク質が死にゆく場所だ。プロテアソームはタンパク質を分解し、分解産物を原形質内に排出する。こうして、合成と分解のサイクルが完成するのだ。

細胞の原形質の中を泳ぎつづけていくと、あなたは必ず、膜を持つ大きな構造体にいくつも出くわすことになる。それはまるで宇宙船の中にある、二重壁の部屋のようなものだ。エネルギーを生み出す部屋、貯蔵用の部屋、シグナルの入出力をする部屋、老廃物を捨てる部屋。ヴェサリウスをはじめとする解剖学者たちが体内で器官（organ）――腎臓、骨、心臓――を次々と発見したように、顕微鏡学者や細胞生物学者もまた、細胞をより正確に観察できるようになるにつれて、細胞の内部に存在する組織化された機能的な構造体をいくつも発見していった。生物学者たちはそれらを細胞小器官（organelle）――細胞内に存在するミニ器官――と名づけた。

それらの構造体のうち、あなたが最初に目にするのはおそらく、一八四〇年代にドイツ人組織学者のリチャード・アルトマンが動物細胞で発見した、腎臓のような形をした細胞小器官だろう。[9] のちにミトコンドリアと名づけられたこの細胞小器官はやがて、細胞の発電所であることが判明する。生命維持に必要なエネルギーをつくるために燃えつづける炉だ。ミトコンドリアの起源についてはいくつかの説があるが、広く受け入れられている最も興味深い説のひとつは、一〇億年以上前、ミトコンドリアは酸素と糖からエネルギーを生み出す細菌だったという説だ。この細菌が真核生物の細胞に取り込まれたり、つかまえられたりして、宿主の細胞となんらかのパートナーシップを結んだと考えられ

† RNAにはほかにも多くの役割がある。たとえば遺伝子のスイッチのオンとオフを調節したり、タンパク質の合成を助けたりする役割だ。しかし本書では、暗号を運ぶ役割だけに注目する。

ている。細胞内共生という現象だ。

一九六七年、進化生物学者のリン・マーギュリスは「有糸分裂する真核細胞の起源」と題する論文を発表し、その中で、細胞内共生について論じている。[10]『生命、エネルギー、進化』でのニック・レーンの説明と同様に、マーギュリスは次のように主張した。[11]「（複雑な生物は）〝標準的な〟自然選択によってではなく、乱交パーティーのような協力関係によって進化した。あまりに密接にかかわったために、お互いの中に入り込んだにちがいない」。過激で、早熟すぎる関係。サンフランシスコやニューヨークの通りだったら、若い男女が熱狂的に互いを受け入れる一夏の恋ですんだかもしれない。しかし科学会議の講堂では、マーギュリスの説は反論の一斉射撃を浴びた。マーギュリスの細胞共生の恋の夏は、嘲りと拒絶の長い冬になった。彼女の説の正しさがようやく認められたのは、それから何十年も経ってからのことだった。科学者たちがようやく、ミトコンドリアと細菌は構造だけでなく、分子や遺伝子も類似していることに気づきはじめたのだ。

ミトコンドリアは真核生物のすべての細胞に存在するが、とりわけ筋細胞や脂肪細胞、脳の細胞など、エネルギーを最も多く必要とする細胞や、エネルギー貯蔵を調節する細胞の中に密に存在する。ミトコンドリアは精子の尾のまわりにも並んでいて、卵子に到達するための運動エネルギーを供給している。ミトコンドリアは必要に応じて細胞内で分裂して増殖するが、細胞分裂の際には、二つに分かれて娘細胞に分配される。要するに、ミトコンドリアには自律性はなく、細胞内でのみ生きられるということだ。

ミトコンドリアは独自の遺伝子とゲノムを持ち、それらは細菌の遺伝子やゲノムと似ている。この点からも、ミトコンドリアは他の細胞に取り込まれ、共生するようになった原始細胞であるというマーギュリスの仮説の信憑性が高まる。

では、細胞はどのようにしてエネルギーをつくるのだろう？　エネルギー産生経路は二つある。ひとつめは速い経路で、もうひとつは遅い経路だ。ひとつめの経路を使ったエネルギー産生は主に原形質内で起きる。ブドウ糖が酵素によって分解されて、しだいに小さな分子になっていき、その反応過程でエネルギーがつくり出される。この過程は酸素を使わないため、嫌気的解糖と呼ばれる。エネルギーという観点からは、この速い経路の最終産物は二分子のアデノシン三リン酸（ＡＴＰ）である。

ＡＴＰはすべての真核生物の細胞が使うエネルギー通貨だ。エネルギーを必要とするあらゆる化学的、物理的活動（たとえば、筋肉の収縮やタンパク質の合成）がＡＴＰを利用する。つまりＡＴＰを〝燃やす〟のだ。

二つめの経路、すなわちエネルギーをつくるための糖の遅い燃焼は、ミトコンドリア内で起きる（ミトコンドリアを持たない細菌は、ひとつめの経路しか利用しない）。この場合、細胞質内で解糖（文字どおり、ブドウ糖の化学的な分解）によってできた最終産物がミトコンドリア内の反応サイクルに入って、最終的に、水と二酸化炭素がつくられる。酸素を利用する（そのため好気的解糖と呼ばれる）この反応サイクルはエネルギー産生における小さな奇跡だといえる。ＡＴＰという形で膨大なエネルギーを生み出すことができるからだ。

速い燃焼と遅い燃焼の組み合わせによって、ブドウ糖一分子から三二分子のＡＴＰがつくられる（すべての反応が完全に効率的におこなわれるわけではないので、実際の数は、これよりもやや少ない）。私たちは一日のあいだに、身体の何十億個もの細胞で何十億個ものエネルギーの缶詰をつくっては、一〇億個もの小さなエンジンを燃やしている。物理化学者のユージン・ラビノヴィチは次のように書いている。「静かに燃えている何十億個もの小さな炎が消えたら、心臓は鼓動を刻まなくなり、植物が重力に逆らって上に伸びることも、アメーバが泳ぐこともなくなる。感覚が神経を伝わることも、人間の脳で思考が生まれることもなくなる」[12]

あなたが次に目にするのはきっと、細胞を横断するように広がる、複雑な迷路のような構造だ。その迷路は曲がりくねった袋状の膜構造でできている。これもまた細胞小器官であり、小胞体（endoplasmic reticulum：略してＥＲ）と呼ばれる。

この構造体は一九四〇年代末、ニューヨークのロックフェラー医学研究所の細胞生物学者ジョージ・パラーデとキース・ポーター、そしてアルベルト・クラウデによって発見された。[†] 小胞体の機能と、細胞生物学におけるその中心的な役割を解明した彼らの実験の数々は、歴史上最も画期的な科学の旅のひとつだった。

細胞生物学という分野へ向かうパラーデ自身の旅は、紆余曲折の道のりだった。彼は一九一二年、ルーマニアのヤシ（当時はヤッシーと呼ばれた）で生まれた。哲学の教授だった父親は息子が哲学者になることを望んだが、ジョージはもっと「具体的で明確な」分野に惹かれた。医学を学んだ彼は、首都ブカレストで医師として働きはじめたが、ほどなくして、細胞生物学の虜になった。ルドルフ・ウィルヒョウのように、彼もまた、細胞生物学と細胞病理学、そして医学を統合したいと考えた。「そうすることでようやく、一世紀前からの夢がかなうのです。病気を細胞レベルで分析するという夢です。それこそが、病気の究極のコントロールに向けた第一歩となるはずです」と彼はのちに書いている。[13]

一九四〇年代、パラーデはニューヨークの研究所の職をオファーされた。戦争で荒廃したヨーロッパからアメリカ合衆国へ渡る旅は長く、苦難に満ちていた。荒れ果てた陰鬱なポーランドを横断したあと、出国するまで何週間も待たされた。パラーデの同僚は私に言った。「彼は自分を『天路歴程』

に登場するクリスチャンのようなものだとみなしていた。[14] ニューヨークへ向かう彼の旅――ついでに言えば、細胞の中心へと向かう旅――に立ちはだかる、無数の障害物や落とし穴をどうにか通り抜けたのだから」

一九四六年、当時三四歳だったパラーデはついに、ニューヨークに到着した。ニューヨーク大学で研究者としてのキャリアを開始し、その後、ロックフェラー医学研究所に職を得た。一九四八年には助教に任命され、研究所でいちばん古いビルの地下三階にある「さえない地下牢」のような研究室をあてがわれた。

しかし地下牢は意外にも、細胞生物学者たちにとっての安息の地になった。[15]「新分野には事実上、伝統というものがありませんでした。そこで研究していた者たちはみな、自然科学の他分野出身の研究者たちでした[16]」とパラーデは書いている。そこで彼は科学のあらゆる分野や領域から知識を引き出し、拝借し、取り入れた。実質上、近代細胞生物学という独自の科学分野を生み出したのだ。パラーデはポーターとクラウデと共同で、重要な研究を開始した。[17] 研究室はやがて、細胞内の構造と機能という分野の知的な基盤となった。その土台の上に、高くそびえる分野が建つことになる。

一七世紀に顕微鏡をのぞき、細胞生物学に革命をもたらしたロバート・フックとアントニ・ファン・レーウェンフックのように、パラーデとポーター、クラウデの三人もまた、細胞の内部を「見る」ための方法を発見した。まず最初に、彼らは細胞の中身を高速遠心分離機にかけ、密度勾配に沿って

---

† 一八九七年、フランス人細胞学者シャルル・ガルニエが、光学顕微鏡を使って小胞体を初めて観察したが、彼はその機能を解明できなかった。

分離した。遠心分離機が目のまわるようなスピードで回転し、細胞の最も重いパーツをチューブの底に沈降させ、より軽いパーツをその上に集めると、細胞のさまざまな構成要素が密度ごとに分かれた。次に、各構成要素をチューブから取り出して個別に分析した。それぞれの構造を調べ、酸化や合成、解毒、老廃物の排出といった生化学反応について検証した。それから、動物の細胞をきわめて薄くスライスして電子顕微鏡で観察し、各構成要素の位置や、反応が起きる部位を突き止めた。

これもまた、〝見る〟という作業だった。しかし今回は二つのレンズが使われた。ひとつは生化学の抽象的なレンズだ。すなわち、研究者たちは細胞内の構成要素を遠心分離し、細胞の中で起きている化学反応と構成要素を発見したのだ。もうひとつは、電子顕微鏡という物理的なレンズだ。それによって、化学的な機能が細胞内の構造と位置へ割りあてられた。パラーデはこの二つの〝見る〟方法の融合を振り子にたとえている。顕微鏡学的な構造と機能的な構造とを行ったり来たりする振り子だ。「顕微鏡学者たちが古くから目にしてきた構造は、生化学と融合する運命にありました。新たに発見された構造の機能を解き明かすための最良の方法は、その機能を生化学という観点からとらえることなのです[18]」

このピンポンゲームでは、顕微鏡学者と生化学者の両方が勝利した。顕微鏡学者が細胞内の構造を発見し、生化学者がその構造に機能を割りあてた。あるいは、機能を見つけた生化学者が顕微鏡学者に頼り、顕微鏡学者がその機能を担う構造を突き止めた。この方法を使って、パラーデとポーター、クラウデの三人は細胞の奥へ光をあてたのだ。

小胞体に話を戻そう。真核生物の細胞に存在する、曲がりくねった迷路のような構造を持つ小胞体は、平たい袋が何層も重なってできている。イヌの膵臓の細胞を超高倍率の顕微鏡で見ると、小胞体の膜の外側には小さな粒子が密にちりばめられているのがわかる。

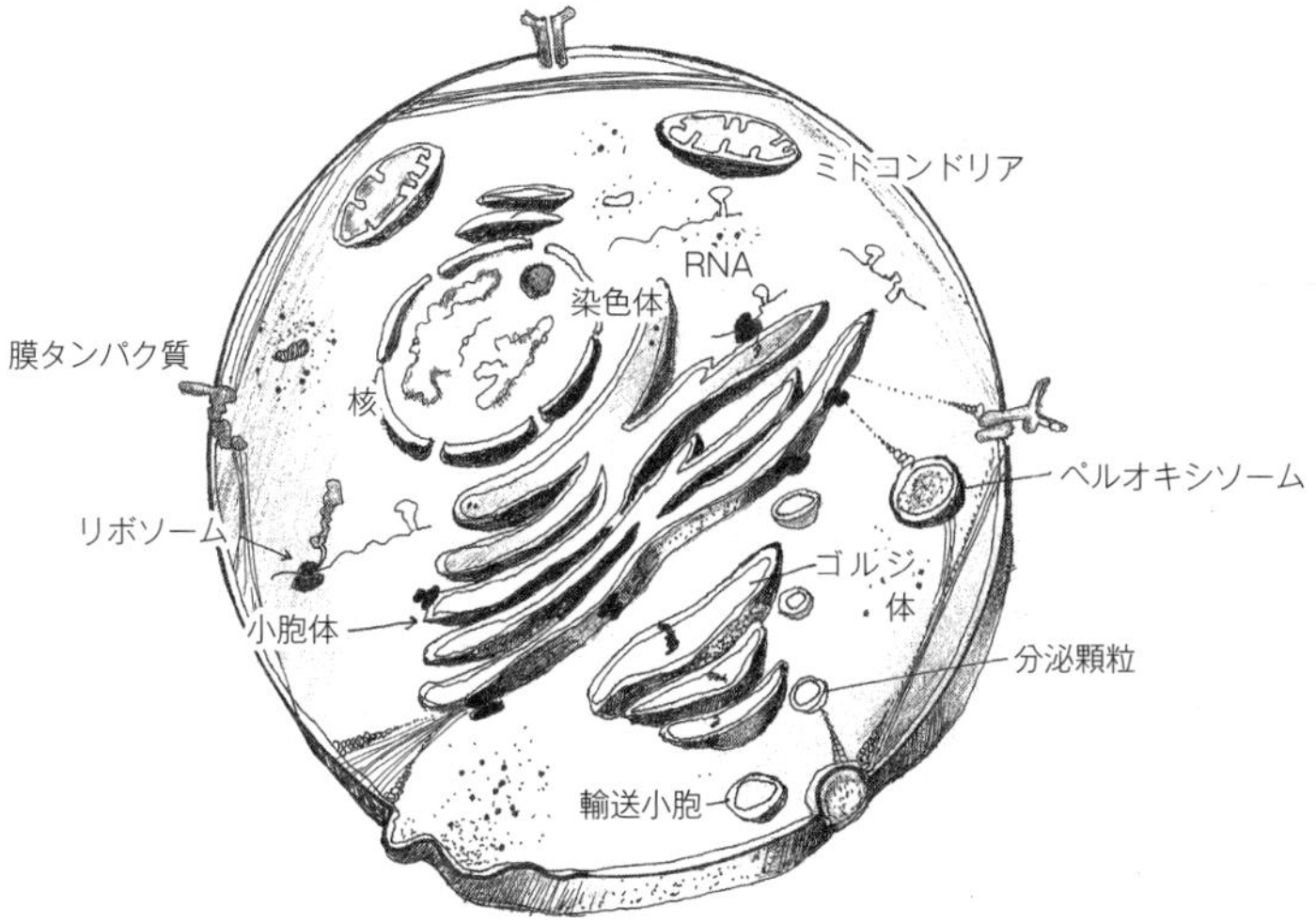

著者による細胞の概略図。細胞内の糸状の構造は細胞骨格を表している。(この図は一定の縮尺では描かれていない)

過剰な構造を持つこの小胞体は何をしているのだろう、とパラーデは考えた。先人たちの研究から、彼は、小胞体が細胞のほぼすべての機能を実行するタンパク質の合成と輸送にかかわっていることを知っていた。糖の代謝を担う酵素のように、タンパク質の中には細胞内で合成され、そのまま細胞内にとどまって機能するものがある。その一方で、インスリンや消化酵素など、細胞から血中や消化管内に分泌されるものもある。さらには、受容体や孔として、細胞膜に挿入されるタンパク質もある。それぞれのタンパク質はどのようにして目的地にたどり着くのだろう?

一九六〇年、パラーデと同僚たち(とりわけフィリップ・シエケヴィッツ)は放射性物質(分子のラベル)を使って、細胞内のタンパク質を標識し、その動きを経時的に追いかけた。細胞に高線量の放射性物質を「パルスし(浴びせ)」、合成されるすべてのタンパク質を放射性物質で標識してから、電子顕微鏡を使ってこれらのタンパク質の動きを視覚でとらえ、タンパク質の位置を「チェイス（追跡）」したのだ。†

　タンパク質が合成される場所であるリボソームから、放射性物質のシグナルが最初に現れるのを見て、パラーデは安堵した（小胞体の表面にちりばめられていた小さな粒子は、リボソームだったのだ）。さらに、彼が驚いたことに、いくつかのタンパク質はリボソームから小胞体の中に移動していた。‡

　長い時間をかけてタンパク質の旅を追いかけていくうちに、彼は、タンパク質が小胞体を出たあとでゴルジ体という特殊な部位に入ることを発見した。ゴルジ体は、一八九八年にイタリア人顕微鏡学者カミッロ・ゴルジによって発見されたものの、機能は不明のままだった。放射性物質で標識したタンパク質はその後、ゴルジ体から出芽する分泌顆粒の中に移り、そして最終的に、細胞の外へ排出された[19]（生物学者のジェームズ・ロスマンとランディ・シェクマン、トマス・スードフの三人は、細胞外へ排出されるように運命づけられていないタンパク質が細胞内の正しい場所にたどり着く仕組みについての歴史的な研究をおこなった。二〇一三年、この細胞内タンパク質輸送についての研究で、三人はノーベル賞を受賞している）。旅程の各地点で、いくつかのタンパク質は修飾される。短く切られたり、糖を付加されて化学的に変化したり、回転して別のタンパク質と結合したりする（これらの修飾をおこなうシグナルはたいていの場合、タンパク質そのものの配列の中に含まれている）。

　このプロセス全体が精巧な郵便システムのようなものだ。プロセスはまず、遺伝子の言語的な暗号（ＲＮＡ）から始まり、それが翻訳されて手紙（タンパク質）ができあがる。タンパク質を書く、つまり合成するのは、細胞の手紙執筆者（リボソーム）だ。リボソームは書き終えた手紙を郵便箱（タンパク質を小胞体へ送る孔）に投函する。手紙は孔を介して中央郵便局（小胞体）へ送られ、さらに、仕分けシステム（ゴルジ体）に届けられる。そして最終的に、配達車両（分泌顆粒）に積まれる。実際、タンパク質にはコード（郵便番号）までついていて、それに基づいて、細胞はタンパク質の最終目的地を決定する。パラーデは、この〝郵便システム〟によって、ほとんどのタンパク質が細胞内の正しい場所にたどり着くことを突き止めた。

パラーデとポーター、クラウデの先駆的な研究は、細胞内構造の新たな世界の扉を開けた。顕微鏡と生化学という二つの〝見る〟方法の融合は相乗効果を生み、生物学者たちがこの方法を使って細胞を研究した結果、機能や構造で定義づけられる細胞内の構造体が何十も見つかったのだ。ロックフェラー医学研究所のベルギー人生物学者、クリスチャン・ド・デューブは内部にさまざまな酵素を持つ

† 一九六一年には、キース・ポーターは研究チームを離れてハーバード大学に移り、独自の研究を開始していた。クラウデもすでにベルギーのルーヴァン・カトリック大学に移っていた。その一方で、パラーデのもとには細胞分画の新たな専門家たちが集まっていた。シエケヴィッツ、ルイス・グリーン、コルヴィン・レッドマン、デイヴィッド・D・サバティーニ、田代裕。さらには、電子顕微鏡の専門家であるルシアン・カロとジェームス・ジャミイスンもチームに加わった。これらの研究者たちの力を合わせて、パラーデは小胞体でのタンパク質の動きを追いかけた。

‡ パラーデの発見のあとの数年間で、サバティーニはドイツ人移民のギュンター・ブローベルとともに、タンパク質が小胞体に入ったあとで細胞から分泌されたり、細胞膜に挿入されたりするように方向づけられる仕組みについて、きわめて重要な発見をした。簡単に言えば、タンパク質の分泌や、細胞膜への挿入を運命づけるシグナルは、まるで郵便番号のように、タンパク質の遺伝子配列に事前に付加されているのだ。特定の細胞経路がこの郵便番号を認識し、あらかじめ決められた目的地へタンパク質を向かわせる。サバティーニと生物学者のブローベルは、分泌タンパク質や、膜内タンパク質がこの特殊なシグナル（アミノ酸配列）を遺伝子配列の中に持っていることを発見した。リボソームがＲＮＡを解読してタンパク質を合成する際に、シグナル認識粒子（ＳＲＰ）という分子複合体がこの方向づけシグナルを認識し、合成されたタンパク質を小胞体のほうに送る。するとタンパク質は小胞体につながる孔を通って、小胞体の中へ輸送されるのだ。

（a）ヒト胎児の副腎の小胞体（ER）。上部に核（半円形）が見える。中央付近にある、いくつかの線が平行に走っているような構造体は粗面小胞体であり、そのまわりを滑面小胞体が取り囲んでいる。
（b）リボソームから分泌されたタンパク質が小胞体からゴルジ体へ、そして最終的に分泌顆粒へ移動する様子を示した図（著者による）。リボソームで合成されたタンパク質が小胞体に入り込んでいる。小胞体に入ったタンパク質はそこで糖鎖を付加されるなどの修飾を受ける。タンパク質はその後、ゴルジ体へと移動し、そこでさらに修飾を受けてから、タンパク質を細胞外に排出するように運命づけられた分泌顆粒に入ったり、あるいは、他の小胞に入って細胞内の構造体へと輸送されたりする。

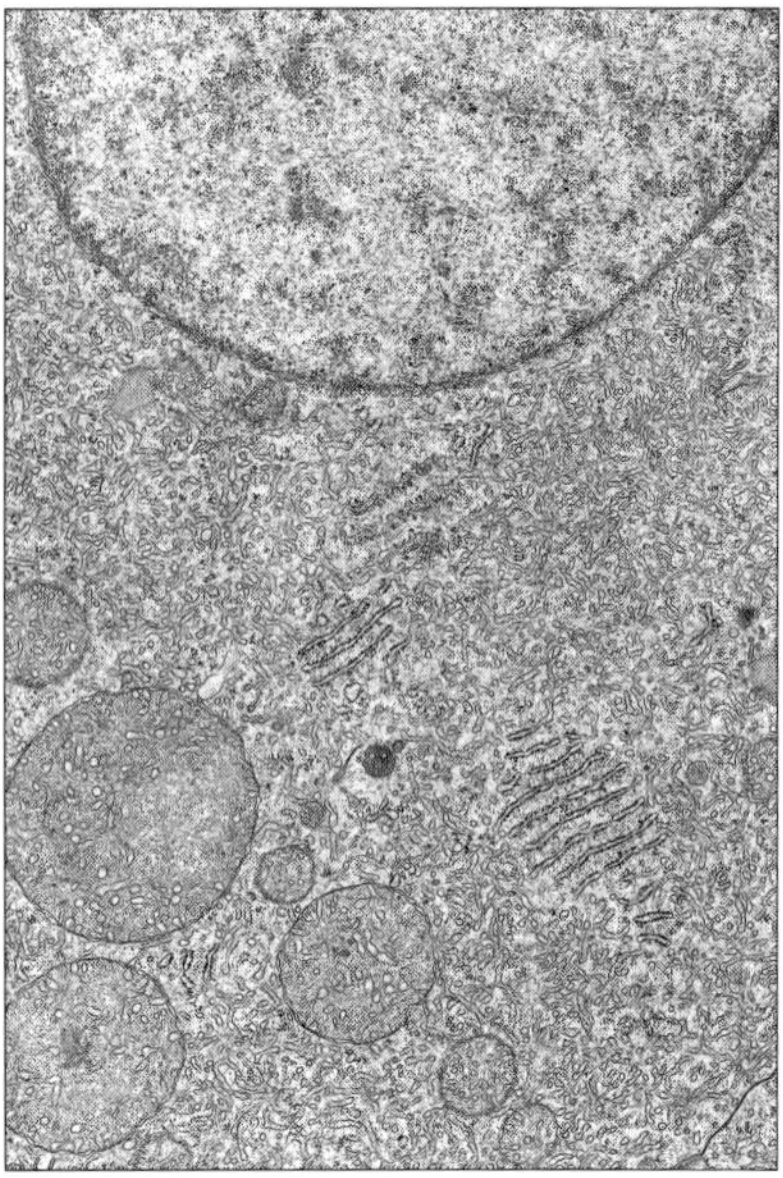
（a）

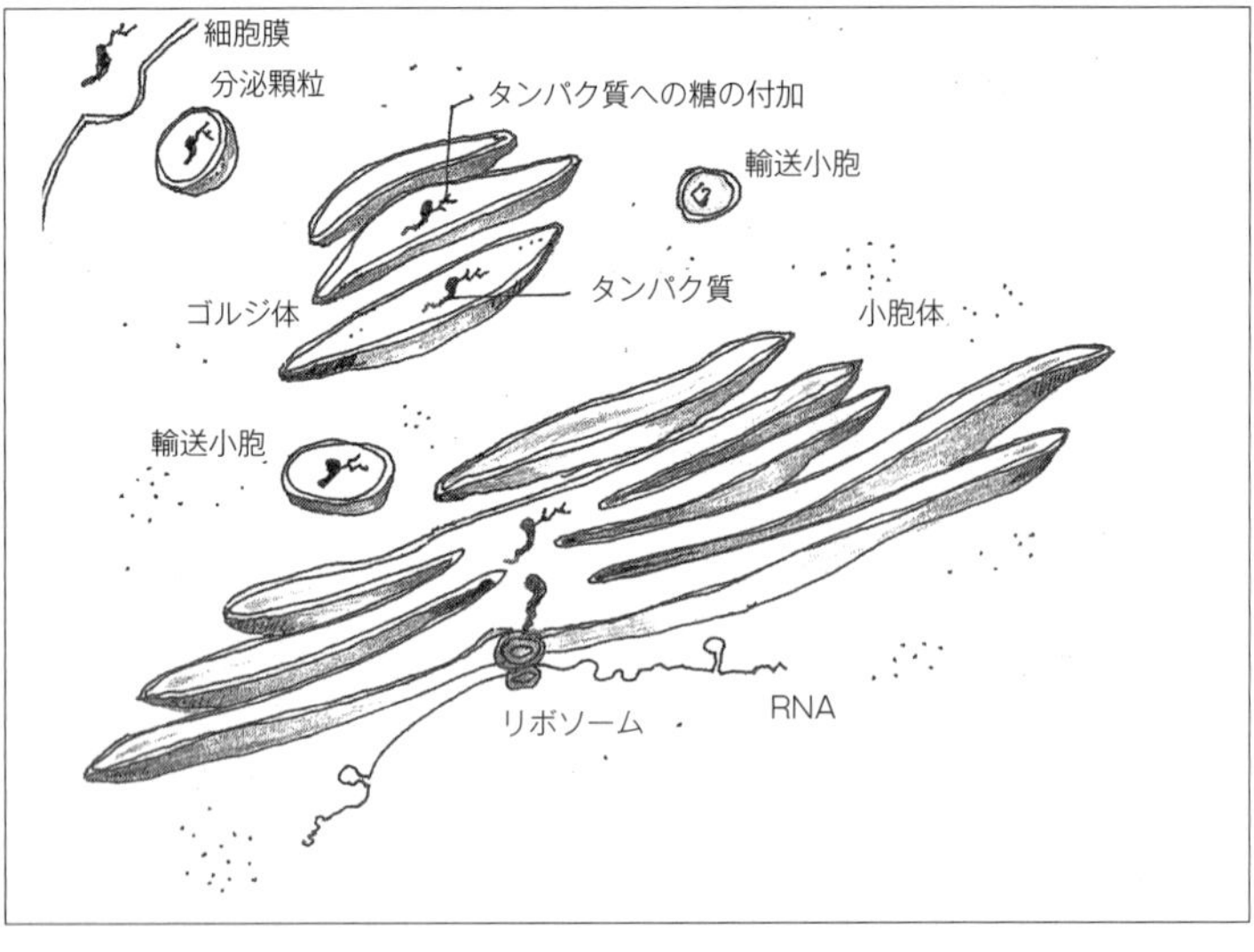

（b）

リソソームという構造体を発見した[20]。リソソームは、まるで細胞の〝胃〟のように、使い古された細胞のパーツや、進入してきた細菌やウイルスを消化する。

植物細胞は葉緑体という構造を持つ。光合成、つまり光を使って糖をつくり出す反応が起きる場所だ。葉緑体はミトコンドリアと同じく、独自のＤＮＡを持つため、葉緑体もまた、真核細胞に取り込まれた微生物だと考えられている。真核細胞の細胞内には、膜に包まれたペルオキシソームという構造体も存在する。クリスチャン・ド・デューブによって発見されたこの細胞小器官の内部では、生体内における最も危険な反応のひとつ（さまざまな分子の酸化反応など）が起きていて、きわめて反応性の高い化学物質である過酸化水素がつくられる。もしペルオキシソームが開いて、内部に閉じ込められた毒素を放出したら、細胞は自身の内部にある反応性物質からの攻撃にさらされることになる。ペルオキシソームとは、他の毒素を代謝するための毒で満たされた杯であり、細胞はその蓋が開かないように細心の注意を払っているのだ。

今なお多くの謎に包まれた最も重要な細胞小器官を最後に残しておいた。核だ。細菌は核を持たないが、核を持つ細胞（すべての植物細胞と、ヒトを含む動物の細胞）において、核とは細胞の遺伝物質、つまり生命の仕様書が保管されている場所だ。ＤＮＡの文字で書かれたゲノムの所蔵庫なのだ。

核は指令センターであり、細胞という船の操舵室のようなものだ。そして、生体シグナルの大半を受け取ったり、発したりする場所でもある。タンパク質を組み立てる暗号、つまりＲＮＡは遺伝子からコピーされ、核から送り出される。核とは生命の中心のそのまた中心なのだ。

植物学者のロバート・ブラウンは一八三六年、ランの細胞で核を発見した。細胞の中心に存在していることから、彼はその構造体を、果実の核を意味するラテン語 *nucleus* にちなんで、核（nucleus）

と名づけたが、その機能や、細胞機能にとっての核の重要性はそれから一世紀ものあいだ未知のままだった。あらゆる細胞と同じく、核もまた、孔のある二層の膜で包まれているが、細胞膜の孔とはちがって、その孔の特性や機能はほとんど知られていない。

前述したように、核にはデオキシリボ核酸（DNA）の長い鎖であるゲノムが収納されている。DNAの二重らせんは精巧に折りたたまれてヒストンと呼ばれる分子に巻きついており、それがきつく束ねられて染色体となる。一個の細胞のDNAを、ワイヤを伸ばすようにまっすぐにしたら、その長さは約一・八メートルになる。ヒトの身体のすべての細胞のDNAをつなげると、地球と太陽を六〇往復以上する長さになり、さらに、地球上のすべてのヒトのDNAをつなげたら、地球とアンドロメダ銀河を約二往復半する長さになる。[21]

細胞内部の液体である細胞質と同じく、核もまた、その内部に組織的な構造を持つが、それについてはほとんど知られていない。核について研究している科学者たちは、核には、分子の繊維でできた独自の骨格があると考えている。細胞質内を移動するタンパク質は、核の孔から核内に入ってDNAと結合し、遺伝子をオンにしたりオフにしたりしている。タンパク質に結合したホルモンも核に出入りしている。普遍的なエネルギーであるATPもまた、孔をすばやく通り抜けている。

遺伝子のスイッチがオンになったり、オフになったりする過程は、細胞に個性を授ける重要な現象だ。遺伝子のオン／オフによって、神経細胞は神経細胞になり、白血球は白血球になる。生物の発生過程で、遺伝子（というよりもむしろ、遺伝子にコードされたタンパク質）が細胞に体内での位置を教え、今後の運命を伝える。遺伝子はホルモンなどの外部からの刺激によってオンになったりオフになったりし、ホルモンはまた、細胞のふるまいを変化させるシグナルにもなる。

細胞が分裂する際、すべての染色体が複製されて二倍になり、その後、二つに分かれる。ヒト細胞では、核膜が消え、分裂してできたばかりの娘細胞の中にフルセットの染色体が一組ずつ入ると、核膜がふたたび現れて染色体のセットを取り囲む。こうして、染色体がおさめられた新しい核を持つ娘細胞ができあがる。

しかし、核についてはいまだに多くの謎が残されている。細胞の指令センターのドアは今も部分的に閉じられたままなのだ。ある生物学者はこう述べている。「J・B・S・ホールデンは宇宙について、〝宇宙は私たちが想像する以上に奇妙なだけでなく、想像できる以上に奇妙なのかもしれない〟と推測したが、それが核にはあてはまらないことを祈るしかない。たしかに核は私たちが想像する以上に複雑かもしれないが、それでも、理解できる可能性を信じれば、まさにこの信念が、私たちや学生、さらには後継者たちに力を与え、私たちはこの研究対象について、いま見通せるよりさらに深く入り込めるかもしれない。このプログラムの価値を信じる理由は十分にある。さあ、元気を出そうではないか[22]」

膜、原形質、リソソーム、ペルオキシソーム、核。私たちが出会った細胞小器官は、細胞という存在にとって不可欠なものだ。それらは特殊な機能を持ち、そのおかげで、細胞は独立した命を持ち、維持することができる。細胞小器官の位置、組織化、協調はきわめて重要だ。要するに、細胞の自律性はその構造にこそあるのだ。

そして細胞の自律性が生体システムの本質的な性質、すなわち内部環境の恒常性――〝ホメオスタシス〟と呼ばれる現象――を保つ能力をもたらしている。ホメオスタシス（ギリシャ語 *homeo* と *stasis* に由来し、大雑把に言うと「静止状態に関連する」という意味になる）という概念は一八七〇年代にフランスの生理学者クロード・ベルナールが初めて提唱し、一九三〇年代にハーバード大学の生理学者ウォルター・キャノンが発展させた。

ベルナールとキャノン以前の何世代もの生理学者たちは、動物とは機械の寄せ集めであり、動力を生み出すパーツの総和だと考えていた。筋肉はモーターで、肺は一対のふいご、心臓はポンプである、といったように。脈打ち、回転し、押し出す。生理学が重視していたのはそうした動きや活動、働きだった。「突っ立ってないで、何かしなさい」と言われているかのような感じだ。

一方のベルナールは、その考えを反転させた。「内部環境の恒常性こそが、自由で独立した生命の状態である」と彼は一八七八年に書いている[23]。生理学の焦点を活動から恒常性の維持へ移すことで、ベルナールは、生物の身体の働きについての概念を変えた。生理的な〝活動〟の要点は、逆説的なことに、〝静止状態〟を維持することだった。「あれこれしないで、じっと立っていなさい」と言われているみたいに。

ベルナールとキャノンは生物と器官のホメオスタシスを研究し、そして、しだいにホメオスタシスは細胞の、そして生命の根本的性質であることがわかってきた。細胞のホメオスタシスを理解するためには、ここでもやはり、細胞膜から始めなければならない。細胞内の反応を外界から隔離して閉じ込めておくために、外界と細胞とを隔てる膜だ。細胞膜は不用な物質を細胞外へ押し出すためのポンプも進化させた。これもやはり、細胞の内部空間の状態を一定に保つためだ。細胞外の化学的な環境が変化しても、細胞の酸性度やアルカリ性度が変化しないように、原形質には化学的な緩衝剤が含まれている。細胞はエネルギーを必要とし、ミトコンドリアがそれを供給する。プロテアソームは不用な、あるいは異常な構造のタンパク質を捨てる。ある種の細胞が持つ、貯蔵に特化した細胞小器官は、外部の栄養素が不足した際に、予備の貯蔵庫として栄養素を供給できるようにしている。代謝で生じる有毒な副産物はペルオキシソームに運ばれて、分解される。

本書の話題はもうすぐ、自律性とホメオスタシスから離れて、さらに別の根本的な細胞の性質（増殖、機能の特殊化、分裂して多細胞生物を形成する能力）へ移る。しかしその前にもう少し、本章のテーマに関連した驚くべき発見の物語をお伝えしたい。細胞小器官の機能の解明に取り組んでいた細胞生物学者たちにとって、一九四〇年から一九六〇年までの二〇年間は最も多くの成果がもたらされた実り多き時代だった。シュワンやシュライデン、ウィルヒョウをはじめとする人々が細胞生物学の土台をつくった一世紀前のように、この時期は威厳と熟達に彩られていた。この時期に明らかになった知見が今では〝常識〟に思えるとしたら（「ミトコンドリアは細胞のエネルギー工場である」という文章はどの高校の科学の教科書にも書かれている）、それは、当時これらの発見ひとつひとつが生み出した、ぞくぞくするような畏敬の念を私たちが忘れてしまったからだ。細胞の発見とその構造の解明、そして、個々の細胞小器官の機能的構造の発見は、科学における最も刺激的な成果のひとつだったと言っても大げさではない。

機能的構造の発見は、細胞を、さらに言えば生命を統合的にとらえることを可能にした。前述したように、細胞とは単に、パーツとパーツが並んだシステムではない。車が単にエンジンとキャブレターが並んだものではないのと同じように。細胞とは、個々のパーツを一体化して機能させることで生命の根本的な性質を生み出す統合機械なのだ。一九四〇年から一九六〇年のあいだに、科学者たちは、自律的な生命の単位がいかに機能して〝生命〟を生み出すのかを理解するために、細胞の個々のパーツを統合しはじめた。

この根本的な発見から必然的に、新たな医療が生まれた。一八世紀から一九世紀にかけて人体の構造や生理機能が解明されたことによって、手術や医療の新時代がもたらされたのと同じく、二〇世紀に入って細胞の基本構造や生理機能が明らかになったことによって、病気の部位や治療の標的が新たに見つかった。器官の機能不全が病気を引き起こすことは昔から知られていた。腎臓は不全に陥り、心臓は弱り、骨は折れる。では、細胞小器官が機能不全に陥ったらどうなるのだろう？

　二〇〇三年夏、アイスホッケーが好きなジャレドという名の一一歳の少年が、両目の視力が落ちてきたことに気づいた[24]。世界が少しずつぼやけていった。ジャレドはどうにかホッケーを続けたが、ある日、ホッケーリンクの上にコンタクトレンズを落として、探すのに苦労した。両親はミネソタ州ロチェスターのメイヨー・クリニックの眼科にジャレドを連れていった。

　一週間後、クリニックの眼科医は病因を突き止めた。ジャレドはレーベル遺伝性視神経症（ＬＨＯＮ）をわずらっていたのだ[25]。「とても残念ですが、ジャレドは失明します」と眼科医は静かな口調で両親に伝えた。この遺伝子疾患はｍｔＮＤ４というミトコンドリア遺伝子の変異を原因とする（原因遺伝子は、ヒトゲノム計画が始動するほんの二年前の一九八八年に発見され、その位置が突き止められた[26]）。いまだその機序は不明だが、この変異によって、網膜神経節細胞（網膜から神経細胞、そして脳へと光の情報を伝える細胞）が選択的に障害されることがわかっている。

　ＬＨＯＮは若年で発症し、容赦なく進行する。最初は視神経乳頭の神経線維が膨張し、その後、視神経が萎縮して網膜の神経が薄くなり、網膜の光沢がなくなっていく。ジャレドはＬＨＯＮで最も多いタイプの変異を遺伝的に受け継いでいた。約一万六〇〇〇塩基からなるミトコンドリアゲノムの１１７７８番の塩基の変異だ[†]。

「１１７７８」と彼は日記に書いた。「これがホッケークラブの倉庫とか自転車の鍵とか、学校のロッカーの暗証番号だったらよかったのに。でも、これは１１７７８番塩基の暗証番号なんだ。この変異が一一歳の僕の身体の中で病気の鍵を開けて、僕の人生を永遠に変えちゃうんだ。失明、失明っていったい何？　僕はまだ一一歳なんだ。ホッケー選手なんだよ。好きな女の子もいるし、女の子にだってもてる。友だちもたくさんいるし、悩みなんてない。失明？　見えなくなるって、どういうこと？　何が見えなくなるの？……治してよ、父さん。友だちとプレーさせてよ[27]」

しかし、どんなにがんばっても父親には治せなかった。ジャレドの神経節細胞は脱落しはじめた。先のことを考えた両親は、ジャレドの興味がギターに向くようにし、ジャレドは指使いと音を独学で学んだ。少しずつ、しかし容赦なく視力は低下していったが、その一方で、彼のギターの腕は上達していった。「それで僕は今、ここ、カリフォルニア州ロサンゼルスのミュージシャンズ・インスティテュートにいるというわけです。〈ギター・センター〉で父さんと母さんのために、耳をつんざくような初演奏をしたのは八年前のことです。僕はこのすばらしい音楽大学に入学した最初の盲目の学生で、それって、すごいことだと思います。楽譜を読める他のすべての学生に引けを取らないと思ってもらえたんですから[28]」。ジャレドは視力を失ったが、そのかわりに音を見つけた。

二〇一一年、中国湖北省の眼科医のチームが、アデノ随伴ウイルス2型（ＡＡＶ２）というウイル

† たいていの変異は両親のどちらからも受け継ぐ可能性があるが、ミトコンドリア遺伝子の変異は母親からしか受け継がない。ミトコンドリアは自律性ではなく、細胞の中でのみ存在できる。細胞が分裂するときにミトコンドリアも分裂し、二つの娘細胞それぞれに割りあてられる。母親の体内で卵子ができる際には、すべての卵子に母親のミトコンドリアが分配される。受精の瞬間、精子細胞は卵子に父親由来のＤＮＡを注入するが、ミトコンドリアは注入しない。したがって、私たちが生まれつき持っているすべてのミトコンドリアが母親由来となる。ジャレドが受け継いだｍｔＮＤ４遺伝子変異も母親由来だ。しかし彼の母親がこの病気に罹患していないことから、この変異は卵子がつくられる際に偶然生じた可能性が高い。

スの遺伝子に正常なND4遺伝子を組み込んだ。[29] このウイルスはヒトや霊長類の細胞に感染するものの、病気を引き起こすことはない。このウイルスの遺伝子を組み換えれば、ND4などの〝外来の〟遺伝子をヒトなどの細胞に挿入できる。一滴の液体の中に、遺伝子組み換えされた何百万個ものウイルスが漂っていた。極細の針が患者の角膜に挿入され、濃厚なウイルスのスープが網膜のすぐ上にある硝子体に注入された。

科学者たちは、自分たちが危険な領域に踏み込んでいることを自覚していた。その領域にはいくつもの罠が仕掛けられていることも知っていた。一九九九年九月、ジェシー・ゲルシンガーという名の十代の少年が、遺伝子組み換えされたアデノウイルスの投与後に、毒性のあるアンモニアの血中濃度が危険なまでに急上昇するという副作用に見舞われた。ジェシーのもともとの病気は、タンパク質の分解産物を肝臓がうまく処理できなくなる代謝性疾患だった。ジェシーの臨床試験をおこなった担当医たちは、ウイルスの投与によって、ジェシーの病気が治ることを期待していた。しかし悲劇的なことに、ウイルスに対する激しい免疫反応が起き、その結果、ジェシーは多臓器不全を発症して命を落とした。彼の死がもたらした影響は深刻だった。二一世紀の最初の一〇年間、遺伝子治療という分野は凍てついた冬の時代に追いやられた。遺伝子組み換えウイルスのヒトへの投与を試みる研究者はほとんどいなくなり、規制当局はこの分野を厳しく取り締まった。

しかし、網膜は特別な部位だ。少量のウイルスで十分なだけでなく、網膜は免疫特権部位でもある。精巣などの体内のいくつかの器官と同様に、網膜では免疫反応が抑制されており、感染性因子に対する激しい免疫反応が起きる可能性がきわめて低い。加えて、遺伝子治療で使われるウイルス、すなわちベクターはゲルシンガーの悲劇以来、大幅に改良されていた。そのおかげで、科学者たちの自信は高まっていた。深刻な反応を誘発することなく、目的の細胞に遺伝子を運び込めるはずだと。

二〇一一年、中国の医師たちは、LHONの患者八人を対象に小規模な臨床試験をおこなった。[30] 初期の結果は、治療の成功を示すものだった。ウイルスが網膜神経節細胞に遺伝子を運び入れると、細胞は正常なND4タンパク質を合成しはじめ、そのタンパク質がミトコンドリアに到達したのだ。その後の三六カ月のあいだに、患者八人のうち五人で、視力の回復がみられた。

私が本書を執筆しているあいだにも、臨床試験に参加する患者の選択を厳密にしたり、観察期間を延長したりしながら、臨床試験は続けられている。「Lumevoq」と名づけられたこのウイルス製剤を使った後期臨床試験は今、失明して間もないLHON患者を対象におこなわれている。二〇二一年五月、研究者たちは「RESCUE臨床試験」の完了を報告した。この臨床試験では、遺伝子変異を有し、視力が低下しはじめてから六カ月以内の患者を対象に、病状の進行を食い止めるために遺伝子治療がおこなわれた。[31] これは多施設共同の二重盲検ランダム化比較試験（臨床試験のゴールドスタンダード）であり、三九人の患者を対象に（そのうちのひとりは、低用量のウイルスを投与されたため、評価可能な患者は三八人だった）、片方の目にはウイルスが注入され、もう一方の目には偽薬（ウイルスを含まない）が注入された。治療後二四週目には、治療された患者グループと未治療の患者グループの両方で視力の低下が続いており、四八週目には、両眼ともほぼ失明状態となった。しかし九六週目、驚いたことに、治療グループのおよそ四分の三で、ウイルスを投与された目と投与されていない目の両方の視力が大きく改善した。この臨床試験は成功だったが、それと同時に、謎に包まれてもいた。遺伝子治療を受けたほうの目が改善するのは予想されていたが、なぜ未治療の目も改善したのだろう？　両目の網膜神経節細胞同士はつながっているのだろうか？　あるいは両側の細胞を関連づけるような、なんらかの未知のメカニズムが働いているのだろうか？　ウイルスが漏れて血液循環に入り、反対の目にも影響を与えたのだろうか？

残念ながら、完全に失明してしまったジャレドをはじめとする患者に正常なＮＤ４遺伝子を挿入しても、視力の改善は望めない。視力を回復できる段階はすでに過ぎてしまったからだ。細胞が死んでしまったあとで細胞小器官の機能だけを回復させても、もはや手遅れなのだ。細胞小器官は正常な細胞の中でのみ機能できるからだ。

臨床試験がすみやかに進行し、長期にわたる良好な結果が得られれば（最終的な結果はまだ予想がつかない）、Ｌｕｍｅｖｏｑは正式な医薬品となるだろう。ミトコンドリアの機能を変化させるための細胞改変治療が開始されたことによって、医療の新たな方向性が示されたのはまちがいない。

一九五〇年代から一九六〇年代にかけて、医療や手術において、器官を対象とした治療がいっきに花開いた。心臓を養う冠動脈の閉塞部位を迂回する血行路をつくったり、病気におかされた腎臓を取り除いて別の腎臓を移植したりする治療だ。さまざまな薬の新たな宇宙が出現した。抗生物質や抗体、血栓ができないようにする薬、コレステロールを下げる薬。しかしＬｕｍｅｖｏｑは細胞小器官を対象にした治療、つまり網膜神経節細胞のミトコンドリアの機能不全を補う治療だ。これは、細胞の構造や細胞小器官の機能、細胞小器官の機能障害が病気とどのように関係しているかをめぐる何十年にもわたる研究の集大成である。こうした治療はもちろん遺伝子治療だが、それと同時に、細胞治療でもある。言い換えるなら、人体の本来の部位で、病気に陥った細胞の機能を回復させる治療なのだ。

分裂する細胞——生殖と体外受精の誕生

二人の人間が子供をもうけることに決めたなら、彼らは自分たちと同じ人間を〝ふたたびつくる〟わけではない……自分たちとは異なる人間を〝新しくつくる〟のだ。

——アンドリュー・ソロモン『「ちがい」がある子とその親の物語』[1]

細胞は分裂する。

細胞のライフサイクルの中で最も重要な出来事は、娘細胞を生み出す瞬間かもしれない。すべての細胞が数を増やせるわけではない。たとえば神経細胞は胎生期にすでに最後の分裂を終えており、ふたたび分裂することはない。しかし、すべての細胞が細胞から生じるのはたしかだ。フランスの生物学者フランソワ・ジャコブは言った。「すべての細胞の夢は二つの細胞になることだ[2]」（もちろん、その夢をすっかり諦めることにした細胞を除いては）

概念的に言えば、動物の細胞分裂は二つの目的、あるいは機能に大別される。「つくること」と「生殖」だ。「つくる」とは、器官を形成したり、成長させたり、修復したりするための新しい細胞を生み出すことを意味する。皮膚細胞が分裂して傷を治したり、T細胞が分裂して免疫反応を起こしたりする場合には、組織や器官をつくるために、あるいは機能を果たすために、細胞は新しい細胞を生み出す。

しかし、ヒトの体内で精子や卵子が生じる場合には、話はまったくちがってくる。この場合、精子や卵子は「生殖」のために生み出される。新しい機能や器官を生み出すためではなく、新しい生物個体をつくるために分裂するのだ。

ヒトをはじめとする多細胞生物では、器官や組織を形成するために新しい細胞がつくられることは有糸分裂（mitosis：〝糸〟を意味するギリシャ語 *mitos* より）と呼ばれる。一方、生殖、すなわち新しい個体をつくるために、新しい細胞、つまり精子や卵子が生じることを減数分裂（meiosis：〝減る〟を意味するギリシャ語 *meion* より）という。

減数分裂を発見したドイツ人科学者は、近視の軍医だった。彼は現状に幻滅し、生物学の新たなビジョンを探していた。精神科医を父に持つヴァルター・フレミングは一八六〇年代に医師の修業をした。[3] ルドルフ・ウィルヒョウと同じく、彼もまた士官学校で医学を学び、やはりウィルヒョウと同じく、医学は厳格で柔軟性に欠ける分野だと思い、ほどなくして、細胞の研究へ転向した。ヒトをはじめとするすべての多細胞生物が細胞でできていることは知っていたが、細胞から生物が形成される過程、つまり一個の細胞から数億個の細胞が生じる過程は謎に包まれていた。一八七〇年代、フレミングはとりわけ細胞の構造に興味を持ち、細胞内の構造を解明したいという願いから、アニリンやその誘導体を使って、組織を染色しはじめた。

最初はほとんど何も見えなかった。細い糸のような物質が染まっただけだった。その物質はどうやら核の中にだけ存在しているようだった。核とは、一八三〇年代にスコットランドの植物学者ロバート・ブラウンが発見した、たいていは丸い形状をした、膜に囲まれた構造体だ。同僚のヴィルヘルム

・フォン・ワルダイエル＝ハルツの意見を採用して、フレミングは核に存在する糸のような物質を染色体——染色される物体——と名づけた。可もなく不可もない名前だった。染色体の機能や、細胞分裂の際の染色体の変化に興味を覚えたフレミングは、強い好奇心を抱きながら、分裂中の細胞を顕微鏡で観察しつづけた。しかし、ただ漫然と見ていただけではなかった。見る能力——真の見る能力——とは、洞察力を必要とする。フォン・モールやレーマクをはじめとする科学者たちもやはり、細胞分裂を観察したが、その過程のさまざまな段階や、それらの段階の規則正しさについて、なんの結論も出すことができなかった。フレミングは、彼らは細胞を見てはいたが、細胞の中は見ていなかったのだと気づいた。彼の頭に重要な考えが浮かんだのは、一八七八年のことだった。フレミングは、細胞分裂中の染色体を青色の色素で染色することを思いついた。分裂の全過程を顕微鏡で追いかけ、細胞内の染色体と核の動きをとらえようと思ったのだ。

　染色体は何をしているのだろう？　核や、核の中にある染色体は細胞分裂とどう関係しているのだろう？　「細胞分裂の最中にはどんな力が働くのだろう？」。一八七八年と一八八〇年に発表された二部構成の論文の中で、彼はそう問いかけた。「視覚でとらえられる細胞内の構造（細胞分裂中の核と染色体）の位置変化は、なんらかの計画に沿ったものなのだろうか。もしそうなら、それはどんな計画なのだろう？[4†]」

　彼はその計画が驚くほど系統だっていることを発見した[‡]。まるで軍事演習のように正確に段階づけられていたのだ。サンショウウオの幼体を観察した結果、フレミングは、ほぼすべての生物に共通する細胞分裂のリズムがあることを発見した。そのリズムは哺乳類や両生類、魚類の分裂中の細胞にも存在していた。それは胸躍るような結果だった。彼以前の科学者の中で、これほど多様な生物が、細胞分裂中にはほぼ同じリズミカルな計画に沿っていることをほんのわずかでも想像した者はいなかっ

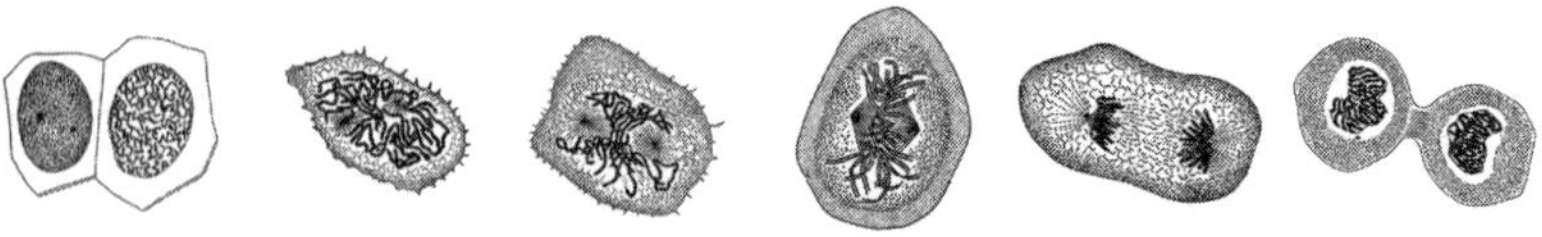

ヴァルター・フレミングの描いた有糸分裂（細胞分裂）の各段階。最初、染色体は核内でばらばらの糸のような形状で存在している。一番目の図には二つの隣接する細胞が描かれており、それぞれの細胞が核と、凝縮していない染色体を持つ。次に、糸が凝縮して束になる。核膜が消え、なんらかの力で引っぱられているかのように、染色体が細胞の両側に分かれる。染色体が完全に分離すると（最後から二番目の図）、細胞が分裂し、二つの新しい細胞ができる。

たからだ。

フレミングは、まず最初に糸のような染色体が凝縮して太い束（フレミングはそれを「かせ状の糸」と呼んだ）になることに気づいた。色素に濃く染まった染色体はまるで、かせに巻きついた深いインディゴブルーの糸のように、顕微鏡下で輝いた。次に、凝縮した染色体が二倍になってから明確な軸に沿って分裂し、二つの星のような構造体を生み出した。フレミングは次のように書いている。「分裂のあいだ、核は連続的に形を変えていく」[5]。核膜が消え、核が分裂を開始した。そして最終的に、細胞そのものが分裂して、それぞれが細胞膜で囲まれた二つの娘細胞ができた。

娘細胞ができあがると、あたかも細胞分裂の過程を巻き戻すかのように、染色体は娘細胞の核内にゆっくり分散して「休止期」に入った。最初に染色体が複製されて二倍になり、それから細胞分裂が始まるため、娘細胞は最終的に、母細胞と同数の染色体を持つようになる。四六本が九二本になり、それから、四六本ずつに分かれるのだ。フレミングはこれを「同型」、あるいは「保存的」細胞分裂と呼んだ。母細胞と娘細胞が最終的に、一定数に保存された染色体を持つようになるからだ。一八八〇年代から一九〇〇年代初めにかけて、生物学者のテオドール・ボヴェリとオスカー・ヘルトヴィヒ、エドマンド・ウィルソンが、フレミングが最初に記載した細胞分裂の個々の段階をさらに深く掘り下げていき、フレミングが描いた細胞分裂のスケッチに数多くの詳細を描き込んでいった。

フレミングは細胞分裂の過程をひとつのサイクルとして描いた。糸のような染色体が凝縮してかせ状になってから分裂し、そしてまた休止期に入る。その後、細胞がふたたび次の分裂サイクルに近づくと、染色体は再度凝縮する。あたかもこの過程自体が生きているかのように、凝縮、分裂、分散が繰り返されていた。

---

† テオドール・ボヴェリとウォルター・サットンは、この次の段階の論理的なつながりを見いだした。[6] 染色体と遺伝の関係だ。彼らは遺伝子の受け渡しと、染色体の構造的／物理的な受け渡しとを関連づけ、それによって、遺伝子（と遺伝的形質）が染色体に位置していることを突き止めた。グレゴール・メンデルはエンドウの実験で、遺伝子とは親から子へ、世代から世代へと形質や特徴を運ぶ抽象的な「因子」であることまでは解明できたが、そうした因子の物理的な位置を突き止める手段は持ち合わせていなかった。サットンとボヴェリをはじめとする科学者たちは、親から子へのさまざまな特徴（つまり遺伝子）の受け渡しは、染色体の受け渡しを介しておこなわれることを示す最初の証拠を提示することができた。ショウジョウバエ遺伝学者のトマス・モーガンたちはこの説を基盤として、最終的に、染色体上の遺伝子の位置を突き止めた。そして数十年後、フレデリック・グリフィス、オズワルド・エイヴリー、ジェームズ・ワトソン、フランシス・クリック、ロザリンド・フランクリンらの研究によって、遺伝情報の担い手がＤＮＡ（染色体に存在する分子）であることが示された。さらに、国立衛生研究所（ＮＩＨ）のマーシャル・ニーレンバーグらによって、遺伝子が解読されてタンパク質がつくられ、そして最終的に、生物の形態や特徴が形づくられる仕組みが解明された。

‡ 植物学者のカール・ヴィルヘルム・フォン・ネーゲリは、フレミングの実験を変則的だとして却下した。しかしネーゲリは、メンデルの論文も変人の研究としてはねつけている。すべての生物における普遍的な細胞分裂の法則がようやく解明されたのは、それから何十年も経ってからのことだった。

‡† 細胞学者のエドアルド・ストラスブルガーとエドワード・ファン・ベネデンも、染色体の分離と、それに続く細胞膜の分離、そして二つの娘細胞の形成を観察した。

しかし、これとは別の種類の細胞分裂もあるにちがいなかった。生殖の際の分裂だ。このタイプの分裂様式が有糸分裂と同じであるはずがないことは今なら容易にわかる。小学校の算数レベルの問題だからだ。前述したように、有糸分裂では、母細胞と娘細胞の染色体数は同数になる。たとえばヒトの場合、四六本の染色体が二倍の九二本になり、それから娘細胞がその半分を受け取るため、娘細胞の染色体数は四六本となる。

では、この計算は生殖にもあてはまるのだろうか？　精子と卵子が母細胞と同数の四六本の染色体を持つならば、受精卵の染色体数はその倍の九二本になる。次の世代ではさらに二倍の一八四本となり、その次の世代では三六八本……という具合に増えていく。やがて、染色体が増えすぎて細胞は破裂してしまうだろう。

したがって、精子と卵子が生み出される際には、染色体数は二三本に半減し、受精によって四六本に戻らなければならない。このタイプの細胞分裂（減数と、その後の数の復元）は一八七〇年代半ば、テオドール・ボヴェリとオスカー・ヘルトヴィヒがウニで初めて観察した。その後、一八八三年にベルギーの動物学者エドワード・ファン・ベネデンが蠕虫《ぜんちゅう》で減数分裂を観察し、それが複雑な生物にも共通する過程だということを裏づけた。

多細胞生物のライフサイクルとはつまり、減数分裂と有糸分裂とが繰り返される、かなりシンプルなゲームなのだ。ヒトの場合、すべての体細胞に四六本の染色体が存在する状態から始まり、精巣で精子が、あるいは卵巣で卵子がつくられる際には、精子や卵子は減数分裂によって二三本の染色体を持つようになる。精子と卵子が出会って受精卵ができると、染色体数は四六本に戻る。受精卵は細胞分裂、つまり有糸分裂によって成長して胚を形成し、組織や器官（心臓、肺、血液、腎臓、脳）が発生していくが、それらをつくる個々の細胞はみな四六本の染色体を持つ。個体が成熟し、性腺（精巣、または卵巣）が形成されると、それらをつくる細胞もやはり四六本の染色体を持つ。ここでふたたび、ゲームが動く。性腺の細胞が男性か、あるいは女性の生殖細胞をつくる際には、それらの細胞は減数分裂によって、二三本の染色体を持つ精子や卵子を生み出すのだ。受精によって数はふたたび四六となり、子供が生まれると、サイクルはまた繰り返される。減数分裂、有糸分裂、減数分裂。半減、数の復元、成長。このサイクルがどこまでも続いていく。

では、細胞分裂は何によって制御されているのだろう？　フレミングは有糸分裂の各段階が系統だっていることを発見した。しかし誰が、というか、何が、この段階分けを導いているのだろう？　フレミングが細胞分裂についての重要な研究結果を発表したあとの数十年で、細胞生物学者たちは、分裂細胞のライフサイクルがいくつかの時期に分けられることに気づいた。

まずは、このサイクルから完全に外れることにした細胞について考えてみよう。それらは永久に、あるいは半永久的に休んでいる。生物学の用語を使えば、休止状態にある。この時期は今ではGゼロ（G０）期と呼ばれている。G０は〝間期（gap）〟あるいは休止サイクルを意味する。実際、そうした細胞の中には決して分裂しないものがあり、それらはずっと分裂終了後の段階にある。成熟した神経細胞のほとんどがこれに相当する。

分裂サイクルに入ることを選んだ細胞は、間期における新たな時期、G１に進む。その時期の細胞はまるで、細胞分裂という海につま先を浸しながら、自分の決断についてじっと考えているかのようだ。G１の時期には、顕微鏡で見えるような変化はほとんどないが、分子レベルでは重要な変化が起きている。細胞分裂を調整するタンパク質が合成されたり、ミトコンドリアが複製されたりしているのだ。細胞は代謝や生命維持に不可欠な分子を集めたり合成したりして、二つの娘細胞に分配できる数まで、そうした分子の数を増やしていく。この時期はまた、細胞が細胞分裂という大規模事業に全力を傾けるか否かをめぐる決断の最初の重要なチェックポイントでもある。やるか、やらないか。なんらかの栄養素が欠けていたり、ホルモン環境が不適切だったりしたら、細胞はＧ１にとどまることにするかもしれない。後戻りできないポイントの前のポイントなのだ。

Ｇ１に続く時期は独特で、他の時期とはっきり区別できる。この時期には、染色体が複製され、新たなＤＮＡが合成される。エネルギーとコミットメント、焦点の大胆な移動が必要な時期だ。染色体が二倍になるこの時期は、合成（synthesis）という言葉にちなんで、Ｓ期と呼ばれる。もしあなたが細胞内に住んでいて、以前のように原形質の中を泳いでいるとしたら、活動の中心が細胞質から核に移ったことを感じるかもしれない。ＤＮＡを複製する酵素が染色体に結合する。さらに別の酵素がＤＮＡをほどきはじめる。ＤＮＡをつくるための部品が核に集まってくる。ＤＮＡ複製酵素の複雑な寄せ集めが染色体に沿って並び、ＤＮＡのコピーを合成していく。複製されて二倍になった染色体を引き離す装置が細胞内で形成されはじめる。

三番目の時期はもしかすると、最も多くの謎が残されている時期かもしれない。それはＧ２と呼ばれる二番目の休止期だ。染色体が二倍になったあとで、なぜ細胞は分裂を止めなければならないのだろう？　なぜ場合によっては、合成されたばかりの新しいＤＮＡを無駄にするのだろう？　Ｇ２は細胞分裂前の最後のチェックポイントとして存在すると考えられている。というのも、転座やＤＮＡの損傷、大規模な変異、欠損といった染色体の混乱が起きてしまっていたら大変だからだ。Ｇ２は、細胞がＤＮＡの損傷や染色体の破壊的な混乱がないかたしかめ、ＤＮＡの複製が正確におこなわれたかダブルチェックする時期なのだ。ＤＮＡを損傷する放射線や化学療法にさらされた細胞は、この段階で休止したままになる。新しい細胞をつくる前に、ゲノムの守護者と呼ばれるタンパク質（とりわけ、

p53がん抑制タンパク質）がゲノムと細胞をスキャンして、それらが正常かどうかを確認するのだ。[7†]

最後の時期はM期――有糸分裂（mitosis）そのもの――であり、細胞が二つの娘細胞に分裂する。核膜が消失し、分離直前の染色体はさらに凝縮して太く短い棒状の構造になる。フレミングの色素で染まった構造だ。二本の染色体を分離させる分子の装置が集まる。ベビーベッドの中の双子のように並んだ二本の染色体が互いから引き離されはじめ、一本が細胞の片側に、もう一本が反対側に移動する。細胞の真ん中に溝が現れ、細胞質が二分する。こうして、母細胞から二つの娘細胞が生まれる。

二〇一七年、私はポール・ナースに会った。私たちはオランダの平原を車で走っていた。ナースはイギリスなまりのある、明るい笑みを絶やさない小柄な男性で、ビルボ・バギンズ（J・R・R・トールキンの『指輪物語』の登場人物）が年を重ねて、顔にしわができたらこんな感じになるのではないかという印象だった。私たちは二人とも、ユトレヒトのウィルヘルミナ小児病院で講演をすることになっていて、アムステルダムから病院のキャンパスまで相乗りしたのだった。ナースは人当たりがよくて腰が低く、親切で、私が会ってすぐに好きになるタイプの科学者だった。平坦な景色がどこまでも続き、乾燥した耕地に、風

† チェックポイントとしては、G2はずいぶん単純な解決策のように見える。しかし実際には、この時期はかなり繊細なバランスを取りながら機能している。G2による〝休止〟は、私たちが知るかぎり、主に細胞内の破壊的な変異を検知する役割を果たしている。変異はS期に生じる。ある一定の確率でエラーが起きるコピー機のように、S期にDNAの新しいコピーをつくる分子の機械もやはり、ミスをする。そのうちのいくつかはすぐに修復されるが、いくつかはそのまま残る。もしG2がすべての変異を休止させ、すべてのミスを捕まえて、すべてのエラーを訂正すれば、変異体が生まれることはなく、進化は急停止してしまう。すなわちG2は眼識のある守護者でなければならない。いつ見て、いつ目をそらせばいいかを知っていなければならないのだ。

車がぽつんぽつんと見えた。風車はときおり吹く一陣の風をとらえて、周期的にまわっていた。

周期。風力というエネルギーが機械を周期的に動かしていた。分裂細胞もまた、そのような機械なのだろうか。分裂と休止を繰り返しているのだろうか。ナースはエディンバラ大学で博士研究員として働いていたころに、細胞周期の調整について考えたという。分裂するかしないか、いつ分裂するかについての細胞の決定に影響を与えているのはどのような因子なのだろう？ どの分子やシグナルがこれらの時期を指揮し、制御しているのだろう？ 細胞はどのようにして、たとえば、G1からSへと移行するタイミングを「知る」のだろう？

ナースは労働階級の出身だった。「父はブルーカラーの労働者でした」と彼は二〇一四年、記者に語っている。[8]「母は清掃員でした。きょうだいはみんな、一五歳までしか学校に通いませんでした。私だけがちがっていたのです。試験に合格して、どうにか大学に入り、奨学金をもらって、博士号を取りました」。大学を離れてから何十年も経ってから、彼は「姉」がじつは自分の生みの母親だったことを知った。未婚の母から生まれた彼は、祖母に育てられたが、彼が六十代になって初めて、出生にまつわる秘密を明かされたという。ユトレヒトに近づいたとき、彼は淡々とした口調でその話をしてくれた。そして、冷静な口調でこう言い添えた。その目がきらりと光った。「生殖というものは絶対に、われわれが思うほど単純なものではないのです」

エディンバラ大学の彼の指導者マードック・ミチソンは分裂酵母（fission yeast）という特殊な酵母を使って、細胞周期を研究していた。「分裂（*fission*）」酵母と呼ばれるのは、この酵母がヒト細胞と同じように、真ん中から二つに分かれることによって増殖するためだ（より一般的な酵母は「出芽」によって分裂する。細胞分裂の際に、母細胞から小さな娘細胞が出芽するのだ）。

一九八〇年代、ナースは酵母の変異体をつくりはじめた。正常に分裂しない変異体だ。およそ八〇

○○キロメートル離れたシアトルで、細胞生物学者のリーランド・ハートウェルもまた同様の戦略にたどり着いていた。ハートウェルもやはり、別の株、ここでは出芽酵母の一種であるパン酵母の変異体を生み出し、それを使って、細胞周期と細胞分裂に影響を与える遺伝子を探すことにしたのだ。

変異体について研究すれば、細胞周期を制御する正常遺伝子が発見できるはずだとハートウェルとナースはどちらも期待した。それは古くからの生物学的なトリックだった。ある生理機能を妨害することによって、正常の機能を解明するのだ。解剖学者なら、動物の動脈を切断したり結紮《けっさつ》したりし、その後、身体のどの部分に血流が届かなくなったかを調べて、その動脈の機能を知る。遺伝学者なら、遺伝子を変異させてその遺伝子が関与するプロセス（たとえば、細胞分裂）を妨害し、それによって、有糸分裂の過程を支配する主要な制御遺伝子がどれか探しあてる。

一九八二年、ケンブリッジ大学の生物学者ティモシー・ハントは、胎生学の講座を担当するために、マサチューセッツ州の風光明媚な地、ケープコッドにあるウッズホール海洋生物学研究所にやってきた。クジラのイラストがプリントされた短パンや麻のシャツを着た観光客たちがこの地を訪れては、アサリの揚げ物を食べたり、どこまでも広がる砂浜に寝そべったりしていた。一方、科学者たちがここにやってくる目的はといえば、岩のごつごつした浅い潮だまりを歩きまわって、二枚貝やウニを見つけることだった。

とりわけウニの卵は貴重だった。サイズも大きく、実験モデルとして扱いやすかったからだ。塩水を注射するだけで、メスのウニは何十個ものオレンジ色の卵を放出し、その卵をオスのウニの精子と受精させると、受精卵ができる。受精卵は時計のような正確さで分裂し、新しい多細胞動物を形成しはじめる。一八七〇年代のフレミングから、一九〇〇年代初めのアーネスト・エヴェレット・ジャストと一九八〇年代のハントまで、科学者たちは、このエロティックな舌のような身を持つ、とげだらけの球形の生き物（これを食べようなんて誰が思いついたのだろう？）をモデル動物として使い、受精や細胞分裂、胎生学の研究をおこなってきた。初期の遺伝学者にとってショウジョウバエが不可欠だったように、ウニは細胞周期の研究にとって不可欠な存在だったのだ。

ハントは、受精後のタンパク質合成の制御の仕組みを解明したいと考えた。しかし実験はもどかしいほど難航した。彼は次のように書いている。「一九八二年には、ウニの卵を使ったタンパク質合成の制御についての研究はほぼ行き詰まっていた。学生や私が試したすべてのアイデアが誤りだったことが判明し、実験系には根本的な欠陥があった[9]」

しかし一九八二年七月二二日の夕暮れ、ハントは驚くべき現象に気づいた。受精卵が細胞分裂を開始するちょうど一〇分前に、あるタンパク質の濃度がピークに達し、それから、そのタンパク質は消えたのだ。まるで風車が回転するように、そのタンパク質の濃度はリズミカルかつ規則正しく変化した。その晩のセミナーで、ワインとチーズがふるまわれるころ、ハントは知った。ハーバード大学のマーク・カーシュナーをはじめとする他の科学者たちもまた、精子や卵子が生み出されるとき、つまり減数分裂の際に、細胞がある時期から別の時期へと移行するメカニズムについて懸命に考えていたのだ。タンパク質濃度の変化がある時期から次の時期への移行を示すシグナルであるという考えに心を奪われたハントは、ワインもそこそこに、実験室に戻った。

その後の一〇年間、ハントは来る年も来る年も、〝スーツケースに入った実験室〟（ガラス管にピペット用チップにゲル用プレート、蠕動ポンプまで入っていた）を手に、ケープコッドに戻ってきては、細胞周期を引き起こすメカニズムを解明しようと実験に取り組んだ[10]。一九八六年の冬までに、ハントと彼の学生たちは、細胞の有糸分裂の周期と正確に連動しながら増減するタンパク質をさらにいくつか見つけていた。S期と完全にタイミングを合わせて増減するタンパク質もあれば、G2期（細胞分裂が起きる前の二番目のチェックポイント）に連動して増減するタンパク質もあった。サイクリングが趣味だったハントは、これらのタンパク質を「サイクリン」と名づけ、ほどなくして、それがぴったりの名前だということに気づいた。なぜなら、これらのタンパク質はどうやら、細胞分裂の「サイクル」と足並みをそろえているようだったからだ。その名前が定着した。

一方、ナースとハートウェルもまた、酵母の変異体を使った実験から、細胞周期を制御する遺伝子を突き止めていた。彼らもやはり、細胞周期の各時期に関連する遺伝子を見つけていた。一九八〇年代末、彼らはそれらの遺伝子をｃｄｃと名づけ、のちにｃｄｋ遺伝子に変更した。[†] それらがコードするタンパク質はＣＤＫタンパク質と名づけられた。

しかし、そうした別々の発見は、動揺させられるような謎に包まれていた。彼らの疑問の答えは明らかに同じだったにもかかわらず、発見されたタンパク質は同一でなかったのだ。注目すべき唯一の例外は、ナースの発見した遺伝子がたしかに、サイクリンに似た遺伝子だったことだ。

なぜだろう？　細胞周期の制御役を探していたハントはなぜ、サイクリンタンパク質を見つけたのだろう。そして、ハートウェルとナースはなぜ、細胞分裂を調節する別のタンパク質を見つけたのだろう？　それはまるで、同じ問題を二組の数学者チームが解いたら、二つの異なる答えが出たかのよ

† それらは最初、ｃｄｃ遺伝子（細胞分裂サイクル：cell division cycle）と名づけられたが、その用語はｃｄｃ／ｃｄｋに変更され、その後、ｃｄｋになった。ｋはこれらの遺伝子がコードするタンパク質である酵素——キナーゼ（kinase）——を表している。この酵素は、標的のタンパク質にリン酸を付加し、たいていの場合は、そのタンパク質を活性化する。

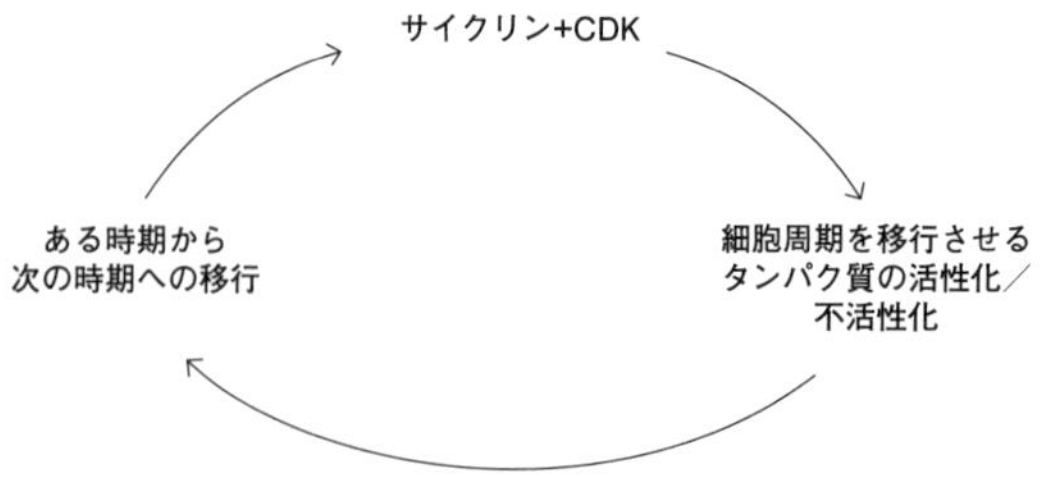

うだった。だが少なくとも、どちらの方法も正しいようだった。つまり問題はこういうことだ。サイクリンとＣＤＫはどう関係しているのだろう？

一九八〇年代から一九九〇年代にかけて、ハントとハートウェル、ナースはいくつかの研究チームと共同で、すべての観察結果を統合することに成功した。細胞周期におけるサイクリンタンパク質とＣＤＫタンパク質の役割の関係を本質的に解明したのだ。それらのタンパク質は協調して働きながら、細胞分裂の周期における時期の移行を制御している。パートナーであると同時に協力者であり、機能的・遺伝的・生化学的に、そして物理的にもつながっている。それらは細胞分裂において陰と陽の関係にあるのだ。

今では、ある特定のサイクリンタンパク質がある特定のＣＤＫタンパク質に結合して、それを活性化することが知られている。その活性化が引き金となって、まるでピンボールのように、細胞内でさまざまな分子が次々と活性化していき、そして最終的に、それらの分子の活性化が細胞に対する「指令」となって、細胞周期の時期が移行する。つまり、ハントがパズルの半分を解き、ナースとハートウェルが残りの半分を解いたのだ。図で示すと上のようになる。

ユトレヒトに向かう車中で、ナースは私に言った。「われわれは単に、同じものを別の側から見ていただけなのです。うしろに下がって見てみたら、ほんとうは同じものだった。同じ物体の異なる二つの影をつかまえたようなものです」[11]。窓の外では、風車もやはり、周期的にまわっていた。

サイクリンとCDKは一緒に働くが、両者の異なる組み合わせが異なる移行のシグナルとなる。たとえば、ある特定のサイクリンとCDKの組み合わせはG2からMへの移行を制御する。サイクリンがCDKを活性化し、活性化したCDKがいくつかのタンパク質を活性化して、移行を可能にするのだ。サイクリンが分解されると、CDKも不活性化する。そして細胞は、次の時期へ移行するためのシグナルを待つ。

別のサイクリンとCDKの組み合わせは、G1からSへの移行を制御する。何十もの異なるタンパク質が細胞分裂の調節に参加するが、その中でも、サイクリンとそれに類似するタンパク質であるCDKの密接な関係こそが不可欠だ。それらは細胞周期制御のパートナーであり、一世紀近く前にフレミングが観察した細胞周期のオーケストラにおける重要な指揮者たちなのだ。

細胞周期や細胞分裂の仕組みの解明によって変化しなかった医学や生物学の分野を挙げるのはむずかしい。この仕組みが解明されたことによって、新たな疑問が次々と生まれた。何ががん細胞を分裂

† 細胞分裂におけるサイクリンとCDKタンパク質の中心的な役割を考えたなら、サイクリンやCDKタンパク質を阻害するがん治療がほとんど開発されず、開発されたとしても成功しなかったことは興味深い。その主な理由は、細胞分裂は生命維持に不可欠かつ普遍的な現象であるため、それを標的にしたがん治療はむずかしいからだ。分裂中のがん細胞を殺したら、分裂中の正常細胞も殺してしまい、その結果、耐え難い副作用が生じてしまう。一九九〇年代、CDK4／6を阻害する一連の薬が発見された。それから約二〇年後、それらの次世代の薬を低用量で、かつ他の薬剤（乳がん治療に使われる抗体薬のハーセプチンなど）と併用すれば、特定の乳がん患者の生存期間が延びるという臨床試験の結果が得られた。がんに特異的なサイクリンやCDKの阻害剤を見つけるための研究は今も続いている。しかし、こうした薬には避けがたく、副作用の不安がつきまとう。

させているのだろう？　悪性の細胞分裂だけを阻害する薬を見つけることはできるだろうか？† 造血幹細胞がある特定の条件下では自らのコピーを生み出し（「自己複製し」）、別の条件下では成熟した血液細胞となる（「分化する」）のはなぜだろう？　胎児はどのようにして一個の細胞からできるのだろう？　二〇〇一年、細胞分裂の制御メカニズムの解明という研究結果の普遍的重要性が認められて、ハートウェルとハント、ナースの三人はノーベル生理学・医学賞を受賞した。

ひょっとしたら、人工的、あるいは医学的に補助されたヒトの生殖、つまり体外受精以上に、細胞分裂（有糸分裂や減数分裂）という概念と密接にかかわる医学分野はないかもしれない（人工的という言葉はここでは不自然に聞こえる。なぜなら、すべての医療が〝人工的〟だからだ。肺炎を治療するために抗生物質を使うことを〝人工的な免疫付与〟と呼んだほうがいいのだろうか？　あるいは、赤ん坊の出産を〝胎児の人工的な排出〟と？　というわけでここでは、〝人工生殖〟ではなく、〝生殖補助医療〟という言葉を使うことにする）†。

まずは、細胞治療の専門家にとっては自明だが専門外の人にとっては驚きの事実について話そう。体外受精は何を隠そう、細胞治療である。実際、最も広く普及している細胞治療のひとつなのだ。体外受精が生殖医療の選択肢のひとつとなってから四〇年以上が経過し、その間にすでに八〇〇万から一〇〇〇万人の子供が体外受精によって誕生している。体外受精で生まれた子供の多くが成人して自分の子供を持っているが、たいていは体外受精の力を借りることなく妊娠に至っている。じつのところ、あまりに広く普及しているために、体外受精はもはや細胞治療だとみなされてすらいない。しかし体外受精はまぎれもなく、細胞治療である。つまり太古から人間を苦しめてきた不妊症という状態を改善するためにヒト細胞に治療的介入をほどこす手法なのだ。

体外受精技術の誕生はおぼつかないものだった。実際、この技術は未熟なまま危うく消えてしまうところだった。体外受精の誕生につきまとった科学界の敵意や個人的なライバル意識、世間の反発、そしてさらには医学界の反発といったものは、体外受精がもたらした大きな成果によってほぼ忘れ去られたが、この技術の始まりには論争と動揺が激しく渦巻いていた。

一九五〇年代半ば、コロンビア大学で産婦人科学を教えていた[12]型破りで秘密主義の教授、ランドラム・シェトルズは、不妊症を治したいという思いから、体外で受精した赤ん坊を誕生させるプロジェクトを開始した。[13]七人の子供の父親だったシェトルズは、めったに家に帰って休むことがなかった。彼の実験室には大きな水槽がひとつと、いくつもの時計が置かれていた。チクタクという絶え間ない音に包まれて、シェトルズは間に合わせでこしらえた寝床で眠った。研修医たちはよく、夜遅くに、皺だらけの緑色のスクラブ姿で廊下を歩いている彼の姿を見かけた。

最初、シェトルズは培養皿と試験管を使って実験をおこなっていた。女性の提供者から卵子を採取して精子と受精させてから、発生の初期段階にあるそれらの胚を六日間、生かしておいた。そして頻繁に論文を発表し、コロンビア大学マークル賞をはじめとするいくつかの賞を受賞した。

しかしやがて、彼のキャリアは思いがけない方向へ曲がった。一九七三年、シェトルズは、フロリ

---

† 私が言うところの「生殖補助医療」とは、薬やホルモン、外科的な介入、ヒト細胞への体外での処置を含む医療全体を指す。この分野の範囲は広く、ヒトの精子や卵子の産生を促進したり、それらを採取して保存したりする技術も含まれる。さらには、精子と卵子を体外で受精させる技術や、ヒト胚を培養してから女性の子宮に移植して赤ちゃんを誕生させる技術も含まれるかもしれない。生殖医療と急速に結びつきつつある新技術もまた、そこに加わる可能性がある。その技術とは、ヒトの精子や卵子に手を加えて、新たな種類の細胞や、新たな種類の人間をつくる遺伝子工学だ。

ダの夫婦、ジョン・デルジオ医師と妻のドリスが子供を授かれるよう手を貸すことに承諾した。だがその一方で、培養皿での受精から胚の移植へと自らの研究が進展したことを、病院の規制委員会や実験委員会にも、さらには産婦人科の教授にも報告しなかった。

一九七三年九月一二日、ニューヨーク大学付属病院の婦人科医がドリスの卵子を採取した。ジョンは小瓶に入れた自分の精子とドリスの卵子を持って、シェトルズの実験室へタクシーで向かった。アップタウンの交通量を考えたら、おそらく一時間ほどかかったはずだ。ニューヨークのタクシーの歴史上、それは最も緊迫感のある時間だったかもしれない。

やがて、シェトルズの上司は実験について知り、激怒した。体外でヒトの胚（試験管ベビー）をつくり、本物の子宮に移植するなど前代未聞であり、医学的、倫理的な影響は計り知れなかった。言い伝えによると、上司は実験室に押し入り、受精卵の入った培養器を開けて、実験を台無しにしたとされる。デルジオ夫妻は病院を訴え、最終的に、精神的苦痛に対する慰謝料として五万ドルを受け取った。

当然の成りゆきとして、シェトルズ（水槽や簡易ベッド、時計、真夜中の緑色のスクラブ姿が印象的だった男）は産婦人科教室を解雇され、ほどなくして、大学からも追い出された。バーモント病院に移ったあとも、彼はその型破りなやり方のせいで面倒を起こし、最終的に、ラスベガスで開業した。体外受精を使ったヒトの赤ん坊をつくるという夢を追いつづけると心に誓ったまま。

イギリスでも、ロバート・エドワーズとパトリック・ステップトーという名の科学者コンビが体外受精に取り組んでいた。シェトルズとはちがい、二人はガラス瓶の中でヒトの胚を生み出すには科学だけでなく、道徳への配慮も必要であることを知っていた。二人は律儀にプロトコールや論文を書き、研究結果を学会で発表し、病院の委員会や医学部に自分たちの意図を伝えた。そしてゆっくりと、念入りに、当時の正説をひとつずつ覆していった。彼らはたしかに異端者ではあったが、科学史家のマーガレット・マーシュの言を借りれば、「注意深い異端者」だった[14]。

鉄道員の父とフライス盤技師の母を両親に持つエドワーズは、細胞分裂と染色体異常が専門の遺伝学者であり、生理学者だった[15]。第二次世界大戦中にイギリス軍に従軍した四年間と、学士号取得のために動物学を専攻した期間、彼のキャリアは一時的に脇道へ逸れた。「悲惨だった。奨学金はなくなり、借金を抱えていた。うちは裕福じゃなかったから……ほかの学生たちみたいに、〝父さんへ。試験の結果が悪かったから、一〇〇ポンド送ってください〟なんて手紙を書くこともできなかった[16]」

しかしエドワーズは結局、エディンバラ大学で動物の遺伝を研究するポストを得て、やがて彼の興味の対象は生殖へと移っていった。最初はマウスの精子について研究したが、その後、研究対象を卵子に変えた。優秀な動物学者である妻のルース・ファウラーと共同で、エドワーズは、マウスに排卵誘発ホルモンを注射すると、成熟度が同じ卵子を数十個つくり出せることを示した。つまり原理上は、それらを採取して体外で、つまり培養皿で受精させることが可能だということだった。エドワーズはいくつかの大学の職を転々としたあと、一九六三年にケンブリッジ大学へ移り、夫妻と五人の娘たちはバートン街のはずれのゴーフ通りにある質素な家に引っ越した。暖房が利かない狭い生理学研究室(部屋は七つしかなかった)の最上階の部屋が、エドワーズの実験室になった。

当時はまだ、生殖生物学、とりわけ卵子と精子の成熟と細胞周期との関連についての研究は初期段階にあった。細胞周期の土台となるウニを使ったティム・ハントの研究結果が発表されるのは数十年後のことだったし、ポール・ナースとリーランド・ハートウェルに名声をもたらすことになる細胞分裂遺伝子はまだ発見されていなかった。

エドワーズはハーバード大学の科学者であるジョン・ロックとミリアム・メンキンの研究について知っていた。[17] 二人は一九四〇年代半ばに、婦人科の手術を受けた女性たちから合計八〇〇個近い卵子を採取し、ヒトの精子と受精させる実験を試みた。結果は成功と失敗とが入り交じったものだった。「（私たちは）ヒトの卵子を体外で受精させようとあらゆる手を尽くした」とメンキンはある論文に書いている。しかし、プロジェクトは、ロックやメンキンが予想した以上にむずかしいことが判明した。たいていの場合、卵子はうまく受精しなかったのだ。

一九五一年、マサチューセッツ州のウースター工科大学で生殖の研究をおこなっていた無名の科学者ミン・チュエ・チャンが、卵子だけでなく精子も、体外受精を成功させる上で重要な役割を担っていることに気づいた。[18] ウサギを使った研究で、彼は、卵子と受精できるようにするには、精子細胞はまず活性化（彼が言うところの「受精能力を獲得」）しなければならないと提唱した。この受精能力の獲得は、女性の卵管内で精子を特定の条件や化学物質にさらすことによって達成されると彼は考えた。

エドワーズは何カ月ものあいだ、ロンドンのミルヒルにある国立医学研究所の図書館の静寂（それは彼に畏敬の念を抱かせる静けさだった）に包まれながら、あらゆる先行研究を詳細に調べた。それはまるで数々の研究の失敗事例を掘り起こすような作業だったが、エドワーズはどうにかして体外でヒトの卵子と精子を受精させたいと思っていた。エッジウェア総合病院の婦人科医モリー・ローズと共同で、彼は卵子を「成熟させる」、つまり受精を受け入れられる状態にすることを試みた。しかし、ウサギやマウスの卵子とちがって、ヒトの卵子は成熟しなかった。「三時間、六時間、九時間、一二時間経っても、たとえわずかでも外見を変えるものは、ひとつとしてなかった。それらはじっと、私を見返していただけだった」と彼は書いている。[19] 卵子は、決して突き通せないものに見えた。

しかし一九六三年のある朝、エドワーズは決定的な考えを思いついた。それは単純だがきわめて重要な考えだった。「ヒトをはじめとする霊長類の卵子の成熟プログラムは、齧歯類より長くかかるのではないだろうか？」[20]。エドワーズはふたたび、ローズから卵子をいくつかもらい、それらを成熟させた。ただし、今回は待つことにした。

「卵子の成熟をチェックするタイミングが早すぎたにちがいない」せっかちな自分を責めて、彼はそう書いている。「きっちり一八時間後に卵子を見てみたが、残念ながら核にはなんの変化もなく、成熟の徴候は見られなかった」[21]。またも失敗だった。二四時間後、最後に残された二つの卵子は動じることなく、培養皿の中からただじっと彼を見返していた。二四時間後、エドワーズはそのうちの一個を取り出して観察した。かすかな成熟の徴候が見えたような気がした。核の中で何かが変化していた。

残るは一個だった。

二八時間後、彼は最後の卵子を取り出し、染色した。

「ものすごく興奮した」と彼は書いている[22]。「染色体がちょうど、卵子の真ん中に向かって移動を開始したところだった」。細胞は成熟しており、受精を受け入れる状態になっていた。「最後に残った一個の卵子が、ヒトのプログラムの秘密を明かしたのだ」

教訓はなんだろう？　私たちの生殖はウサギの場合とはちがっているということだ。ヒトの卵子のほうが少しだけ多くの誘惑を必要としているのだ。

エドワーズの孤独な一〇年が終わりに差しかかっていた。しかしあとひとつ、取り組まなければならない問題が残されていた。ローズから提供された卵子は大がかりな婦人科手術を受けた女性のものであり、そのような卵子が実際に体外受精をほどこされる可能性はほとんどなかった。つまり、そうした卵子は実験材料としては使いやすかったものの、子宮に移植するには適していなかったのだ。実験を完成させるためには、異なる提供者からの卵子が必要だった。

卵子をもたらしたのは、パトリック・ステップトー医師だった。卵巣疾患をわずらう女性たちが卵子提供を承諾してくれたのだ。ステップトーは、マンチェスター近郊の霧に覆われた衰退しつつある織物産業の市《まち》、オールダムの総合病院の産科医長で、腹腔鏡下の卵巣手術を専門としていた。下腹部の小さな切開部位から柔軟性のある腹腔鏡を入れて、卵巣やそのまわりの組織に手術をほどこす手法だ。侵襲の少ないこの手術を、婦人科医たちはしばしば冷笑した。通常の侵襲的な手術に比べて、精度が劣るとみなしたからだ。ある医学会で、著名な婦人科医が立ち上がり、横柄な態度で言い放った。「腹腔鏡手術はまったく使いものにならない。卵巣を見ることが不可能だからだ」。おだやかで無口なステップトーも今度ばかりは自分の治療法を擁護するために立ち上がった。「（あなたは）救いようがないほど、まちがっている。腹腔全体がよく見えます[23]」

その学会にはたまたまロバート・エドワーズも参加していた。婦人科医たちがステップトーの意見をはねつける一方で、エドワーズは耳をそばだてた。腹腔鏡下での摘出は、体外受精を成功させるのに不可欠だと気づいたからだ。侵襲的な手術ではなく、腹腔鏡下で卵子を採取すれば、女性たちにとって体外受精ははるかに負担が少ないものとなる。とりわけ、受精卵を子宮に移植したいと願う女性たちにとって、理想的な方法だった。

発表が終わると、医師たちが口論したり言い争ったりするなか、エドワーズはロビーにいるステップトーに歩み寄った。

「パトリック・ステップトーさんですね」と彼は静かな口調で言った。

「ええ」

「ボブ・エドワーズです」

二人は体外受精に関するメモやアイデアを交換した。一九六八年四月一日、エドワーズはオールダムに出向き、ステップトーに会った。二人は実験計画を練り、ステップトーは腹腔鏡手術で採取したヒト卵子をエドワーズに送ることに承諾した。ケンブリッジからオールダムまでは優に五時間もかかったが、そのせいで二人が思いとどまることはなかった。ステップトーは鈍行列車にガタゴトと揺られながら、雨に濡れてくすんだランカシャー州の町を通り過ぎた。ステップトーのクリニックからエドワーズの実験室まで卵子を運び、それから戻るのにはほぼ一日かかったにちがいない。実験のプロトコールは一見、単純に思えたが、問題がいくつも残されていた。卵子と精子を生かしておくにはどの培養液を使えばいいのだろう？　卵子を採取したあと、何時間後に精子を加えればいいのだろう？　何回分裂したあとで移植すれば、受精卵はヒトの体内で育つのだろう？　移植に適した胚をどう見分ければいいのだろう？

エドワーズはケンブリッジ大学の同僚であるバリー・バビスター医師から、培養液のアルカリ度を上げると、受精率が格段に上がることを学んだ。アルカリ度は、ミン・チュエ・チャンを悩ませた精子の受精能力の獲得に関係していた。エドワーズは精子を活性化させるコツと卵子を成熟させる方法を習得し、卵子が十分に成熟するまで待ってから、精子を加えることにした。精子と卵子の割合も決めなければならなかった。卵子一個に対して、精子を何個加えればいいのだろう？　さらに、胚を培養するための溶液の正確な組成も決めなければならなかった。しかしエドワーズとステップトーは、体外受精におけるこれらの問題をひとつずつ解決していった。一九六八年の晩冬のある午後、エドワーズとともに研究していた科学者で看護師のジーン・パーディが、決定的な実験を立ち上げた[24]。彼女は次のように書いている。「卵子は培地ですぐに成熟しはじめた……バリー（バビスター）の溶液をあらかじめ加えておいた培地だ。三六時間後、私たちは、卵子には受精の準備ができたと判断した」

その晩、バビスターとエドワーズは病院まで運転していき、顕微鏡で培地を観察した。レンズの下で、畏怖の念を呼び起こす出来事が展開していた。ヒトの受胎の最初の段階だ。パーディはこう述べている。「精子がちょうど一番目の卵子の中に入るところでした……そして一時間後、私たちが二番目の卵子を見たら、受精の最も初期の段階が見えたのです。精子が疑いの余地なく、卵子の中に入り込んでいました。うまくいったのです……他の卵子の観察を重ねていくにつれ、証拠が積み上がっていきました。受精の初期段階にある卵子では、精子の尾部が頭部に続いて卵子の奥まで侵入していました。受精がさらに進んだものでは、核が二つ見えました。ひとつは精子由来で、もうひとつは卵子由来です。それぞれ（精子と卵子）が遺伝的構成要素を胚に与えるのです[25]」。彼らはついに、体外受精を成功させたのだ。

一九六九年、エドワーズとステップトー、バビスターが共同著者となった論文「体外で成熟させたヒト卵母細胞の体外受精の初期段階」が《ネイチャー》で発表された[26]。残念なことに、科学から女性を締め出すという慣例のせいで、実験をおこなったジーン・パーディの名前は記載されなかった。エドワーズとステップトーはのちに、彼女の貢献を讃えようと努力を重ねた。体外受精は彼女の手で生まれたのだから。実験室で、彼女は体外受精による最初のヒト胚を生み出し、そしてのちに病院で、最初の体外受精ベビーを抱いた。一九八五年、科学的貢献が十分に評価されないまま、パーディは悪性黒色腫のため三九歳という若さで生涯を閉じた。

エドワーズたちの研究はすぐに科学界や医学界、世間の人々を激怒させた。攻撃はあらゆる方面から降り注いだ。婦人科医の中には、不妊を病気とみなさない者もいた。彼らは主張した。生殖は健康の必要条件ではないのだから、その欠如をなぜ「病気」と定義しなければならないのか？　ある歴史学者は次のように書いている。「現在のわれわれにしてみれば、当時のイギリスの大半の婦人科医の頭からなぜ不妊症が完全に消えていたのか、それを理解するのはむずかしいかもしれないが、ステップトーは当時の婦人科医としては驚くべき例外だった……当時の主な関心事は人口過剰と家族計画であり、不妊症というのは取るに足らない些細な問題だとみなされていた。場合によっては、人口増加を抑制するための好ましい状態だとすら思われていたのだ」[27]。イギリスとアメリカの婦人科学の研究の多くは、避妊をテーマにしたものだった。つまり、生まれてくる赤ん坊の数を減らす研究だ。ある科学論文にも記されているように。「一九六五年から一九六九年にかけて、避妊法の研究は六倍以上に増加し、私的な慈善基金は三〇倍に増えた[28]」

宗教団体は、ヒト胚の特別な地位を指摘した。人体に移植する目的で、実験室の培養皿の中で胚をつくり出すことは「自然な」人間の生殖という最も神聖な法を破る行為である、と。倫理学者たちは、一九四〇年代のナチスによる人体実験の負の遺産を強く意識した。ナチスの実験は人々を恐ろしい危険にさらしただけで、ほぼなんの成果も生まなかったではないか。この方法で生まれた赤ん坊たちや、妊娠に至った女性たちが、なんらかの未知のリスクを持っていたらどうするのか？

エドワーズたちの論文が発表されてから一〇年近く経ってようやく、医学界は不妊症が実際に「病気」であることを認めた。一九七〇年代半ば、エドワーズたちはついに、産科医や実験技師らのチームと協力し合いながら、体外受精によって赤ん坊を誕生させる最初のプロジェクトを始動させた。

一九七七年一一月一〇日、米粒の二五分の一ほどの大きさの胚細胞の小さな塊が、三〇歳のイギリス人女性、レズリー・ブラウンの子宮に移植された[29]。レズリーと夫のジョンは九年にわたって自然妊娠を試みたが、成功しなかった。彼女の卵子は正常だったが、卵管が閉塞していたために、受精の場である卵管や子宮へ卵子が移動できなかったからだ。オールダム総合病院で、レズリーの卵子は卵巣から直接採取され、エドワーズとパーディのプロトコールにしたがって成熟したあとで、ジョンの精子と受精した。受精卵が分裂しはじめるのを最初に目にしたのはパーディだった。受精卵はそのとき、かすかに動いたという。それはまるでガラス瓶の中での最初の胎動のようだった。

およそ九カ月後の一九七八年七月二五日、病院の公開手術室は研究者や医師、行政官らでひしめき合っていた。真夜中近く、産科医のジョン・ウェブスターが帝王切開で女児を誕生させた。帝王切開は極秘のままに終了した。ステップトーはあらかじめ、赤ん坊は翌朝誕生する予定だと伝えたうえで、前日の真夜中へとひそかに計画を変更した。ひとつには、病院の外に群がっている報道陣の裏をかくためだった。夕方の早い時刻に、ステップトーは白いメルセデスベンツを運転して病院を出た。チームが仕事を切り上げて帰宅するように見せかけるための巧妙に練られた行動だった。日が暮れたころ、彼はこっそり病院に戻った。

分娩は目を見張るほど平凡だった。「(赤ん坊は) 蘇生の必要もなく、小児科医の診察でも、なんの問題も見つかりませんでした」とウェブスターは回想している。[30]「私たちはみんな、少し心配していました。万が一、あらかじめ予想できないような、口唇口蓋裂などの軽度な異常をこの子が持っていたら……その結果、研究は実質的に中止されることになると思っていました。なぜなら人々はこの技術(体外受精)のせいだと言うにちがいなかったからです」。手指や睫毛《まつげ》、足指、関節、皮膚がくまなく調べられた。赤ん坊は天使のように、完璧だった。

「派手なお祝い」はなかったとウェブスターは言った。分娩のあと、彼は家に帰って静かに眠った。「とにかく、へとへとでした。家に戻り、夕食を食べました。棚には酒すら置いてなかったと思います[31]」

赤ん坊はルイーズ・ブラウンと名づけられた。ミドルネームは喜び《ジョイ》。

翌朝、ルイーズ誕生のニュースがメディアで大々的に報じられた。一週間にわたって報道陣が病院に押しかけ、カメラとノートを手に、母親と娘の写真を撮ろうとやっきになった。ルイーズ・ブラウンは「試験管ベビー」と呼ばれたが、それはおかしな名前だった。というのも、受精には試験管はほとんど使われなかったからだ[32]（受精卵をつくるのに使われた大きなガラス瓶はロンドン科学博物館に展示されている）。彼女の誕生は怒りと祝福、救済、威信の津波を引き起こした。《タイム》誌に送られてきた怒りに満ちた手紙の中で、ミシガン州に住む女性はこう書いている。「ブラウン夫妻は子供をおとしめ、その尊厳を奪いました。そのおこないのために（医療補助出産という行為のためではなく）、ブラウン夫妻は西洋道徳の堕落のシンボルであるとみなされるべきです[33]」。アメリカからブリストルのブラウン夫妻の家に届いた匿名の荷物には、偽物の血にまみれた割れた試験管が入っていた。

しかし、ルイーズを奇跡の子と呼ぶ者もいた。七月三一日付の《タイム》誌の表紙には、システィーナ礼拝堂の天井に描かれたミケランジェロの「アダムの創造」の有名な部分が使われている[34]。神の指とアダムの指が触れそうになっている部分だ。ただここでは、神とアダムの指のあいだには試験管があり、その中に胚が描かれている。子宮の中のルイーズ・ブラウンだ。子供を持つことができない男女にとって、この歴史的な成果は大きな希望となった。少なくとも正常な精子と卵子を持つ人々にとって、不妊症は治る病気になったのだ。

ルイーズ・ジョイ・ブラウンは現在、四三歳だ。母親譲りの丸みのあるふくよかな体形と、父親譲りの明るい笑顔の持ち主である。以前は茶色でカールしていた髪は、今はブロンドのストレートだ。

運送会社で働き、ブリストル近郊に住んでいる。四歳のときに、「ほかのみんなとはちょっとちがう方法で生まれた」と伝えられたという。[35]ひょっとしたらそれは、科学の歴史上、最も重要な控えめすぎる表現のひとつかもしれない。

ロバート・エドワーズはその業績により、二〇一〇年にノーベル賞を受賞したが、体調不良のため、残念ながら一二月におこなわれた授賞式には出席できなかった。エドワーズより一二歳歳上のステップトーは一九八八年に他界していた。ランドラム・シェトルズは二〇〇三年にラスベガスで死去したが、最期までこう主張しつづけたという。上司たちの「正論」によって断念させられなければ、体外受精を最初に開発した功績は自分のものになるはずだった、と。

本書のテーマは細胞と医療の変容である。体外受精は現在、医療現場で最も一般的におこなわれている細胞治療のひとつだが、その誕生の歴史は特殊だったといえる。というのも、この治療を誕生させたのは細胞生物学の進歩ではなく、生殖生物学と婦人科学における大きな進歩だったからだ。

ルイーズ・ブラウンの誕生が生殖医療の再生の象徴だった一方で、体外受精の技術的な側面そのものは、急速に進展しつつあった細胞生物学の前線とはほとんどなんの関係もなかった。エドワーズが生殖に興味を抱いたきっかけはたしかに、成熟中の卵子で異常な染色体分裂を観察したことだったし、エドワーズは一九六二年に「哺乳類の成体の卵母細胞における減数分裂」というタイトルの論文を発表してもいる。[36]しかしそんな彼ですら一九八〇年代にナースやハートウェル、ハントが細胞周期や染色体分離、減数分裂や有糸分裂の分子制御についての洞察をもたらしたあと、それらの発見について深く掘り下げた論文を書くことはなかった。さらに不可解だったのは、エドワーズはハントと同じケンブリッジ大学に勤めており、その職場はナースの研究室からも八〇キロほどしか離れていなかった点だ。受精や胚の成熟といった現象との関連が最も強いと考えられる細胞生理学の数々の側面（細胞分裂の動態、精子と卵子の形成、受精卵の有糸分裂段階）は、当時はまだ、細胞生理学という分野の視野の片隅に追いやられたままだった。

　要するに、体外受精は主として、ホルモンによる介入と婦人科の手技にすぎないとみなされていたのだ。卵子と精子を採取して、受精卵を体内に戻せば、赤ん坊が生まれる。ただそれだけだった。そのあいだにある実験室、つまり受精がおこなわれ、胚が成熟する場は単に鎖のつなぎの部分に過ぎなかった。培養器は文字どおり、ブラックボックスだった。湿度が高くて温かい〝箱《ボックス》〟ではあったけれど。卵子や精子の質を高める方法や、移植に適した質の高い胚を見分ける方法（どちらも、細胞生物学の知識や、染色体と細胞を評価するための知識を必要とした）は依然として不明のままだった。

　しかしナースとハートウェル、ハントがもたらした洞察は現在、生殖という分野をようやく変革しはじめている。ヒトの生殖にまつわる疑問は細胞の増殖メカニズムを理解することによって初めて解消されることがしだいに明らかになりつつあるのだ。ここでもやはり、すべての病気は細胞の病気であるとするルドルフ・ウィルヒョウの原則が思い起こされる。体外受精はついにサイクリンやＣＤＫで説明されはじめているのだ。たとえば、ホルモンによる刺激を与えても、女性から卵子を採取できない場合があるのはなぜなのか、といった疑問の答えがそこに隠されている。二〇一六年、ある研究チームがナースとハートウェル、ハントが発見したまさにその分子（サイクリンとＣＤＫ）が関与していることを突き止めた。これらの分子の組み合わせ、つまりＣＤＫ－１とサイクリンが卵細胞内で不活性化されたままだと、卵細胞も休止状態にあることがわかったのだ。[37] 休止状態、つまりＧ０期にあるのだ。これらの分子が放出されて活性化すれば、卵細胞は成熟しはじめる。そして、もし卵子が「通常より早く」成熟すれば、卵子はやがて失われていく。ホルモンによる刺激を与えても、すでに数が激減しているために効果はなく、このような状況では、動物は不妊となる。

興味深いことに、卵子が休止状態（つまり細胞の「休眠」）から解き放たれ、通常よりも早く成熟するというこの状況は、新薬のターゲットとなりうる。現在はまだ試験段階にあるこの薬はサイクリン‐CDKの活性化を阻害することで機能する。原理上、このような薬はヒトの卵子を「休眠」状態に戻し、難治性の不妊症の女性たちにおける体外受精の成功率を高める可能性がある。

二〇一〇年、スタンフォード大学医学部の研究チームが、きわめてシンプルな方法で細胞周期に直接影響を与えられる体外受精のツールを開発した。生殖補助医療に常につきまとっているもどかしさは、受精した胚のうち胎児へと成長できる可能性の高い段階まで成熟する胚が三個に一個しかないという点だ。そのため、妊娠の可能性を高めるために複数の胚を子宮に戻さざるをえず、その結果、双子や三つ子が生まれる可能性が高まって、医学的、産科的な合併症が起きやすくなる。

胚が一細胞期にある段階で、成熟した健康な胚へ成長する可能性が最も高いものを識別することはできないだろうか？　そのような胚をあらかじめ（つまり、子宮に移植する前に）識別し、それを移植することによって、単生児が生まれる可能性を高めることはできるだろうか？　スタンフォード大学の研究チームが二四二個のヒト胚を対象に、一細胞の受精卵から、胚盤胞（内部に空隙を持つ多細胞の胚）まで発育する様子を撮影した。[38]　質の高い健康な胚であることを示す初期の徴候である胚盤胞は、二つの部分からなる。外側の殻は発育中の胎児のサポートシステムである胎盤と臍帯《さいたい》になり、内側の細胞塊（液体で満たされた内腔を囲む壁からぶら下がった部分）は胎児になる。外側の殻と内側の細胞塊はどちらも、受精卵が次々と有糸分裂した結果、形成される。

一細胞の胚が胚盤胞へと発育する確率（およそ三分の一）は、体外受精の臨床的な成功率に反映される。[39]　スタンフォード大学のチームは映像を逆再生し、さまざまなパラメーターを測定するソフトウエアを使って、将来的に胚盤胞を形成するかどうかを予測できる因子を三つ発見した。受精卵が最初に分裂するまでの時間の長さ。最初の分裂から二番目の分裂までの時間の長さ。二番目と三番目の有糸分裂の同時性。これら三つのパラメーターを基準にしたところ、胚盤胞形成の予想的中率（その後の着床の成功率）は九三パーセントまで上昇した。一個の胚だけを移植すればいいような（ハイリスクな多胎妊娠に至ることがない）、成功率九〇パーセントの体外受精を想像してみてほしい。

ポール・ナースや彼の学生たちが三〇年近く前に酵母細胞で細胞周期を解明できたのは、まさにこのような点（同時性、分裂時間、細胞分裂の忠実性）を正確に調べたからだった。その事実に、私たちは心を奪われる。

手を加えられた細胞──ルルとナナ、そして背信

まず行動し、あとから考える

──格言を反転させた言いまわし

二〇一七年六月一〇日、生物物理学者から遺伝学者に転向した賀 建 奎《フー・ジェンクイ》という名の（ニックネームはＪＫ）人物が、中国の深圳《しんせん》にある南方科技大学で、二組のカップルと面会した。会合は合成皮革の回転椅子と白いプロジェクタースクリーンが置かれた、ごく平凡な会議室でおこなわれた。会合にはＪＫの指導教官だったライス大学教授マイケル・ディームと北京ゲノム研究所の共同設立者のひとりであるユ・ジュンも出席していた。だがあとになってユ・ジュンは、自分たち二人はただ端のほうで別の仕事をしていただけだったと証言している。もしかしたら二人はユが解読したカイコのゲノムの細部について議論していたのかもしれない。「ディームと私は、別のことについて話していました」と彼はのちに語っている。[1]

その会合の詳細についてはほとんどわかっていない。画質の粗い映像と、切れ切れのスクリーンショットがいくつか残されているだけだ。二組のカップルは医学的な処置に同意するためにＪＫのもとにやってきた。その処置というのは体外受精だったが、そこには重要な細工が加えられることになっていた。ＪＫは胚の遺伝子を永久に変化させてから、子宮に移植しようと考えていた。実質上、〝遺

伝子改変〟された、遺伝子編集ベビーを生み出そうとしていたのだ。

それから二年と数カ月が経った二〇一九年一二月三〇日、インフォームドコンセントの基本的なプロトコールを破り、ヒトを対象とした不適切な処置をおこなった罪で、JKは懲役三年の刑を言いわたされた。このJKの物語（ヒトの赤ん坊を改変したいという誘惑、誤った方向へ向かう科学的願望、危うい宙ぶらりん状態に置かれたままの胚の遺伝子治療の未来）を語ることなしに、生殖生物学や、細胞医学の誕生について物語ることはできない。[2]

しかしJKの物語を語るには、まずは半世紀ほど前に戻らなければならない。一九六八年、体外受精の開発者として名高い、先見の明のあるロバート・エドワーズは地味なテーマの論文を発表した。ウサギの胚の性決定だ。生殖補助医療に興味を覚える前、エドワーズがそもそも生殖生物学に興味を持つようになったきっかけは、胚の染色体異常を検出できる可能性に思い至ったことだった。たとえば遺伝子疾患のダウン症の場合、精子、あるいは卵子の二一番染色体が一本余分に存在している。エドワーズはそのような胚の染色体異常を胚盤胞（空隙を持つボール状の細胞塊）の段階で検出し、子宮に移植する前に、染色体異常のある胚を選び出して廃棄することはできないだろうかと考えた。その方法なら、カップルはダウン症や、それに似た染色体異常を持つ胚を移植しないことを選択できる。そうすることによって事実上、「適切な」胚を選ぶことができると考えたのだ。[3]

一九六八年、エドワーズはウサギの卵子と精子を受精させ、受精卵を胚盤胞まで発育させた。次に、吸引用ピペットを使って胚盤胞が動かないように固定し（水風船を掃除機で吸引して動かないようにする感じだ）、極小の手術用ハサミを驚くほど器用に扱って、胚盤胞の外側の殻から約三〇〇個の細胞を取り出した。彼は次に、採取した細胞を染色し、どの細胞がX染色体とY染色体を両方持つか、つまりオスの胚盤胞の細胞かどうかを調べた（メスの胚盤胞の細胞はX染色体を二本持つ）。一九六八年四月に《ネイチャー》に掲載された論文で、エドワーズと共著者のリチャード・ガードナーは、オスあるいはメスのウサギ胚を選択的に移植することによって、自然にはできないこと、つまり哺乳類の子の生物学的な性のコントロールが可能になると報告した。「性別判定後の胚盤胞移植による、正期産ウサギの性比率コントロール」と題したその論文は、控えめな言いまわしを好むエドワーズらしい表現に終始していた。「ヒトを含むさまざまな哺乳類の子の性別をコントロールしようと数々の試みがなされてきた……ウサギの胚盤胞の性別を正確に判定できるようになった今、オスとメスの胚の他の相違点を検知することも可能かもしれない」[4]。エドワーズは遺伝子検査に基づいた胚の選択法を発明したのだ。

一九九〇年代には、体外受精や遺伝子技術の進歩によって、エドワーズの技術はヒト胚に適用されるようになった。科学者のアラン・ハンディサイドはロンドンのハマースミス病院で、X連鎖性遺伝性疾患（この病気は男児だけが発症する）の家族歴を持つカップルを対象に研究をおこなった。ハンディサイドらは、エドワーズがウサギでおこなったように、胚を子宮に移植する前に胚の〝性別を判定〟すれば、女性の胚だけを確実に移植でき、その結果、X連鎖性遺伝性疾患を発症するリスクのある子供が生まれなくなることを示した。この技術は着床前診断（ＰＧＤ）、より一般的には「胚選択」と呼ばれる。着床前診断はすぐに、ダウン症、嚢胞性線維症、テイ゠サックス病、筋強直性ジストロフィーなどのスクリーニング検査に用いられるようになった。

しかし正確に言えば、胚選択とは本質的にネガティブなプロセスだ。たとえば男性の胚を排除すれば、ある特定の遺伝的性質を持つ胚を排除することはできる。しかしこの方法では、胚に遺伝子を授ける遺伝ルーレットそのものを変えることはできない。言い換えるなら、一式の組み合わせの中からいくつかの胚を選び、排除することはできるが、新しい遺伝子を持つ胚をつくることはできない。すでに決まっている取り分が手に入るだけだ（だから、私たちは面食らうこともない）。つまり、両親の遺伝子のある特定の組み合わせを得ることはできるが、あらかじめ決められた組み合わせ以外の遺伝子を得ることはできないのだ。

しかし、もし私たちが両親にはない遺伝的性質（そして未来）を持つヒト胚をつくりたいと考えたらどうだろう？　致死的な病気を引き起こす遺伝子を不活性化するといったように、胚のゲノム情報を改変したいと望んだら？　彼女の家系には、がんのリスクを高めるＢＲＣＡ－１遺伝子変異が受け継がれてきた。たとえば二〇一二年、乳がんの悲劇的な家族歴を持つある女性が私のもとへやってきた。彼女の家系には、がんのリスクを高めるＢＲＣＡ－１遺伝子変異が受け継がれており、彼女自身と、二人の娘のうちのひとりもこの変異を持っていた。娘の胚の変異遺伝子を修正する医学的方法を探してもらえませんか、と女性は言った。しかし私にできることはほとんどなく、ただこう伝えただけだった。将来、胚選択によって、ＢＲＣＡ－１遺伝子変異を持つ胚を見つけ出し、排除することが可能になるかもしれません。

両親がどちらも、疾患関連遺伝子の両方のコピーに変異を持っている場合はどうだろう？　父親も二つのコピーを持ち、母親も二つ持つような場合だ。嚢胞性線維症をわずらう男性が、愛する女性とのあいだに子供をもうけたいと望むとする。そして、その女性も偶然、嚢胞性線維症の患者だとしたら、二人の子供全員が否応なしに、両方のコピーに変異を持つことになる。その結果、子供たちは避けがたく、病気を発症する。このような男女の子供が、遺伝子コピーのうちの少なくともひとつが修正された状態で生まれるようにすることはできないだろうか？　つまり、ヒト胎児をネガティブなプロセス（胚の選択）だけでなく、遺伝子の付加や改変、つまり遺伝子編集というポジティブなプロセスの対象にしてもいいのだろうか？

何十年ものあいだ、科学者たちは動物の胚の遺伝子操作を試みてきた。一九八〇年代には、マウスの胚に遺伝子改変細胞を導入することに成功した。その後、いくつかの段階を経て、人工的に改変されたゲノムを持つ、生きた〝遺伝子組み換え〟マウスの作製に成功し、それからほどなくして、同様の技術で遺伝子を組み換えられたウシやヒツジも誕生した。それらの動物が精子や卵子をつくり、改変された遺伝子を将来の世代に受け渡した。

しかし、これらの動物を生み出した技術のヒトへの応用は簡単ではなかった。技術的なハードルが高いだけでなく、遺伝子操作についての倫理的な懸念もヒトへの応用を思いとどまらせるほどに強く（そこにはつねに優生学をめぐる問題がつきまとっていた）、遺伝子組み換え人間をつくるという夢は宙に浮いたままになっていた。

しかし二〇一一年、驚異的な新技術がいきなり登場した。科学者たちは、細胞（そして潜在的にはヒトの初期胚）の遺伝子を改変するためのはるかに簡単な方法を見いだしたのだ。† 遺伝子編集というこの技術は、細菌の防御システムに由来する。

遺伝子編集（ゲノムのねらった部位に、特定の改変をほどこす技術）には複数の戦略があるが、最も一般的なのはＣａｓ９と呼ばれる細菌タンパク質を使うものだ。このタンパク質はヒト細胞に導入することができる。細胞内に入ったＣａｓ９は、ゲノムの特定の部位まで〝ガイド〟されて、つまり導かれて、その部位に目的の改変をほどこすことができる。たいていの場合はゲノムを一箇所切断し、そこに存在する標的遺伝子の機能を失わせる。細菌は、侵入してくるウイルスの遺伝子をずたずたに切り刻んで、ウイルスを不活性化させるためにこのシステムを使っている。ジェニファー・ダウドナやエマニュエル・シャルパンティエ、フェン・ジャン、ジョージ・チャーチをはじめとする遺伝子編集のパイオニアたちは、この細菌の防御システムを応用して、ヒトゲノムに意図的な編集をほどこすための技術を生み出した。

ヒトのゲノム全体が大きな図書館のようなものだとすると、そこに並んでいる本はすべて、A、C、G、Tという四文字のアルファベット、つまりDNAの基本単位である四種類の化学物質だけで書かれている。ヒトゲノムを構成する文字数は合計三〇億以上で、両親のゲノムを合わせれば、一細胞あたり六〇億文字以上となる。一ページあたり二五〇文字入る三〇〇ページからなる本にゲノムを再構成したら、私たち（より正確には、私たちをつくり、維持し、修復するための情報）はひとりあたり八万冊以上の本に書かれていることになる。

ガイド役のRNAと結合したCas9は、ヒトゲノムをねらいどおりに変化させることができる。八万冊の蔵書を持つ図書館にある一冊の本の中の一文内の一個の文字を見つけて、消すようなものだ。時々ミスをして、ねらった場所とはちがう場所を消してしまうこともあるが、たいていは正確な仕事をする。驚くべきものだ。最近では、このシステムを応用して、文字を消すだけでなく、多種多様な変化を遺伝子に加えられるようになっている。新しい情報を書き加えたり、より繊細な改変を加えた

† この分野に貢献した、途方もない数の科学者たちの名前をすべて挙げるのは不可能だが、中でもその貢献が際立っている科学者が何人かいる。一九九〇年代、スペインの科学者フランシス・モヒカが初めて、細菌のゲノムにはウイルスに対抗するための防御システムがエンコードされていることに気づいた。二〇〇七年から二〇一一年にかけて、フランスの〈ダニスコ〉のヨーグルト工場で働いていたフィリップ・ホーヴァートと、リトアニアのヴィルニュスのヴィルギニユス・シクスニスが、このタイプの防御システムの詳細を解明した。そして二〇一一年から二〇一三年にかけて、ジェニファー・ダウドナとエマニュエル・シャルパンティエ、フェン・ジャンが細菌の防御システムに基づいて、DNAをねらいどおりに切断する手法を開発した。このリストはやむをえず簡略化したものであり、より詳しい歴史については、ブロード研究所（Broad Institute）サイト内の〝CRISPR Timeline〟を参照されたい。[5]

りといったように。Ｃａｓ９は標的を探し出して消去する消しゴムのようなものであり、たとえば、八万冊の蔵書を持つ大学図書館内の『サミュエル・ピープスの日記』の中のVerbal（言葉の）という単語をHerbal（薬草の）に変えたりする。それ以外のすべての本の中のどの文章内のどの単語にも手をつけることなく。

二〇一七年三月、ＪＫによれば、深圳和美婦児科医院の医学倫理委員会が、ヒト胚の遺伝子編集実験を承認したとされている。彼は書いている。「委員会のメンバーは七人である。危険性と利点についての包括的な議論を経て、承認に至ったとのことだ」。病院側はのちに、彼の実験計画について読んだこともなければ、承認したこともないと主張している。加えて、承認に至った「包括的な議論」に関する証拠書類も残っていない、と。実験計画を承認したとされる七名が誰だったのかは、いまだに判明していない。

ＪＫがヒト胚で編集しようと考えていたのは、ＣＣＲ５という免疫関連遺伝子だった。ＨＩＶウイルスが細胞内に入る際に利用する遺伝子だ。これまでの研究によって、両親から受け継いだ二本のＣＣＲ５遺伝子の両方にΔ（デルタ）32と呼ばれる変異がある（つまり、この遺伝子が機能しない）人は、ＨＩＶに感染しにくいことが判明している。[6]

しかしＪＫの実験の理屈はここで崩れはじめる。第一に、彼が選んだのは、母親ではなく父親がＨＩＶに感染しているカップルだった。体外受精をおこなう前には精子を洗浄するため、精子から胚にＨＩＶが移行するリスクはそもそもゼロだった。要するに、これらの胚がＨＩＶに感染するリスクは、ＨＩＶ陰性のカップルの胚と同様に、皆無だったのだ。さらに悪いことに、免疫反応の重要な側面を調整するＣＣＲ５の機能が失われた場合、ウエストナイルウイルスやインフルエンザウイルス（中国でよく流行する）などのウイルスに感染しやすくなる可能性があった。ＪＫはヒト胚にとってなんの利益もないばかりでなく、将来的に命を脅かすリスクを生じさせるような遺伝子編集をおこなうことにしたのだ。加えて、カップルがこれらのリスクについて知らされていたのかも疑わしい。十分な説明を受けたうえでの同意（インフォームドコンセント）がほんとうに得られたのかも定かではない。遺伝子編集人間を誕生させた世界初の研究者になりたいと急ぐあまり、ＪＫは実質上、ヒトを対象とした臨床研究をめぐる倫理原則をすべて破ったのだ。

　その後、いつ、何が起きたのか、正確なところはわからないものの、二〇一八年一月の初旬に、女性のひとりから採取された一二個の卵子を、洗浄後の夫の精子と受精させた。会議で発表されたＪＫのスライドからは、彼が極小の針を使って、一個の卵子に一個の精子を注入したかのように見える。顕微授精と呼ばれる手法だ。それと同時に、彼はＣＣＲ５を切断するためのＣａｓ９タンパク質とＲＮＡ分子を卵子に注入したはずだ。

　六日後、一細胞期の胚のうちの四個が「質の高い胚盤胞」まで発育したとＪＫは書いている。それからほどなくして、彼は胚盤胞の外側の殻の一部を採取して、遺伝子が編集されているか確認したにちがいない。[7]

「二個の胚盤胞で、編集が成功していた」とＪＫは書いている。そのうちのひとつでは、ＣＣＲ５遺伝子の両方のコピーが編集されていたが、もうひとつでは、片方のコピーしか編集されていなかった。だが、ほどこされた編集はヒトで見つかる天然のΔ32変異と同じではなかった。ＪＫはそれとはちがう変異を生み出したのだ。それらはＨＩＶへの抵抗力を与える可能性も、与えない可能性もある変異であり、そのどちらになるかは予想がつかない。なぜなら、これと同じ遺伝子編集が導入されたことはいまだかつてなかったからだ。加えて、両方のコピーが編集されたのは、ひとつの胚だけであり、もうひとつの胚は、手つかずのコピーをひとつ残したままだった。胚盤胞から採取された細胞を使って、オフターゲット作用の有無、つまりねらった部位とは異なる部位に編集がほどこされたかどうかが調べられた。その結果、意図しない編集がひとつ見つかったが、研究チームは、なんの裏づけもないままに、その編集は「取るに足らないものである」と結論づけている。

このように、思いとどまるべき理由ならいくつもあったにもかかわらず、JKのチームは二〇一八年初め、編集済みの胚を二つ、母親の子宮に移植した。その後すぐに、JKはスタンフォード大学時代の恩師、スティーヴ・クエイクのもとに「成功！」という件名のメールを送っている。本文にはこう書いてあった。「いいニュースです！　女性が妊娠しました。ゲノム編集は成功です！」[8]

クエイクはすぐに心配になった。二〇一六年にスタンフォード大学でJKと会った際、彼は倫理委員会から正式な許可を得るように、患者からインフォームドコンセントを取るようにとJKを繰り返し説得した。説得はやがて、厳しい要求へと変わった。JKがアドバイスを求めていたスタンフォード大学小児科学教室の教授、マシュー・ポーテウスも同様だった。ポーテウスは次のように回想している。「私はその後の三〇分、いや四五分をかけて、それがまちがいである理由や、医学的に正当化できない理由を話しました。彼のやろうとしていることは医学的に必要ではない。おまけに、自分がやろうとしていることについて、彼は公の場で話してもいないのだから、と」[9]。JKは会合のあいだじゅう、黙ったままだったという。これほど猛烈な批判にさらされるとは思っていなかったにちがいない。その顔は紅潮していた。

クエイクはJKのメールを生物倫理学者の同僚（名前は公表されていない）に転送し、こう書き添えた。「ちなみに、これはおそらく、史上初のヒト生殖細胞系列編集です……私は彼にIRB（施設内治験審査委員会）の承認を得るようにと強くうながし、彼はそのとおりにしたと理解しています。彼の目的は、ＨＩＶ陽性カップルが子供を持てるようにすることです。お祝いするには時期尚早ですが、女性が出産に至ったなら、大きなニュースになるはずです」[10]

同僚は次のように返信した。「ちょうど先週、私は知り合いに、このようなことはすでに起きてしまっているのではないかと話したところでした。まちがいなく、ニュースになるでしょうね……」

たしかに、ニュースになった。二〇一八年一一月二八日、香港で開催されたヒトゲノム編集国際サミットで、黒っぽいズボンにストライプのボタンダウンシャツという格好のＪＫは革製のブリーフケースを手にステージに上がり、イギリスの遺伝学者ロビン・ロヴェル＝バッジが彼を紹介した。ＪＫがサミットの場で遺伝子編集されたヒトの誕生を発表する予定だと直前に知ったロヴェル＝バッジは、メディアの殺到を予測していた。爆弾が今にも落とされそうだという噂はすでにメディアに漏れており、会場にいる報道陣や倫理学者、科学者はＪＫに質問をしようと、ステージを食い入るように凝視していた。ロヴェル＝バッジはおずおずとＪＫを紹介した。

> みなさんに念を押したいのですが……えーと、賀博士に、自らのおこないについて説明する機会を与えましょう……その……とりわけ、科学という観点から、そしてまた……その……その……えー……科学以外の観点から。ですからどうぞ、話が途中で遮られることがないよう、配慮してください。すでに申し上げましたように、騒ぎや妨害があまりにひどい場合には、セッションを中止する権限が私にはあります……私たちはこの話について事前に知らされませんでした。実際、彼はセッションで使用する予定のスライドを事前に送ってきましたが、その中には、彼が今

から話す研究に関するものはひとつもありませんでした[11]。

ＪＫの発表は形式張っていると同時に、あいまいだった。その様子はまるで、あらかじめ用意した原稿を読みあげるロシアの外交官のようだった。無表情のままスライドを淡々と提示し、実験について陳腐な説明をしただけだった。ときに、自分はただの傍観者にすぎなかったと言いたげに見えることもあった。二つのうちひとつの胚盤胞から採取した細胞のＣＣＲ５遺伝子コピーは二つとも、機能が失われている「可能性」があると彼は言った[12]。ただ、前述したとおり、その二つのＣＣＲ５遺伝子コピーに導入された変異は、ヒトで見つかる天然のΔ32変異ではなかった[†]。もうひとつの胚では、片方のコピーは手つかずのままで、もう一方のコピーには自然界では見つからない新しい変異が導入されていた。ＨＩＶへの抵抗性をもたらす可能性もあれば、もたらさない可能性もある変異だ。母親は遺伝子改変された二個の胚を移植することを選び、改変されなかった残りの二つの胚は移植しないことにしたとＪＫは言った。彼女はなぜそのような決断に至ったのだろう？　その選択のほうがずっとリスクが高いというのに？　彼女が選択するうえで、誰が倫理的・医学的な助言をしたのだろう？まるで、そうした問題については考慮すらされなかったかのようだった。

「遺伝子編集された」双子は二〇一八年一〇月に生まれた、とＪＫは報告した。しかし彼が投稿した論文には、不可解なことに、一一月に誕生したと書かれていた。その論文は査読後、医学誌への掲載を却下され、オンラインでのみ掲載された。双子の女児はどちらも健康だとされ、ルルとナナと名づけられた。ＪＫは双子の身元を明かすことを拒んだ。双子の臍帯血と胎盤から採取されたいくつかの細胞で、変異の存在が確認されたが、重要な疑問が残されたままだった。双子の体内のすべての細胞が同じ変異を持つのだろうか？　それとも、変異を持つのは一部の細胞だけなのだろうか[‡]？　なんらかの新しいオフターゲット変異は見つかったのだろうか？　ＣＣＲ５に欠失を導入されたそれらの細胞は果たして、ＨＩＶに抵抗性があるのだろうか？

ＪＫは発表原稿の中で成功という言葉を何度も使っていた。しかしスタンフォード大学の法学者で生物倫理学者のハンク・グリーリーは次のように書いている。「〝成功〟かどうかは疑わしい。どの胚も、何百万人もの人が持つＣＣＲ５内の三二塩基対の欠失を持っていないのだから。最終的に赤ん坊となるそれらの胚が代わりに持っているのは、どのような効果を持つかわからない、まったく新し

† ＪＫの方法で双子のゲノムに導入された変異の性質がどのようなものだったのかを理解するにはまず、遺伝子の構造について知る必要がある。遺伝子はＤＮＡで〝書かれている〟。ＤＮＡとは、Ａ、Ｃ、Ｔ、Ｇという四つの基本単位（文字）からなる鎖だ。ＣＣＲ５をはじめとするすべての遺伝子が、これらの基本単位の配列でできている。たとえばＡＣＴＧＧＴＣＣＧＧＧといった具合に。たいていの遺伝子は、基本単位が何千個も並んだものだ。ヒトが持つ天然のＣＣＲ５Δ32変異は、遺伝子の真ん中で三二文字がごっそりなくなっている変異で、その結果、この遺伝子の機能は失われている。遺伝子編集を使えば、標的遺伝子の一部を簡単に消去できる。しかし、変異を正確に再現するのは、技術的にはるかにむずかしい。そこでＪＫは、簡便な方法を使った。その結果、双子のうちのひとりでは、ＣＣＲ５遺伝子の片方のコピーから一五文字（三二文字ではなく）が失われ、もう一方のコピーは手つかずのままだった。もうひとりは、片方のコピーから四文字が失われ、もう一方のコピーには一文字が追加されていた。双子のどちらも、ヒトで見つかる天然のＣＣＲ５を持ってはいない。

‡ 賀建奎が答えなかった、そしていまも未回答のまま残されている根本的な科学的疑問がある。彼が胚を改変するためにＣＲＩＳＰＲシステムを使ったときには、胚のすべての細胞の遺伝子が改変されたのだろうか？　それとも改変されたのは一部の細胞だけだったのだろうか？　もし一部の細胞だけだったとしたら、どの細胞だったのだろう？　生物の個体の中で、遺伝子が変化している細胞と、していない細胞とが混在している現象をモザイク現象と呼ぶ。ルルとナナはモザイクなのだろうか？　疑問はこれだけではない。遺伝子操作のオフターゲット作用に関する疑問もある。改変された遺伝子はほかにもあるのだろうか？　ＣＣＲ５遺伝子だけが改変されたことを確認するために、彼は細胞のゲノム全体を解読したのだろうか？　もしそうなら、何個の細胞のゲノムを調べたのだろう？　それらの答えを、私たちは知る由もない。

い変異だ。さらに、HIVへの〝部分的な抵抗性〟とはどういう意味だろう？　どの程度〝部分的〟なのだろう？　それは、胚を子宮へ移植して赤ん坊を誕生させることを正当化できる十分な理由になりうるのだろうか？　いまだかつて人類が持ったことのないCCR5遺伝子を持つ赤ん坊を？」[13]

　ＪＫの発表に続く質疑応答セッションは、医学史における最もシュールな時間だとしか言いようのないものだった。発表が終わると、ロヴェル＝バッジとポーテウスはプロらしく、なんとか自制しながら、データについて文明人らしい体系的な議論を試みた。彼らは、遺伝子編集がルルとナナにもたらす可能性のある害や、インフォームドコンセントの性質、カップルを実験に参加させるために採用した方法について質問した。

　支離滅裂な答えが返ってきた。まるで実験の最中も、倫理的な余波が生じているあいだも、ＪＫはずっと半分眠っていたかのようだった。「チーム以外では……えっと……四名ほどがインフォームドコンセントの記録を読みました」と彼は口ごもりながら言ったが、それらの人物の名前の公表を拒んだ。そして、自分自身がインフォームドコンセントを取り、彼が患者から同意を得るところを二人の教授（おそらくは、マイケル・ディームとユ・ジュン）が見ていたと言った。より厳密な質問に対しては、一見、茶目っ気のある、しかし冗長な答えを返した。彼は世界的なＨＩＶの流行や新しい医療の必要性について論じたものの、双子に導入された実際の遺伝子編集についてはほとんど触れなかった。パネルディスカッションの最後を締めくくったのは、サミットのオーガナイザーのひとりで、ノーベル賞受賞者のデイヴィッド・ボルティモアだった。壇上に立つと、彼は憤りを露わにして首を振りながら、ＪＫの臨床研究について最も手厳しい論評をした。「透明性のあるプロセスだったとは思えません。われわれはついさっき、このことについて知ったのですから……透明性が欠如していたせいで、科学界による自制が働かなかったのです」[14]

次は会場からの質問を受けつける番だった。セッションのあいだじゅう待ちきれずにいた聴衆から次々と質問が浴びせられた。ある科学者が立ち上がり、この実験によってどんな「医学的なニーズ」が満たされたのかと尋ねた。そもそも双子がHIVに感染するリスクはゼロだったというのに。

JKは、ルルとナナはHIV陰性だが、それでもHIVにさらされる（HEUと呼ばれる、HIVに暴露されるが感染しない状態が生じる）可能性があったというあいまいな回答をした。だがその根拠もまた、途方もなく弱かった。そもそも母親はHIVに感染しておらず、精子は洗浄されたため、この体外受精で胚がHIVにさらされる可能性は皆無だったからだ。しかし彼は会場に向かって言い放った。この実験をおこなったことを「誇りに思う」と。会場全体がはっと息を呑む音が聞こえた。両親の同意について深く追及する者もいれば、実験を包んでいた秘密のベールについて問いただす者もいた。彼のこの選択についてあらかじめ知らされていた者が科学界にも、世間にも、実質上ひとりもいなかったのはなぜなのか？

結局、JKの発表は修羅場と化した（ひょっとしたら彼はこの発表で、ヒト胚の遺伝子編集をおこなった最初の科学者であるという評判を決定的なものにするつもりだったのかもしれない）。彼に質問をぶつけようと、マイクを手にした報道陣が講堂の外で列をつくった。まるで警備される政治犯のように、オーガナイザーたちに取り囲まれながら、JKは会場をあとにした。

遺伝子編集システムのパイオニアのひとりで、二〇二〇年のノーベル賞をエマニュエル・シャルパンティエ博士と共同受賞した生化学者のジェニファー・ダウドナは、JKの発表を聴いて「恐怖心に襲われ、愕然とした」と語った。おそらくは彼女の支持を取りつけようとして、この中国人生物物理学者は発表の前にダウドナとコンタクトを取ろうとしたが、彼女はあっけに取られたという。ダウドナが香港に到着するころには、彼女のメールボックスは助言を求める必死なメールでいっぱいになっていた。「正直言って、こんなのでたらめに決まっていると思いました。冗談に決まっているって」[15]と彼女は回想している。「〝ベビー誕生〟だなんて、こんなに重大なメールの件名に、そんなことを書く人がいるでしょうか？　とにかくショックでした。どうかしています。もうほとんどコメディみたいでした」。発表を聴いて、ダウドナは自分の直感が正しかったことを知った。ＪＫは良心の呵責もなしに、越えてはならない一線を越えたのだ。生物倫理学者のＲ・アルタ・チャロは言った。「賀博士の発表を聴いてわかったのは、これは誤った、時期尚早かつ不必要な、そしてほとんどなんの役にも立たない実験だったということです[16]」

二〇一九年末、ＪＫは中国で懲役三年の刑を言いわたされた。加えて、体外受精関連の研究を今後いっさいおこなってはならないとされた。しかし、私がこれを書いている二〇二一年六月、デニス・レブリコフという名のロシア人遺伝学者が、遺伝性聴覚障害の原因遺伝子を編集する計画を発表した。がっしりとした体格の情熱的な遺伝学者である彼は、ロシア政府が出資する国内最大の体外受精施設に所属している。両親から受け継いだ二つのＧＪＢ２遺伝子がどちらも変異している場合、子供は遺伝性の聴覚障害を発症する。人工内耳によって話し言葉はある程度まで聞き取れるようになるものの、不思議なことに、音楽は聞こえないままだ。加えて、移植を受けた場合、患者はたいてい何カ月もリハビリをしなければならない。

レブリコフは、ステップトーやエドワーズにならって、「注意深い異端者」になることを約束した。しかし注意深いかどうかにかかわらず、彼が異端者になることを望んでいるのはまちがいない[17]。彼によれば、規制当局の承認を得られるように努力はするし、厳しい基準に基づいてインフォームドコンセントを取るようにも努力するが、そうしながらも、胚の遺伝子操作へ向かって着実に進んでいくつもりだという。一歩一歩前に進んでいくつもりだと。データも公表するし、ゲノムを解読してオンターゲット作用とオフターゲット作用について詳しい解析もおこなう。加えて、両方の遺伝子がどちらも変異している聴覚障害のカップルだけに治療対象を絞るつもりである。それも、聴覚障害を持たない子供をもうけたいと望み、治療に完全に同意したカップルだけに。彼はこれに該当するカップルをすでに五組探し出しており、そのうちの一組（両方のGJB2遺伝子が変異しているモスクワ在住の夫婦で、聴覚障害の娘がひとりいる）は彼の治療を受けることについて、とりわけ真剣に検討しているという。

世界の医学界や科学界は現在、ヒト胚の遺伝子編集をめぐる法や規準を作成しようと奮闘している。中には、国際的なモラトリアムを呼びかける者もいるが、それを強制できる機関は存在しない。また中には、並外れた苦しみを生む病気の治療にかぎって遺伝子編集を許可すべきだと主張する者もいるが、たとえば遺伝性の聴覚障害はそこに含まれるだろうか？　科学者や生物倫理学者の国際組織はまちがいなく、この疑問に答えることができるはずだ。しかしヒト胚の遺伝子編集を許可したり、禁止したりする力や権限を持つ管理機関はいまだ存在しないのが現状だ。

前述したように、体外受精は細胞の操作であり、この技術を使えば、ヒトそのものを根本的に変化させることが可能だ。胚の選択や遺伝子編集、そしてゲノムへの新しい遺伝子の導入をおこなうためには、培養皿の中で細胞を受精させ（精子と卵子を出会わせ）、増殖（初期胚を発育）させる技術が必要だ。子宮外でヒト胚をつくれるようになったとたん（発育の各段階にある胚に極小の針で物質を注入し、胚を培養して凍結し、選別し、遺伝子改変をほどこしてから胚を発育させ、その一部を採取して調べるといった技術が可能になったとたん)、革新的な遺伝子技術がいっきに解き放たれたのだ。賀建奎は何から何まで、まちがった選択をした。遺伝子の選択を誤り、患者の選択を誤り、実験の計画も目的も誤っていた。彼は新技術が生んだ避けがたい誘惑に負けた。そう、「一番」になりたかったのだ。彼は何度も、自分の研究はノーベル賞への切符だと言った。彼は自身をエドワーズやステップトーになぞらえたが、私には現代版ランドラム・シェトルズのように思えてならない。猛烈なまでに野心的かつ反抗的で、科学への情熱を抱いていた一方で、実験対象としてのヒトと、水槽の中の魚との区別がついていなかったように見えたのだ。

だからといって、なんの言い訳にもならない。同じ技術を持つ他の科学者たちはみな自制しているのだから。しかし胚の選択であれ、遺伝子編集であれ、病気をなくすための(あるいはまた人間の能力を増強するための)ヒト胚の遺伝的な操作は、日を追うごとに、医学の避けがたい方向性になりつつある。ヒトの不妊治療として開発された技術が今では、ヒトの脆弱性を治す治療として使われようとしている。そしてこの治療の中心には、ますます自在に変化させられるようになってきた、それゆえにいっそう貴重になりつつある細胞がある。受精卵、つまりヒトの接合子だ。

私たちは今から、一細胞の接合子の静かな世界を離れて、発育中の胚へと近づいていく。しかしここでいったん立ち止まって、次の疑問を投げかけてみよう。私たちはいったいなぜ、一細胞の世界を離れたのだろう? 〝私たち〟はなぜ〝私たち〟、つまり多細胞生物なのだろう? 酵母細胞や、単細胞の藻類について考えてみよう。こうした単細胞生物の細胞、つまりニック・レーンが呼ぶところの現代細胞は、実質上、ヒトなどのはるかに複雑な生物の細胞に備わったすべての性質を持つ。地球上に無数に存在し、環境にきわめてうまく適応し、地球上の多様な場所で生きることができるのだ。

それらは互いにコミュニケーションを取り合い、繁殖し、代謝し、シグナルを交換する。自律性の細胞が効率よく機能するのに必要な、核とミトコンドリアをはじめとする細胞小器官のほとんどを持つ。このことからさらに別の疑問が生まれる。[18] だとしたらいったいなぜ、単細胞は多細胞生物をつくることにしたのだろう？

一九九〇年代初めにこの疑問の答えを探していた進化生物学者たちは、真核生物における単細胞から多細胞への移行は、進化の巨大な壁をよじ登るようなものだったのではないかと考えた。結局のところ、酵母細胞がある朝目を覚まして、今日から多細胞生物になると決めることはできないからだ。ハンガリーの進化生物学者ラースロー・ナジの言葉を借りれば、多細胞性への移行は「遺伝的な（つまり進化の）高いハードルを越えなければならない、重大な移行だった[19]」。

しかし最近おこなわれた一連の実験や遺伝学的研究から、それとは異なる物語を示唆する結果がもたらされている。第一に、多細胞性は太古から存在していた。シダから伸びる最初の羽葉《うよう》のような形状の化石は、およそ二〇億年前、藍藻《らんそう》や緑藻《りよくそう》の中に出現した生物のものだと考えられている。それらはすべて、細胞がなんらかの理由によって集まってできた集合体だ。細静脈に似た放射状の構造（小葉脈）と多細胞を持つ、葉状の〝生物〟はおよそ五億七〇〇〇万年前に現れ、海底で増殖した。個々の細胞が集まって海綿動物が生まれ、微小生物のコロニーが自らを再構成して、まったく新しい「生命体」を生み出し、新たなタイプの存在様式の到来を告げた。

しかし多細胞性の最も驚くべき性質は、それらが独立して進化したことだ。[20] それも、ひとつの種だけでなく、複数のまったく異なる種が、進化を繰り返したことだ。それはまるで、多細胞へと向かわせる原動力があまりに強く、あまりに広く浸透したために、進化が何度も柵を飛び越えたかのようだった。これが議論の余地がないほど正しいことは、遺伝学的な証拠によって裏づけられている。集合体という存在――孤立に勝る存在――はあまりに有利だったために、自然選択の力は繰り返し、集合体のほうへ傾いたのだ。進化生物学者のリチャード・グロスベルクとリチャード・ストラトマンは書いている。単一細胞から多細胞への移行は「ささやかで重大な移行」だった[21]。

単一細胞から多細胞への「ささやかで重大な移行」はある程度、実験室で再現し、研究することができる。二〇一四年にミネソタ大学でおこなわれたきわめて興味深い研究で、マイケル・トラビサノとウィリアム・ラトクリフ率いる研究チームは、単細胞生物から多細胞生物がつくられる過程を再現することに成功した[22]。

ワイヤフレームの眼鏡をかけた細身の体型の、どこまでも情熱的なラトクリフは、永久に大学院生のままのように見えるが、実際は、アトランタに大きな研究室を構える著名な大学教授だ[23]。二〇一〇年のある朝、生態学と進化学、行動学の博士課程を修了する直前に、彼は多細胞生物の進化についてトラビサノと話していた。二人とも、異なる単細胞生物がそれぞれの理由で異なる経路をたどり、異なる多細胞生物へ進化したことを知っていた。

ラトクリフはその実験について私に説明しながら、トルストイの小説のかの有名な冒頭の一文を引用し、声をあげて笑った。「幸福な家庭はどれも似通っているが、不幸な家庭はそれぞれ異なる形で不幸である」。多細胞への進化では、この説は反転するのだと彼は私に言った。多細胞生物へ進化したすべての単細胞生物は、それぞれが独自の経路をたどり、独自の形で「幸福」になった（もっと厳密に言えば、よりうまく環境に適応できるように進化した）。一方、単細胞生物はどれも同様に、単細胞生物のままだ。つまり、ラトクリフに言わせれば「アンナ・カレーニナ的状況の反対」なのだ。

トラビサノとラトクリフは酵母を使って研究した。二〇一〇年のクリスマス休暇のあいだに、ラトクリフは壮大なまでにシンプルな進化実験を立ち上げた。酵母細胞を一〇個のフラスコ内で別々に増殖させたあと、フラスコを立てて、そのまま四五分間放置した。すると単細胞の酵母は浮いたままだが、より重い多細胞の集合体（〝集団〟）は底に沈んだ（これを何度か繰り返したあと、ラトクリフとトラビサノは、遠心機を低速回転させれば、より効率的に、単細胞と多細胞の集合体を分離できることに気づいた）。ラトクリフは、重力によって底に沈んだ多細胞の集合体を取り出して培養した。そして、一〇個のフラスコそれぞれに、この過程を六〇回以上繰り返し、一回ごとに、底に沈んだ集合体を取り出した。それは何世代にもわたる選択と増殖を再現した模擬実験だった[24]。瓶の中に閉じ込められた、ダーウィンのガラパゴス諸島だ。

　実験の一〇日目、ラトクリフは大雪の中、実験室に向かった。「ミネソタらしい、大きくて重い雪片だった」と彼は回想している。靴とアノラックについた雪を払い、フラスコを見たとたん、何かが起きていることを知った。一〇番目のフラスコの中は透明で、底に沈殿物があった。彼は沈殿物を取り出して、顕微鏡で見た。何が起きたのかは一目瞭然だった。一〇個のフラスコの中の沈殿物はすべて、新しい種類の多細胞の集合体が選択された結果できたものだった。水晶のような、多数の枝を持つ、数百個の酵母細胞の集合体だ。〝生きた雪片《スノーフレーク》〟。一度集合したあとは、それらの〝雪片〟は集団のまま生きつづけた。ふたたび培養しても、単細胞に戻ることはなく、集合体の形態を保ったままだった。多細胞性へとジャンプしたあと、進化は後戻りを拒んだのだ。

　ラトクリフは気づいた。集合体（「スノーフレーキー」と彼は呼んだ）が形成されたのは、細胞分裂のあと、母細胞が娘細胞とくっついたからだと。このパターンは何世代も続いていた。まるで子供たちが成人したあとも実家を出ていかない大家族のように。

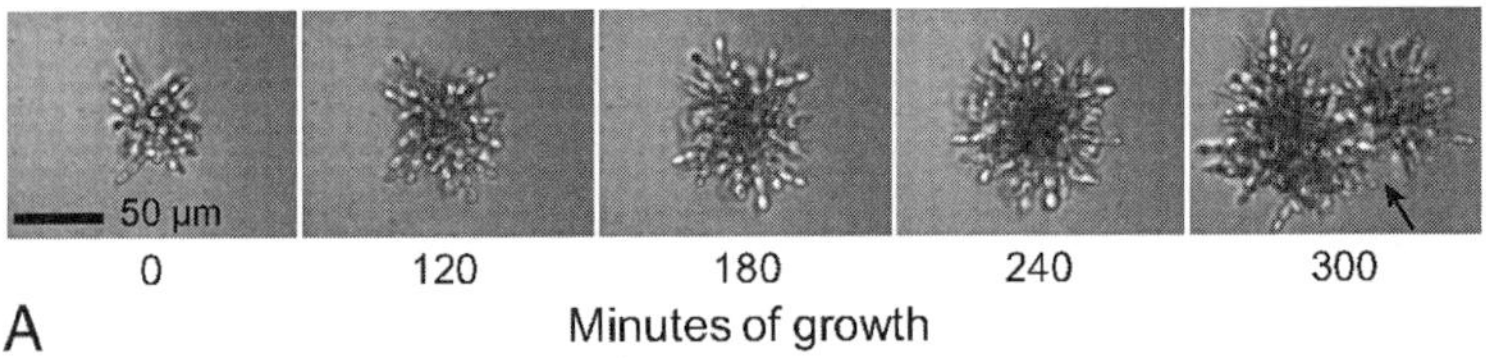

雪片状の酵母のライフサイクル。単細胞の酵母細胞が進化する過程で、より大きな集合体が選択された結果、雪片状の集合体が形成された。酵母細胞は長いあいだ、大きな集合体の形状を保ったままで、ふたたび単細胞に戻ることはない。つまり、酵母は進化の選択によって、多細胞となったのだ。集合体の枝に新しい細胞が次々と追加されていき、集合体のサイズは大きくなっていく。初めのころ、サイズが大きくなりすぎるた雪片は、物理的な重さに耐えられなくなって、割れる。長く伸びすぎた木の枝が折れるようにして。しかし、何世代も経るうちに、進化によって生まれた特別な細胞が、プログラムされた計画的な自死によって、集合体の中に亀裂を生み出すようになる。集合体はそこから分かれて、二個の集合体ができあがる。

実験を続け、より大きな雪片状の集合体が形成されていくにつれ、研究者たちは新しい疑問を抱きはじめた。集合体はどのように増えていくのだろう？　一個の細胞が集合体から離れて、新しい多細胞の集合体を形成する可能性もあった。しかし実際には、集合体がある特定のサイズになると、真ん中で分かれて、新しい二つの集合体ができることがわかった。大家族が分かれて、二つの大家族ができるのだ。「息を呑みました」とラトクリフは私に言った。「フラスコ内で、進化、それも多細胞への進化を再現できたのです」

最初のうち、多細胞の集合体の増殖は物理作用によるものだった。雪片が大きくなりすぎたために、物理的な力によって、無理やり裂けたのだ。しかしその後、さらに驚くべきことが起きた。集合体が進化を続けるうちに、中心にある一組の細胞が、プログラムされた計画的な自死を遂げ、その結果、そこに切れ目（裂け目のような、溝のような部分）ができたのだ。集合体はそこから二つに分かれ、新たにできた二つの集合体は互いから離れた。

私はラトクリフに、〝雪片〟を何世代も培養しつづけたらどうなると思うか尋ねた。彼はすでに、数千世代まで培養しており、自分が生きているあいだに、五万世代、いや一〇万世代まで培養を続けたいと考えていた。「そうそう、もうすでに新しい性質が出現したのを確認しています」と彼は遠くを見るような目で答えた。まるで、この新しい「生命体」の未来を想像しているかのように。「集合体は今、単細胞の二万倍の大きさになっています。細胞は互いに絡み合う新しい仕組みを進化させており、今では細胞同士を引き剝がすのがむずかしくなっています。死細胞による溝ができてようやく、集合体は分かれるのです。集合体の中には、集合体同士を隔てる壁を溶かしはじめているものもあります。大きな集合体同士で、栄養素やシグナルを送り合うためのなんらかの伝達経路が形成されつつあるか、今たしかめているところです。集合体にヘモグロビン遺伝子をつけ加えて、酸素を運ぶメカニズムができるか確認しています。植物のように、光をエネルギーに変換できる遺伝子をつけ加える実験も始めています」

進化学者たちは、さまざまな単細胞生物（酵母、粘菌、藻）を使って、同様の実験をおこなっており、それらの実験から、一般原則が生まれている。[25] 正しい進化圧がかかれば、単細胞はほんの数世代で、多細胞の集合体になることができるのだ。しかし、もっと時間がかかる場合があるのもたしかだ。ある実験では、単細胞の藻は七五〇世代を経てようやく多細胞の集合体になった。進化の時計ではほんの一瞬にすぎないが、一個の藻細胞にとっては、一生の七五〇倍もの時間である。

単細胞はなぜこれほど一途に、多細胞の集合体を形成しようとするのか。私たちにできるのは仮説を立てて、それを検証する実験をおこなうことだけだ。自然選択の実際の力を目の当たりにするには時間を巻き戻さなければならないが、現在最も有力な説は次のようなものだ。集合体になれば、特殊化と協力によってエネルギーと資源が節約でき、それと同時に、新しい相乗的な機能の発生がうながされるからだ。たとえば、集合体の一部は老廃物の排出を担当し、別の一部は食糧を手に入れるというように。多細胞の集合体はそうすることで、進化の流れの中で優位な立場に立つことができるのだ。実験と数学的モデルによって裏づけられたある有名な仮説によれば、多細胞への進化によって、生物は大きなサイズと速い動きを獲得し、その結果、捕食されにくくなり（雪片サイズの体を呑み込むのは細胞サイズよりむずかしい）、食物連鎖の下のほうに位置する弱い生物ほど、より速く、より協調的に動くことができるようになった。進化は集合体として存在する方向へと加速した。なぜなら、そのほうが、〝生物〟は捕食されずにすむし、それと同時に、首尾よく餌を食べられるようになったからだ。[26] ほんとうの答えを知ることはできないかもしれないし、もしかしたら答えはひとつではないのかもしれない。私たちにわかるのは、多細胞生物への進化は偶然起きたものではなく、目的と方向性のある道筋だったということだ。さきほどラトクリフの酵母の実験を取り上げた際に触れたように、ある特定の細胞がプログラムされた自死を遂げ、つまり自己犠牲の能力を獲得し、その結果、集合体は二つに分かれることができるようになった。これは、ある特定の場所で細胞が特殊化することを示す例だ。さらに、ラトクリフが発見したように、多細胞の集合体は何世代も経るうちに、集合体の構造の奥にある部位へ栄養素を運び入れるためのチャネルを発生させた可能性もある。

特殊化、構造、部位といった言葉に注目しよう。ある時点から、ラトクリフは集合体を〝生物〟としてとらえはじめるかもしれない。彼はすでに、集合体がどのようにしてその構造をつくり出すのか解明しはじめている。彼は今、分裂した細胞がいかにして、特殊化した構造を生み出し、特殊化した機能を獲得するのか考察を続けている。こうした構造はどのようにして、集合体内での自らの位置を決めるのか。新しく形成されつつあるチャネルとはどんなものなのだろう？　血管なのだろうか？栄養素の輸送システムなのだろうか？　原始的なシグナル装置なのだろうか？　これらの〝生物〟が大きさと複雑さを増すにつれ、組織化された、機能的な構造が形成されていき、特殊化した細胞が出現する。細胞生物学者なら、こうした現象を「発生」と呼ばずにはいられないだろう。

発生する細胞――細胞が生物になる

生命とは〝ある〟ものではなく、〝なる〟ものだ。
――イグナツ・デリンガー、一九世紀のドイツの博物学者、解剖学者。医学部の教授でもあった。[1]

ここでしばし立ち止まって、ヒトの接合子の誕生について考えてみよう。精子は広大な海を渡るようにして長い距離を泳ぎ、[†]卵子にたどり着く。卵子の表面にある特殊なタンパク質と、それに結合する精子表面の受容体が、卵子と精子を結びつける。一個の精子が卵子の中に入ると、卵子の中でイオンの波が起こって一連の反応が生じ、他の精子が入り込めないようになる。私たちは結局のところ、細胞レベルでは一夫一婦主義なのだ。

アリストテレスは胎児は月経血から生じると考えた。つまり胎児の「形」そのものは母親の月経血が固まってできたものだと提唱したのだ。父親は精子、つまり「情報」を提供する。月経血を胎児の形にし、そこに生命と温かみを与える情報だ。この考えはかなりゆがんではいたが、一応、筋が通っていた。女性が妊娠すると、生理は止まる。ならば、月経血はどこに行くのだ、とアリストテレスは考えたのだ。胎児を形づくる以外にないではないか。

彼の考えは完全にまちがっていたが、そこにはわずかな真実があった。アリストテレスは前成説という古くからの考えと訣別した。ホムンクルスと呼ばれる極小人間がすでにできあがっているとする説だ。まるで水をあげるとフルサイズに膨張するおもちゃのように、目も鼻も口も耳も完全にそろった人間が、顕微鏡サイズに縮んだ状態で、精子の中におさまっていると考えられていたのだ。大昔から一八世紀まで、科学者たちの思考はこの前成説に支配されていた。

これに対してアリストテレスは、胎児は一連の個別の出来事をとおして発生し、最終的な形になると提唱した。発生は、単なる膨張ではなく、発生によって起きるのだと。一六〇〇年代、生理学者のウィリアム・ハーヴェイも次のように書いている。「（ある種の動物では）ある部分が別の部分より

† 精子が泳ぐのに使うのは、鞭毛と呼ばれる尻尾の部分である。鞭毛のつけ根には一連のタンパク質分子があり、それらの分子が相互作用して、小さいが強力な動力を生み出す。鞭毛が絶え間なく、むち打つように動けるのは、このモーターのおかげだ。この分子のモーターのまわりをミトコンドリアが輪のように取り囲み、卵子に向かって精子が懸命に泳ぐのに必要なすべてのエネルギーを供給する。鞭毛が長く、むち打つように動くのとは対照的に、同様のタンパク質で構成される、より短い突起もある。繊毛《せんもう》と呼ばれるこの毛髪（あるいは細い糸）のような構造もやはり、推進力を生み出し、細胞にとってきわめて重要な役割を果たしている。細胞は繊毛を動かすことによって、体内を動きまわることができる。繊毛は絶え間なく動き、その運動の方向は一定であることが多い。いくつか例を挙げよう。腸管壁の細胞表面にある繊毛は、栄養素の体内への吸収を助ける。白血球の繊毛は、白血球が血管内を駆けめぐり、感染から身体を守る働きをするための推進力を生み出している。卵管上皮の繊毛は、排卵された卵子が受精の場へと向かうのを助ける。気道の繊毛は、粘液や異物を排除するために絶え間なく動いている。生物の発生過程では、繊毛は胚内部での細胞の移動をうながしている。正常に機能する繊毛がなければ、生殖も、発生も、ヒトの身体の修復も不可能だ。原発性繊毛機能不全症（ＰＣＤ）というまれな遺伝性症候群をわずらう子供の場合、繊毛が正常に機能しないため、体内のいわば〝主要道路〟や〝路地〟といった部分の交通が妨げられている。その結果、子供は慢性的な鼻づまりに悩まされたり、粘液や異物が気道に蓄積して呼吸器感染症にかかりやすくなったりする。さらにやっかいなことに、ＰＣＤの患者の約半分が先天的な内臓錯位を合併している。胎児のときに細胞が正常に機能しなかったことが原因だ。たとえば、心臓は胸の左側ではなく、右側に位置している。ＰＣＤの女性は不妊症をわずらうことが多い。卵管の細胞が排卵後の卵子を受精の場まで移動させられないためだ。

先に形成されたあと、全体に栄養が行き届くようになり、大きさと形が獲得される」。この説はのちに、後成説（epigenesis）と呼ばれるようになった。発生中の胚に影響を与える一連の変化をとおして、発生が起きるという考えを表した呼び名だ（epiとは、「上」という意味であり、発生中の接合子の「上」に影響を与えるという意味がある）。

一二〇〇年代半ば、化学や天文学など、広い好奇心の持ち主だったドイツの修道士アルベルトゥス・マグヌスは、鳥などの動物の胚について研究した。アリストテレスと同じく、彼もやはり、胎児形成の第一段階は凝固であるという誤った考えを持っていた。胎児は精子と卵子のあいだでなんらかの物質がチーズのように固まってできるにちがいないと考えたのだ。マグヌスはその一方で、後成説を大きく前進させ、胚における個別の器官の形成を最初に発見した人物のひとりになった。まったく平らだった部分から目の膨らみができ、なんの出っ張りもなかったヒヨコの胚の両脇の部分から、羽根が形成されるのを目の当たりにしたのだ。

それからおよそ五世紀後の一七五九年、仕立屋の息子である二五歳のドイツ人、カスパー・フリードリヒ・ヴォルフは「発生論（*Theoria Generationis*）」と題する博士論文を書き、その中で、胚の発生過程で起きる一連の連続的変化の観察結果を提示し、それによって、マグヌスの観察結果を発展させた。[2]ヴォルフは、鳥などの動物の胚を顕微鏡で研究するための巧妙な手法を編み出し、その方法を使って、各器官の発生を段階的に観察することに成功した。彼は、胚の心臓が最初に拍動する瞬間や、腸管が入り組んだ形を成す過程を目にした。

ヴォルフが感銘を受けたのは、発生の連続性だった。彼は、たとえその最終的な形態が初期胚とは似ても似つかないものになったとしても、すでに存在する構造から新しい構造が生まれる過程を追いかけることができた。彼は次のように書いている。「新しい構造を観察して、それについて説明しなければならない。それと同時に、それらの歴史を知らなければならない。たとえ、その形態が固定された、永続的なものではなく、依然として連続的に変化しつづけているとしても（傍点は著者がつけたもの）」。ドイツの詩人ヨハン・ヴォルフガング・フォン・ゲーテにとって、成体への連続した（そして奇跡的な）形態の変化は、自然が「遊んでいる」しるしのようなものだった。「自然はいわば、絶えず、遊んでいる。形態とは、その遊びの結果であることがしだいに明らかになってきた」と彼は一七八六年に書いている。「そして、その遊びによって、多種多様な生命が生み出されるのだ」[3]。胎児は単に風船のように膨らむのではない。子供が粘土で遊ぶように、自然が初期の形態の胎児で遊び（こねたり、削ったりして）、成体にするのだ。

アルベルトゥス・マグヌス、そしてのちにカスパー・ヴォルフが、胎児の器官の連続的な変化（自然が遊んでいること）を示したことによって、ついに、前成説は打ち砕かれた[4]。それに取って代わったのは、胚の発生についての細胞生物学的な理論だった。発生中の胚のすべての解剖学的構造は分裂する細胞によって形成される。分裂する細胞によってさまざまな構造が生み出され、種々の機能を担うようになる。博物学者のイグナツ・デリンガーは一八〇〇年代に次のように書いている。「生命とは〝ある〟ものではなく、〝なる〟ものだ」

子宮の中を漂っているヒトの受精卵に話を戻そう。受精卵はすぐに分裂して二細胞になり、さらに分裂して四細胞になり……やがて多数の細胞の塊となる。その後も細胞は分裂を続け、やがて動きはじめ（看護師で科学者のジーン・パーディがエドワーズの研究室で観察した、いわば胎動初覚のような細胞の動きだ）、そのうちに、細胞の塊の中に空隙が形成され、水風船のような形になる。風船の膜に相当する部分は細胞でできていて、膜に包まれた部分は液体で満たされている。この構造は、胚盤胞と呼ばれる。細胞はさらに分裂を続け、細胞の塊が空隙の内側へ垂れ下がるようになる。外側の壁（風船の膜）は母親の子宮に付着し、胎盤や、胎児を包む膜、そして臍帯の一部になる。空隙の内側へ垂れ下がった小さなコウモリのような塊が胎児になる。†

その後に起こる一連の出来事はまさしく、発生学の驚異だ。風船の膜から垂れ下がった小さな細胞塊、つまり内細胞塊は、さかんに分裂し、やがて二つの細胞層に分かれる。外側の層は外胚葉と呼ばれ、内側の層は内胚葉と呼ばれる。そして受精から約三週間後に、二つの層のあいだに三つめの層が侵入して、そこにとどまる。まるで両親のベッドの中に子供が入ってきて、父親と母親のあいだに潜り込むような感じだ。こうして中胚葉と呼ばれる真ん中の層ができる。

この三層（外胚葉、中胚葉、内胚葉）はその後、人体のすべての器官を形成する。外胚葉は人体の外表面を構成する皮膚や毛髪、爪、歯、目の水晶体などの器官をつくる。内胚葉は腸管や肺など、人体の内表面を構成する器官をつくり、中胚葉は、外胚葉と内胚葉の中間にある筋肉や骨、血液、心臓などを形成する。

胚はここから、最終的な発生段階に入る。中胚葉の内部で、一部の細胞が細い軸に沿って集まり、胚の頭部から尾部まで走る竿のような構造を生み出す。脊索と呼ばれるこの構造は発生中の胚の中でGPSのような役割を果たし、器官の位置や軸を決め、それと同時に誘導因子と呼ばれるタンパク質を分泌する。この誘導因子に反応して、脊索のちょうど上に位置する外胚葉（外側の層）の一部が陥入して溝をつくり、その後、溝の上部が癒合して管状の構造になる。この管が最終的に、脳と脊髄と神経からなる神経系を形成する。

発生学にまつわる皮肉のひとつは、胚の軸を規定する役割を担ったあと、胚が成体へと成長する過程で、ヒトの脊索はその重要性と機能を失い退化するという事実だ。背骨の骨と骨のあいだにはさまったゼラチン質の部分が、脊索の名残だと考えられている。胚の発生で棟梁のような役割を果たした脊索は最終的に、自分がつくったまさにその生き物の骨格の檻《おり》に閉じ込められたままになるのだ。

脊索と神経管がつくられたあと、三つ（神経管を加えれば、四つ）の層から心臓、肝臓、腸管、腎臓など、さまざまな器官が形成されていく。妊娠三週目に、心臓は初めて鼓動を刻む。一週間後、神経管の一部が突出して脳ができる。これらすべてが、前述したように、一個の細胞、すなわち受精卵から生じたのだ。医師のルイス・トマスはエッセイ集『クラゲとカタツムリ——ある生物観察者の覚書（*The Medusa and the Snail: More Notes of a Biology Watcher*）』の中でこう書いている。「ある段階で、一個の細胞が現れ、その子孫が脳となる。その細胞がただ存在したこと。それこそが地球上で最も驚くべき出来事のひとつだ[6]」

しかし、ここまでの説明は形態の変化についてのものだった。では、胚の発生のメカニズムとはど

† ここでは発生学の専門用語をできるだけ使わないようにして、説明もだいぶ簡略化した。より詳しく知りたい方向けに、少し補足しておこう。胚盤胞の壁を構成する細胞膜は、栄養膜と呼ばれ[5]、最終的に、胎児を包む膜（絨毛膜と羊膜）、および妊娠初期の胎児に栄養を供給する卵黄嚢になる。絨毛膜が子宮に入り込んで胎盤の一部になると、卵黄嚢は退化し、それ以降は、胎児に栄養を与える役割は主に胎盤が担うようになる。臍帯は二本の細い動脈と一本の太い静脈でできており、胎児と母体の循環系を結びつけ、酸素や栄養素の交換をおこなう。栄養膜についての総論を読みたい方は、以下を参照されたい。Martin Knofler et al.,"Human Placenta and Trophoblast Development: Key Molecular Mechanisms and Model Systems," *Cellular and Molecular Life Sciences* 76, no. 18(September 2019)：3479-96, doi:10.1007/s00018-019-03104-6. Source: https://pubmed.ncbi.nlm.nih.gov/31049600/

のようなものだろう？　これらの細胞や器官はいかにして、自分たちが何になるべきか知るのだろう？　細胞と細胞の、そして細胞と遺伝子のきわめて複雑な相互作用について理解するには、数段落では足りない。そうした相互作用によって、発生中の胚は、しかるべきタイミングで、しかるべき部位で、各部分（組織、器官、器官系）を形成することができる。それぞれの相互作用が名人技であり、何百万年もの進化を経て完成した大規模なオーケストラの奏でる精緻なシンフォニーだ。ここで理解できるのは、シンフォニーの基礎的な部分、つまり、細胞が生物個体になるのを可能にする基本的なメカニズムとその過程だ。

一九二〇年代、どっしりとした体格の無愛想なドイツ人生物学者ハンス・シュペーマンと彼の学生のヒルデ・マンゴルトが、きわめて興味深い発生学の実験をおこない、この謎を解明しはじめた。アントニ・ファン・レーウェンフックがガラス球を磨いて見事なまでに透明なレンズをつくったように、シュペーマンとマンゴルトは、ガラスのピペットと針をブンゼンバーナーで熱し、溶けかかった先端を引っぱって伸ばし、目に見えないほど細くした（実際のところ、細胞生物学の歴史というのはひょっとしたら、ガラス技術の歴史という観点から描くことができるかもしれない）。こうしてできたピペットや針、吸引器やハサミを使って、シュペーマンとマンゴルトはまだ球形の段階（複雑な構造や器官、層が形成されるはるか前の段階）にあるカエルの胚の特定の部位から小さな組織の塊を採取することに成功した。

シュペーマンとマンゴルトは発生のごく初期のカエルの胚から組織の塊を取り出した。胚のさまざまな部位がその後どうなるかはすでに以前の実験でたしかめられており、その結果から、シュペーマンとマンゴルトはこれらの細胞塊が脊索の前端や、腸管の一部、その周辺の器官を形成するように運命づけられていることを知っていた。[7]　この細胞塊はのちに「オーガナイザー（形成体）」と名づけられた。

彼らはこの組織塊を別のカエルの胚の表面に移植し、胚がオタマジャクシになるのを待った。顕微鏡の下に出現したのは、ヤーヌス（二つの顔を持つローマ神話の神）のような怪物だった。予想どおり、このキメラのようなオタマジャクシは、二つの脊索と二つの腸管を持っていた。ひとつは自分由来のもので、もうひとつは移植された組織由来のものだった。だが時間が経つにつれて、胚はさらに不気味な形をなしていき、最終的には、二つの上半身（どちらにも完全な神経系と頭がついていた）が下のほうで完全に癒合したオタマジャクシになった。カエルの胚から採取し、別の胚に移植した組織塊は、自らの形態を変化させただけでなく、宿主胚の周囲の細胞にも指示を出し、その運命を自分の都合のいいように変化させたのだ。[8] シュペーマンの言を借りるなら、二つめの頭ができるように「誘導」したのだ。†

新しい神経系や新しい頭部をつくるように細胞を「駆り立てる」タンパク質を突き止めるにはその後何十年もかかったが、シュペーマンとマンゴルトが胚のさまざまな構造の段階的な発生の基礎を解明したことはたしかだ。より早く発生するオーガナイザーの細胞などから分泌される因子が、あとから発生する細胞の運命や形態を決め、次に、それらの細胞から分泌される分子が、器官を形成したり、器官同士を結びつけたりする。‡ 胚の発生はプロセス、つまり、さまざまな段階の連続なのだ。各段階で、すでに存在している細胞がタンパク質や化学物質を放出し、それらの物質が新たに発生したり、移動したりしている細胞に、どこに行けばいいか、何になればいいかを教える。他の層の形成を指示

† この場合、移植された細胞はたまたま脊索の前方から採取したものであり、そのため、それぞれの神経系を持つ二つの頭が形成された。脊索の後方の細胞や中胚葉の細胞を移植してカエル胚の後方の部分を発生させる実験は、解剖学的な理由から、はるかにむずかしい。

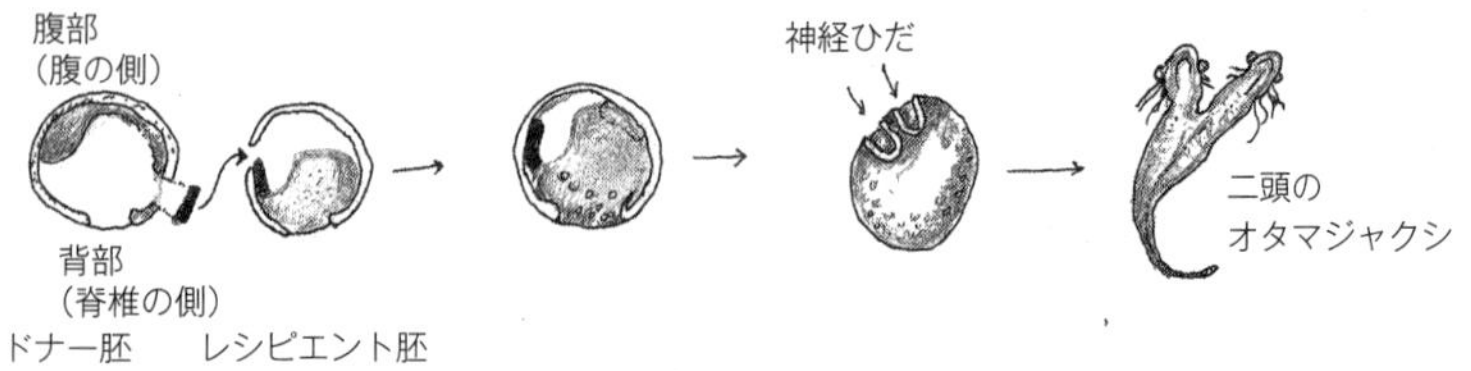

シュペーマンとマンゴルトの論文に掲載された図の一部。胚の背唇部から採取した組織を別の胚に移植すると、二つの神経ひだを持つ胚が形成され、最終的に、二つの頭を持つオタマジャクシができる様子を示している。発生のごく初期段階の（器官や構造が形成される前の）カエルのドナー胚の背唇の一部をレシピエント胚に移植すると、レシピエント胚は背唇を二つ持つようになる。自分由来の背唇と、ドナー由来の背唇だ。シュペーマンとマンゴルトは、ドナー胚から移植されたオーガナイザー細胞が、ドナー由来の神経管や腸管に加えて、完全な形をした二つめのオタマジャクシの頭部を生み出すことを発見した。背唇の細胞から分泌されるシグナルが、周囲の細胞を誘導して、頭や神経系をはじめとする胚の各部位を形成させたのだ。このことから、オーガナイザー細胞は周囲の細胞の運命を決める能力をあらかじめ持っていると考えられる。

し、そののちに、組織や器官の形成を指示する。さらに、これらの層の内部に存在する細胞自身が、その部位の特性や、細胞自体に本来そなわった性質にしたがって、遺伝子をオンにしたりオフにしたりし、自身の個性を獲得する。各段階が、ひとつ前の段階から放出されるシグナルという土台のもとに築かれる。初期の発生学者が視覚で鮮明にとらえた後成説は各段階が積み重なるようにして起きていたのだ。

一九七〇年代以降、発生学者たちはこのプロセスがはるかに複雑であることを発見した。このプロセスは、細胞の遺伝子にコードされた内因性シグナルと、周囲の細胞から放出される外因性シグナルとの相互作用からも影響を受けることがわかったのだ。外因性シグナル（タンパク質と化学物質）がレシピエント細胞に到達すると、細胞内の遺伝子が活性化されたり抑制されたりする。外因性シグナル同士も作用し合い、互いの活性を抑えたり増幅したりして、最終的に、細胞が自分たちの運命や立場、細胞同士の結合具合や体内での位置を受け入れるようにする。

このようにして私たちは、細胞の家を建てるのだ。

一九五七年、ドイツの製薬会社〈グリューネンタール〉が、サリドマイドという名の薬を開発した。[9]この薬は鎮静・抗不安薬としてすばらしい効果を発揮すると考えられ、積極的なマーケティングがおこなわれた。ターゲットは主に、妊娠中の女性だった。当時の不用意で女性差別的な見方によって、妊娠中の女性は「不安」を抱きやすく、「感情的」なのだから、気持ちを落ちつかせる必要があると考えられていたためだ。サリドマイドはたちまち、四〇カ国で承認され、何万人もの女性に処方された。

アメリカの医師はそもそも鎮静剤の処方に積極的な傾向にあり、加えて、アメリカの規制はヨーロッパに比べて緩かったため、〈グリューネンタール〉は、サリドマイドがアメリカで大ヒットするはずだと見込んでいた。一九六〇年代初め、同社はアメリカ全土でこの薬の販売を促進するためのパートナー探しを始めた。唯一のハードルはアメリカ食品医薬品局（ＦＤＡ）の承認を得ることだったが、たいていの場合、煩雑ではあるが単純な書類手続きをこなすだけでよかった。同社は〈Ｗｍ・Ｓ・メレル〉社という完璧なパートナーを見つけた（この会社は当時すでに合併して〈リチャードソン・メレル〉社となっていた）。

一九六〇年代初め、ＦＤＡは新しい審査官にフランシス・ケルシーを任命した。カナダ生まれの四

‡　ここでまた新たな疑問が生まれる。オーガナイザーはいかにして、自分の運命を推定するのだろう？　じつは、より早く発生する細胞（一細胞期の受精卵）から分泌されるシグナルによって推定するのだ。受精卵はすでに、タンパク質因子を含んでいて、そのタンパク質因子は濃度勾配が形成されるように分布している。受精卵が分裂を始めるとすぐに、あらかじめ形成された濃度勾配がシグナルを送り、胚のさまざまな部位での細胞の未来を決定する。

六歳のケルシーは、シカゴ大学で博士号と医学学位を取得した。薬学部で教鞭をとったあと（その際に彼女は「安全」を謳われている薬ですら、用量や患者の選択を誤れば深刻な副作用を生むことを学んだ）、FDAでの長いキャリアをスタートさせた。やがて、新薬審査部の主任となり、コンプライアンス部門の科学・医学担当副部長に就任した。〈メレル〉社はそんな彼女を単なる中間官僚で管理者にすぎないとみなしていた。巨大製薬企業が開発し、さらにまた別の巨大企業が市場に送り出そうとしている輝かしい新薬の旅の途中にある、取るに足らない石ころのようなものだと。

アメリカでサリドマイドを販売するための〈メレル〉社の申請書はFDAへ、そして最終的に、ケルシーの机へたどり着いた。だが、この薬についての情報を読んだケルシーは、その安全性に確信が持てなかった。データがあまりによすぎたからだ。「とにかく、よすぎました。なんのリスクもない、完璧な薬などないはずなのに」と彼女は回想している。

一九六一年五月、〈メレル〉社の重役たちは、サリドマイドを一般用医薬品として販売できるようにしてほしいとFDAに圧力をかけてきた。ケルシーは、FDAの歴史上、最も重要な手紙のひとつに数えられるものを書き送った。「薬の安全性を立証する責任は……申請者にあります」[10]（傍点は著者によるもの）。彼女は夜を徹して、いくつもの症例報告を読んだ。一九六一年二月、イギリスの医師が、この薬を投与した数人の患者で深刻な末梢神経障害が生じ、さらに、この薬を飲んだ看護師から生まれた子供に四肢の欠損が見られたと報告していた。ケルシーはこの医師の報告に飛びついた。「イギリスで報告された末梢神経炎について、貴社は知っていたにもかかわらず、正直に開示しませんでした。その点を、私たちは大変懸念しています」[11]

〈メレル〉社の重役は法的措置に出ると脅してきた。だがケルシーはさらに深く調査を続け、先天性の異常が複数報告されていることを知った。薬の安全性――末梢神経だけでなく、妊婦に対する安全性――を示す証拠が必要だった。〈メレル〉社が再度、販売許可を申請すると、ケルシーは、サリドマイドの安全性を証明できなければ、申請を取り下げるべきだと主張した。

ワシントンＤＣで、〈メレル〉対ケルシーの闘いがより激しさを増すなか、ヨーロッパからさらに不吉な報告がもたらされはじめた。イギリスとフランスで、妊娠中にこの薬を処方された女性から生まれた子供に、深刻な先天奇形が見られたのだ。泌尿器系、心臓、腸管に奇形を持つ子供もいた。外見から明らかで、最も衝撃的な異常は四肢の短縮であり、中には、四肢が完全に欠損している子供もいた。その後数年のあいだに、合計でおよそ八〇〇〇人もの子供が奇形を持って生まれ、子宮内で胎児が死亡したケースは七〇〇〇例におよぶと推定された。しかし実際の薬害の規模はこれよりはるかに大きい可能性がある。

憂慮すべき症例報告がヨーロッパから次々ともたらされているにもかかわらず、〈メレル〉社はこの薬について冷徹なまでに楽観的だった。ケルシーの反論に耳を傾けることなく、「治験薬」として、およそ一二〇〇人のアメリカの医師にこの薬を配った（〈スミスクライン＆フレンチ〉社も特許裁判にかかわっていた）。一九六二年二月には医師たちに宛てておだやかな文面の手紙を書き、この薬の処方を続けるようにさりげなく助言した。「妊娠中のサリドマイドの使用と新生児奇形との因果関係を積極的に支持する証拠は今のところありません」

七月までには、ヨーロッパでの症例数がピークを迎えるなか、ＦＤＡは審査官たちに差し迫ったメッセージを送った。「世間の大きな関心を考えれば、この件はわれわれにとって、歴史上最も重要な任務のひとつだといえる。この薬を処方している医師全員と是が非でも連絡を取るように。期限は（一九六二年）八月二日木曜日の朝とする」[12]。八月中に、処方はすべて中止された。サリドマイドが使われることはもはやなくなった。

その年の秋、ＦＤＡは〈メレル〉社が「治験薬」としてのサリドマイドの処方をめぐって法を破ったのか、さらには、政府機関に提出した安全性に関する書類の中で情報を隠蔽したのかを調査しはじめた。最終的に、ＦＤＡの弁護士は二四もの違法行為を見いだした。にもかかわらず、アメリカ司法省の司法次官補ハーバート・Ｊ・ミラーは一九六二年に同社を起訴しない決定をくだし、その理由として、悲喜劇的にばかげた主張を展開した。同社はサリドマイドを「最も評判のいい医師たち」に配っていたうえに、この薬が原因だと確実に証明された「奇形の赤ん坊はひとり」しかいなかった、と。[13]この主張は真実ではなかった。だが結局、「刑事訴追は正当でもなければ、望ましくもない」と結論づけられ、この件は解決済みとされた。一方の〈メレル〉社は、ひっそりと申請を取り下げ、この薬を永久に棚上げにした。サリドマイドは計り知れないほどの罪を犯したにもかかわらず、ひとりの罪人も見つからなかった。

サリドマイドはどのようにして先天性の奇形を生じさせるのだろう。胚が発生する際、個々の細胞は自らの個性と体内での位置を決める必要がある。それらを決めるのが外因性の因子（どこに行けばいいか、何になればいいかを細胞に伝える、周囲の細胞から放出されるタンパク質や化学物質のシグナル）と内因性の因子（シグナルに反応してオンになったりオフになったりする、遺伝子にコードされた細胞自身のタンパク質）との相互作用だ。

明らかになったのは、サリドマイドが細胞内のひとつの（あるいはいくつかの）タンパク質と結合して、それらのタンパク質を分解することだ。つまり、サリドマイドはタンパク質を特異的に分解する物質、細胞内タンパク質の消しゴムのようなものなのだ。サイクリン遺伝子のところで触れたように、ある特定の細胞内タンパク質の制御された分解は、分裂や分化、内因性と外因性の合図の統合、細胞の運命の決定といった、さまざまなシグナルを統合するのに不可欠な細胞の能力だ。細胞の生物学的メカニズムにおいては、細胞の増殖や個性、位置を調節するうえで、タンパク質が失われることもまた、タンパク質が存在するのと同じくらい重要なのだ。

まだ仮説の段階ではあるが、軟骨細胞やある種の免疫細胞、心筋細胞はとりわけサリドマイドの影響を受けやすいと考えられている。制御されたタンパク質の分解がサリドマイドによって障害されるためだ。それらの細胞は、受け取ったシグナルをうまく統合できないために、壊死したり、機能不全に陥ったりする。数多くの細胞がサリドマイドの影響を受けるため、体内のさまざまな部位に先天的な奇形が生じる。[14]サリドマイドの催奇形性はきわめて強く、二〇ミリグラムの錠剤を一錠服用するだけで、先天性の奇形を引き起こすことがわかっている。当時、世界中で何万人もの女性が流産や死産を経験し、あるいは障害を持つ子供を産んだが、その原因がサリドマイドだったのかは今なお不明のままだ。

規制の最後の防波堤として立ち上がり、巨大製薬企業の絶え間ない攻撃に立ち向かったフランシス・ケルシーによって、何万人もの命が救われた可能性がある。一九六二年、ケルシーに大統領賞が授与された。[15]彼女の貢献と不屈の精神に、本章を捧げたい。

本書のテーマが細胞医学の誕生だとしたら、その対極にある悪にも触れなければならない。細胞毒の誕生、そして、その死について。

第二部のタイトルを「ひとつと多数」としたのは、物語が単細胞から多細胞生物へ展開することを示すだけでなく、科学における本質的な緊張感をとらえるためでもあった。生物学者はしばしば単独で、ときに二人一組で研究をするが、細胞自体と同様に、生物学者もやはり科学界の一員である。そして科学界もまた、全人類というコミュニティーの一員であり、コミュニティーの要望に応えなければならない。ここでもやはり、ひとりと大勢が、そしてまた「多くの大勢」が存在する。

第二部では、構造、組織化、細胞分裂、生殖、そして発生といった細胞の基本的な性質を取り上げたが、こうした基本的な性質に私たちはどこまで手を加えてもいいのだろう？　どこからが危険な操作になるのだろう？　技術の進歩によって、「手を加える」ことについての私たちの概念はどのように変化したのだろう？　たとえば、体外受精の場合のように、かつては過激かつ違法だとみなされ、ときに嫌悪すべき行為だとみなされた「生殖補助医療」は今では標準的な医療行為になっている。そして、ロシアの生物学者デニス・レブリコフが聴覚障害の遺伝子を持つ胚に遺伝子編集をほどこす準備を整えている今、私たちは、標準についての感覚が麻痺《まひ》させられるような、新たな生殖操作に対峙している。サリドマイドをめぐる物語は明らかに、発生中の胎児に（故意ではないにしろ）手を加える行為の危険性について警鐘を鳴らすものだ。その一方で、近年、先天的な奇形を持つ胎児に子宮内で手術をほどこす技術は大きく進歩しており、胎児だけに薬を到達させるシステムもまた、動物モデルで開発中だ。人類の誕生以来、手つかずのまま進化してきた「自然な」プロセスは、今ではもう過去のものなのだろうか？　発生中の細胞に「手を加える」ことは、人類にとって避けられない未来なのだろうか？

否定しようのない真実がある。私たちがすでに、細胞のブラックボックスを開けたということだ。ふたたび蓋を閉めれば、壮大な未来の可能性が失われる。一方で、ガイドラインや規則もないまま蓋を開けっぱなしにするということは、ヒトの生殖や発生の操作についてグローバルな暗黙の了解に至ったと思い込むのと同じことだ。何が許されて、何が許されないかについて、実際には、暗黙の了解になど至っていないのに。私たちはかつて、自分たちの細胞の基本的な性質を揺るぎない運命だとみなしていた。しかし今ではそれらを、科学的に手を加えられる領域だとみなしはじめている。変更できる運命として。

生殖や発生の操作、遺伝子を改変するための胚の操作をめぐるこうした議論は、私が本書を書いている今も世界中に広がっている（これらの技術の可能性や危険性については『遺伝子―親密なる人類史―』で詳しく取り上げた）。議論は簡単には決着しないだろう。なぜならこれは細胞の基本的性質だけでなく、人間の基本的性質にも影響を与える問題だからだ。理に適った答えを、さもなければ妥協点を見つける唯一の方法は、科学的な介入の限界をめぐる討論や、進歩しつづける細胞技術の前線につねに関心を持ちつづけることである。誰もがこの議論の利害関係者である。これは、ひとりと大勢、そして〝多くの大勢〟にかかわる問題なのだ。†

† 読者の中には、ヒト細胞の改変をめぐる公開討論に「関心を持ちつづける」という対策を、あいまいかつ堅苦しい解決策だと感じる人もいるかもしれない。誰がどのように声を上げればいいのだろう？　そうした声はどのように承認されたり、権限を与えられたりするのだろう？　費用やアクセスの問題は？　少し待ってほしい。まず最初に、ここでは、規制をめぐるより具体的な解決策に関する言及は意図的に避けた。細胞治療や遺伝子治療の倫理といったテーマについては、本書の後半でもう一度取り上げる。しかし、触れておきたい点がある。組み換えＤＮＡ技術の使用についてのアシロマ会議はまさしく、遺伝子操作の倫理的な境界線をめぐる公開討論の場だった。アシロマ会議も当初はたしかに、あいまいかつ堅苦しいと批判されたが、最終的には、価値ある公開討論を驚くほど効果的に引き出すことに成功した。そしてその公開討論から、効果的な政策が生み出されたのだ。ここでもやはり同様のグローバルな努力が必要とされており、実際、さまざまな試みが進行中である。

第三部　血液

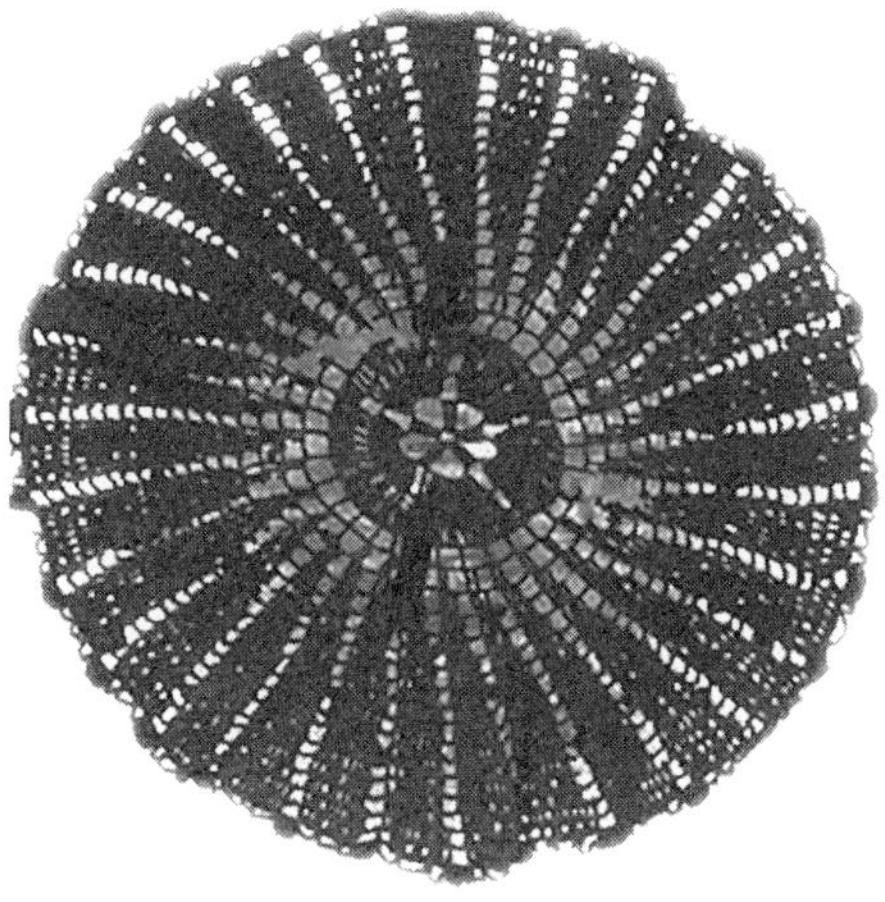

多細胞性への移行、つまり単細胞生物から多数の細胞で構成される生物への移行は必然のなりゆきだったのかもしれない。しかしそれは決して簡単な道のりではなかった。多細胞生物になるには、種々の機能を担う特殊化した個別の器官を進化させる必要があった。個々の多細胞生物がいくつもの機能単位（連係し合う、個別の単位）を進化させた。自己防衛や自己認識、体内でのシグナルの伝達、消化、代謝、貯蔵、老廃物の除去といった多種多様な必要に応えるための機能単位だ。

体内のすべての器官がこうした特徴を持つ。器官を構成する各細胞が特殊な機能を果たしつつ、互いに協力することによって、各器官は独自の機能を担うことができるのだ。細胞システムがこれらの機能をどのように果たしているかを理解するには、何よりもまず血液に着目するのが得策かもしれない。血液循環は体内のすべての組織に酸素と栄養を届けるための身体の高速道路である。血小板や凝固因子は血流に乗って体内をくまなく調べ、傷を見つけると、その部位にすぐに集まる。さらに血液はまた、感染への対応も可能にする。血流に乗って移動する白血球が、病原体に対抗するための幾重もの防御システムをつくり上げているのだ。

これらのシステムの生物学的メカニズムが解明されたことによって、新たな細胞医療が誕生した。輸血、免疫の活性化、血小板の調節などだ。そして本書のテーマもまた、単細胞から多細胞システムへと移る。ここからは、協力や防御、寛容、自己認識、多細胞性のプラス面とマイナス面について見ていこう。

休まない細胞——循環する血液

細胞……とは連結点、つまり分野と方法、技術、概念、構造、そしてプロセスが関連づけられる結合点だ。生命や生命科学にとっての細胞の重要性は、連結点としてのその驚嘆すべき働きと、こうした関連性における一見、無尽蔵に見えるその潜在能力にある。

——モーリーン・A・オマリー（微生物学者）とスタファン・ミュラー＝ヴィレ（科学史家）、二〇一〇年[1]

私には優柔不断で落ちつきのないところがあります。

——父親に宛てたルドルフ・ウィルヒョウの手紙、一八四二年[2]

本書の物語の旅を振り返ってみよう。旅の始まりは、細胞の発見だった。細胞の構造や生理機能、代謝、呼吸、細胞内部の器官の発見だ。次に私たちは、短い時間ではあったが、単細胞の微生物の世界を旅し、その発見がいかに医学を変革したかを知った。消毒法と、そして最終的には抗生物質が開発されたのだ。その後、私たちは細胞分裂に遭遇した。既存の細胞から新しい細胞が生まれる過程

（有糸分裂）と、生殖のための細胞の誕生（減数分裂）だ。細胞分裂周期の四つの段階（G1、S、G2、M）の発見を目撃し、この周期を制御する重要な制御因子であるサイクリンとCDKタンパク質の同定、そして、陰と陽のダンスのようなそれらの機能が解明される過程を目の当たりにした。細胞分裂の仕組みについての理解が進んだことで、がんの治療法や体外受精に変革がもたらされたことを知った。さらには、生殖技術と細胞生物学との組み合わせによって、私たちが、ヒト胚の操作という倫理的に見慣れない風景へと追いやられたことも知った。

しかしこれまでは、私たちは細胞を個別に扱ってきた。体内に侵入し、感染症を引き起こす単細胞の微生物。孤独な惑星のように培養皿の中にぽつんと浮かんだまま分裂する配偶子。別々の小瓶に入れられた卵子と精子。病院で採取された精子はマンハッタンの別の場所にある病院へとタクシーで運ばれていった。あるいは遺伝子治療によって変性を免れた網膜神経節細胞。

しかし、多細胞生物を構成する細胞の目的は孤立することでも、孤立状態で生きることでもない。個体のニーズに応えることだ。細胞は生態系の一部として機能しなければならない。全体にとって不可欠なパーツでなければならないのだ。「細胞は……連結点だ」とモーリーン・A・オマリーとスタファン・ミュラー＝ヴィレは二〇一〇年に書いている。すべての細胞は生き、機能する。「こうした関連性における一見、無尽蔵に見えるその潜在能力」とともに。

私たちの旅は今から、この「関連性」へと向かう。細胞と細胞の、細胞と器官の、細胞と生物個体の関連性だ。

月曜日はたいてい、私は血液と過ごす。私の専門分野は血液だ。血液の研究をし、白血球のがんや前がん状態などの血液疾患の治療をする。月曜日には、まだ患者が来院していない早朝に病院に到着する。黒いスレート板の実験台に朝陽が斜めに差し込んでいる時刻だ。私はカーテンを閉め、顕微鏡で血液の塗抹標本を観察する。一滴の血液をスライドグラスの上で広げて一細胞の層にし、各細胞を特異的に染める液体を加えたものだ。スライドグラスはまるで本のプレビュー、あるいは映画の予告篇のようなものであり、私が実際の患者に会う前に、細胞は患者の物語を語りはじめる。

暗い部屋で、私は顕微鏡の前に座り、傍らにメモ帳を置く。スライドグラスを観察しながらひとりごとを言う。これは昔からの習慣だ。はたから見たら、どうかしてしまったように見えるかもしれない。スライドグラスを観察するたびに、私はメディカルスクール時代の血液学の教授（長身で、いつ見てもポケットにはインクの染みがついていた）から教わった方法をつぶやく。「まずは血液を主要な構成要素に分類する。赤血球。白血球。血小板。次に、細胞を種類ごとに観察していく。種類ごとに観察結果を記録する。順序立てて調べていく。数、色、形態、外観、大きさ」

これは一日の中で、私がとびきり好きな時間だ。数、色、形態、外観、大きさ。順序立てて調べていく。庭師が植物を眺めるのが好きなように、私は細胞を眺めるのがとても好きだ。全体を眺めるのが好きなだけでなく、部分の中の部分を見るのも楽しい。葉や葉状体、シダのまわりの土壌のにおい、木の高い枝にキツツキが開けた穴。血液は私に語りかける。しかしそれは、私が十分に注意を払った場合だけだ。

グレタ・Bという名の中年女性は貧血と診断されていた。医師は月経が原因ではないかと考え、鉄剤を処方した。しかし貧血はよくならず、グレタはほんの数歩歩いただけで息が切れた。休暇でシエラネバダ山脈に行ったとき、標高一八〇〇メートルの地点で、もうほとんど息ができなくなった。医師たちは鉄剤の量を増やしたが、効果はなかった。

グレタの病気は医師たちが当初考えていたような単純なものではなかった。血球数を調べた結果、単なる貧血ではないことがわかった。予想どおり、赤血球の数は正常以下だったが、白血球の数も少なかった。とはいえ、彼女の年代の正常値よりごくわずかに少なかっただけだ。加えて、血小板の数も正常下限よりやや少なかった。

顕微鏡でグレタの血液の塗抹標本を観察したところ、そこにはもっと複雑な物語が隠れていた。新しい地形を調べる野生動物のように、私は塗抹標本に目を走らせた。しばし止まって臭いを嗅ぎ、震えのような思考の波を脳に送る。赤血球はほぼ正常に見えた。ほぼ。私はそこに下線を引いた。標本を調べていくうちに、真ん中にくっきりとした青い点がある奇妙な血球が見つかった。その青い点は核の名残だった。赤血球は骨髄で核を捨てるため、血液中の赤血球は通常、核を持たない。「あの核の名残はここにあってはならないものだ」と私ははっきりとつぶやき、メモ帳に書いた。

最も異様だったのは白血球だ。正常の白血球は大きく二つに分けられる。リンパ球と顆粒球だ（詳しい分類については後述する）。グレタの場合、顆粒球のひとつである好中球にははっきりとした異常が見られた。正常な好中球の核は三つか四つの葉《よう》に分かれていて、複数の島が地峡でつながった群島のような形をしている。しかしグレタの好中球の中には、葉が二つしかないものがあった。どちらの葉も丸く、青く細い線で互いにつながっていた。「丸眼鏡細胞」と私は書いた。ガンジーの眼鏡。加えて、少なくとも二つの好中球の核が大きく膨張しており、クロマチンの構造が乱れているように見えた。未熟な血球、つまり芽球だ。それは白血球が悪性化したことを示す最初の徴候だった。

私はメモを読み返した。血液の主要な細胞成分の二つ、赤血球と白血球に異常が見られた。骨髄生検によって、グレタが骨髄異形成症候群（ＭＤＳ）をわずらっていることが判明した。骨髄が正常な血液をつくり出せなくなる病気だ。この病気と診断された患者の三人にひとりが、白血球のがんである白血病を発症する。

鉄剤の処方が中止され、治験薬の投与が始まった。およそ六カ月後、グレタの血球数はいったん正常になったが、その後、貧血が再発し、骨髄内の芽球の割合がふたたび増加した。正常では、骨髄の芽球の割合は多くて五パーセントだが、彼女の場合はその数倍もあった。ＭＤＳが白血病に移行しつつあることを示唆する結果だった。その時点で、治療の選択肢は二つになった。白血病細胞を叩くために化学療法をおこなうか、あるいは病気の進行を防ぐために別の治験薬を試すか。

メディカルスクールで、私は教授たちから血液の言語の話し方を教わり、最近になってようやく、血液が私に話しかけてくれるようになった。実際、血液はすべての人に、あらゆるものに語りかけている。血液とはヒトの体内の長距離コミュニケーションや伝達の中心的なメカニズムなのだ。ホルモンであれ、栄養素であれ、酸素であれ、老廃物であれ、血液はあらゆる器官へそれらを運び、器官から器官へ輸送する。そのようにして、すべての器官に話しかけるのだ。ときに血液は自分自身にも話しかける。とりわけ、赤血球と白血球、血小板という三つの細胞成分は、シグナル伝達や対話の精巧なシステムにかかわっている。血小板は互いにくっついて血栓をつくる。一個の血小板はそれ自体で血栓になることはできないが、何百万個もの血小板が集まり、血中のタンパク質と協力し合って、出血部位を塞ぐ。中でも白血球の働きは最も複雑だ。白血球は細胞システムとして、互いにシグナルを送り合い、免疫反応を調節し、傷を治し、微生物と闘い、侵入者がいないか体内を調査している。血液はネットワークであり、免疫不全をわずらう若い肺炎患者Ｍ・Ｋの場合のように（93ページ）、このネットワークの一箇所が破れると、全体が破綻してしまうのだ。

血液が器官同士のコミュニケーションや伝達を担う器官であるという考えが生まれたのは、遠い昔のことだった。紀元一五〇年ごろ、ペルガモン（現在のトルコのベルガマ）生まれのガレノス（古代ローマの剣闘士の学校に勤務するギリシャの外科医で、最終的にはローマ皇帝ルキウス・アウレリウス・コンモドゥスの侍医となった）は、人間の身体には「血液、粘液、黄胆汁、黒胆汁」という四種類の体液があり、その〝バランス〟によって健康が保たれていると提唱した。[3] 病気とは体液のバランスが崩れた結果だとするこの体液説を提唱したのは、ガレノスが初めてではなかった。アリストテレスもすでにそれについて書き記しており、古代インドの医師たちもしばしば体内の液体の相互作用について言及している。しかしガレノスは四体液説を最も声高に支持し、病気とは、四つの体液のうちのひとつが過剰になった状態だと主張した。肺炎は粘液の過剰であり、黄疸（つまり肝炎）は、黄胆汁の過剰によるものだと考えた。がんは黒胆汁が蓄積した病気であり、メランコリー（melancholia）、つまりうつ病は黒胆汁が関係している（*melan-cholia* の文字どおりの意味は〝黒胆汁〟だ）。それは隠喩としては魅力的だが、メカニズムとしては欠陥のある壮大な説だった。

四体液のうち、人々に最も馴染み深いのは血液だった。剣闘士の傷から流れ出し、実験用に殺された動物から簡単に手に入れることができた。血液はたしかに、人々の日常の会話にも登場した。血液は温かく、体内を流れ、最初は赤いが、やがて流血して倒れた人間自体と同じく青くなって流れを止め、冷たくなることにガレノスは気づいた。そして、血液の正常な機能は熱とエネルギーと栄養に関係していると考えた。血液の赤や深紅色は温かみと生気の表れであり、血液は栄養と熱を器官に届けるために存在しているのだと。心臓は身体のかまどであり、熱を生み出し、物質を溶解する機械である。そして、ふいごのような働きをする肺によって冷却される。この考えは、血液は身体の〝料理用油〟であるとするアリストテレスの説を言い換えたものだった。血液はまるで食糧運搬車両のように、熱せられた食べ物を心臓から受け取り、栄養素を保温したまま、脳や腎臓などの器官に届けるとガレノスは考えたのだ。

一六二八年、ウィリアム・ハーヴェイは『心臓の動きと血液の流れ』を著し、その中で、この説をアップデートした。[4] 初期の解剖学者たちは、血液の流れは一方向であり、心臓から内臓に到達すると、そこから先はどこへも流れないと考えていた。これに対してハーヴェイは、血液は絶え間なく循環すると主張した。心臓に入り、心臓を出て、所定の運搬ルートを流れたあと、ふたたび心臓に戻ってくるのであり、加熱と冷却のための別々のルートなどない、と。彼は書いている。「私は個人的にこう考えるようになった。血液は、一定の方向に、いわば循環するように流れているのではないか。[5]（血液は）肺と心臓を流れ、ポンプの働きによって全身に送り出される。その後、肉の孔を通って静脈に流れ込み、静脈経由で全身の末梢から中心に戻ってくる。小さな静脈から大きな静脈へ流れ込み、そして最終的に（ふたたび心臓）へ戻ってくるのだ」[6]。心臓はかまどでもなければ工場でもなく、冷却ファンのように、かまどや工場の熱を冷ましているわけでもなかった。心臓は二つの循環を生み出すポンプ、より正確には、二つのポンプが結合したものだった（心臓についてのハーヴェイの研究は後述する）。

しかし血液が循環する目的はなんだろう？　血液は絶え間なく循環しながら、どんな物質を全身に運んでいるのだろう？

もちろん、細胞もそのひとつだ。つまり赤血球を運んでいるのだ。レーウェンフックは血液中に浮かぶ赤血球を観察した。一六七五年八月一四日、彼は次のように書いている。「健康な体内では、血の色をしたそれらの球体（赤血球）は柔軟で、しなやかでなければならない。そうでなければ、細い静脈や動脈を通過できないからだ。細い血管を通る際には形を変えて楕円形になり、広い空間にたどり着くと、ふたたび丸い形状になる」[7]。細い血管を通る際に血液細胞が形を変え、そしてふたたび丸みを帯びた円盤状の形を取り戻すという彼の考えは先進的だった。一七世紀のイタリアの解剖学者マルチェロ・マルピーギもやはり、これと同じ赤い球体を観察した[8]。オランダの研究医ヤン・スワンメルダムも一六五八年に、シラミの胃から、吸ったばかりのヒトの血液を一滴採取して観察し、同じ球体を見つけた。一七七〇年代にはイギリスの解剖学者で生理学者のウィリアム・ヒューソンが赤血球の形状を詳しく研究し、赤血球は球体ではなく、円盤状であり、叩かれたばかりの丸い枕のように、真ん中がくぼんでいると結論づけた[9]。

ヒューソンは、赤血球はこれほど豊富に存在するのだから、なんらかの機能を担っているにちがいないと考えた。しかし赤血球の役割についての謎は解けないままだった。なぜ血液はこれほどまでに絶え間なく循環しているのか。赤血球はなぜ自らの形を変化させてまで、わざわざ細い血管を通っていくのか。一八四〇年、ドイツの生理学者フリードリヒ・ヒューネフェルトはミミズの赤血球に含まれるタンパク質を発見し、そのタンパク質があまりに多量に存在することに驚いた[10]。赤血球の乾燥質量のじつに九〇パーセント以上が、たった一種類のタンパク質で占められていたのだ。しかし彼はそのタンパク質の機能を解明することはできなかった。そのタンパク質につけられたヘモグロビン（hemoglobin）という名前は、それが細胞内に存在するということをただ表しただけのものだった。血液中の塊（glob in blood）という意味だ。

しかし一八八〇年末までには、生理学者たちはこの「塊」の重要性を理解しはじめていた。ヘモグロビンは鉄を持ち、その鉄が、細胞呼吸に不可欠な酸素と結合することに気づいたのだ。ハーヴェイ、スワンメルダム、ヒューネフェルト、そしてレーウェンフックの観察結果が結晶化して、ひとつの説が生まれようとしていた。赤血球の主な目的は、ヘモグロビンに結合した酸素を全身の器官の組織に運搬することである。赤血球は肺で酸素を取り込んだあと、心臓へと向かい、心臓から動脈へと送り出されて、全身の組織にたどり着く†。

血液の液体成分である血漿《けっしょう》は、細胞だけでなく、二酸化炭素やホルモン、代謝産物、老廃物、栄養素、凝固因子、化学的シグナルなど、ヒトの生理機能に不可欠な他の物質も運んでいる。

身体の血液循環の驚くべき特徴のひとつは、どんな環《わ》もそうであるように、回帰するという点だ。赤血球は酸素を身体の隅々に運び、全身に血液を送り出す器官である心臓の筋肉にも運ぶ。心臓は赤血球から酸素を取り込んでポンプとして働き、赤血球をふたたび循環ミッションへと送り出す。そしてまた赤血球から酸素を取り込み、ポンプとして働く。これが延々と繰り返される。つまり、循環は心臓に依存しており、心臓の本質的な機能もやはり……循環に依存しているのだ。体内のあらゆる物質の輸送、さらに言えば、あらゆる器官の働きは、休むことを知らない私たちの細胞に依存しているのである。

しかし、血液については別のタイプの輸送も可能だ。人から人へ血液そのものを移すこともできるのだ。人類初の近代的な細胞治療である輸血は、手術や貧血治療、がんの化学療法、外傷治療、骨髄移植、安全な出産、そして、免疫学の未来の土台となった。

輸血の始まりは幸先のよいものではなかった。ヒトへの初期の輸血実験は、恐怖と狂気に包まれて

† しかし、酸素を運搬するのになぜ細胞が必要なのだろう？　ヘモグロビンをフリーのタンパク質として血漿中に浮遊させて、体内を自由に移動させないのはなぜなのだろう？　これは今も未解決の謎であり、その答えはどうやらヘモグロビンの構造にあるようだ。この興味深いテーマについては、下巻の最後のほうで触れる。

いた。一六六七年、フランス国王ルイ一四世の顧問医師だったジャン＝バティスト・デニは、少年に何度もヒルを付着させて血を吸わせたあと、ヒツジの血を輸血した。少年は奇跡的に生き延びた。輸血された血液の量が少なく、強い拒絶反応が起きなかったためだと考えられる。デニはその同じ年、今度は精神疾患をわずらうアントワーヌ・モロワという男に動物の血を輸血した。[11]男の感情のたかぶりを落ちつかせるために、おだやかな気質で知られる子牛が選ばれた。血液は精神の運び手のひとつであるとするガレノスの考えをデニが信じていたためだ。三回目の輸血のあと、不幸にも、モロワの精神は永久に鎮まった。拒絶反応のために身体と顔が腫れ上がり、彼は命を落とした。妻はデニを殺人罪で訴え、デニはかろうじて投獄を免れたが、結局、医業をやめた。このエピソードはフランスで論争を呼び、動物からヒトへの輸血実験は禁止された。

　輸血についての研究は一七世紀から一八世紀をとおして続けられた。科学者たちは、動物の一卵性の双子同士の輸血では拒絶反応が起きないのに対し、二卵性の双子やきょうだい間の輸血では拒絶反応が起きることに気づき、輸血が成功するためには、なんらかの遺伝的な適合性が必要であると考えた。しかしそれがどんな適合性なのかは不明のままだった。

一九〇〇年、カール・ラントシュタイナーという名のオーストリア人科学者が、より体系的な方法で、ヒトの輸血をめぐる問題に取り組みはじめた。先人たちがヒルに血を吸わせた少年や精神を病んだ男にヒツジや子牛の血を輸血するなどの狂気じみた実験をおこなったのに対し、ラントシュタイナーは首尾一貫して系統だったやり方を重視した。血液は液状の器官であり、体内を自由に移動できる。なぜ人から人へ、同じように自由に移動できないのだろう？

　ラントシュタイナーは、ある人物（A）から採取した血液を別の人物（B）の血清と混ぜ、どのような反応が起きるかを試験管内とスライドグラス上で観察した[12] 血清と血漿は同じではない。血清とは、血液が固まったあとに残る液体の部分だ（血漿は血液の血球以外の成分で、血清は血漿からフィブリノゲンを除いたもの）。血清には抗体などのタンパク質が含まれるが、細胞は含まれない。Aの血清をAの血液と混ぜても、当然のことながら、なんの反応も起こらない。これが適合のしるしだ。「適合した場合には、同じ人物の血球と血清とを混ぜた場合とまったく同じ反応が見られる」とラントシュタイナーは書いている[13]。つまり、両者は混じり合い、液体のままだ。しかし、患者Aの血液と患者Bの血清を混ぜた場合には、半固体状の小さな塊がいくつもできる（私の血液学の教授はそれを「苺ジュースの中の種子」と表現した）。不適合は、Aの細胞がBの細胞を拒絶した結果ではない。前述したように、Bの血清には細胞は含まれていないからだ。だとすれば、タンパク質（のちにその正体は抗体だと判明する）が関係しているはずだった。Bの血清に存在するなんらかのタンパク質がAの細胞を攻撃したにちがいなかった。これが、免疫学的な不適合のしるしだ†。

さまざまなドナーの血液を混ぜ合わせたり、適合させたりすることによって、ラントシュタイナーは最終的に、ヒトの血液が四つのグループに分類できることを発見した。A、B、AB、Oだ‡。このグループは輸血の適合性を示していた。Aのグループの人は、A（およびO）の人の血液しか受けつけず、Bのグループの人はB（およびO）の人の血液しか受けつけなかった。最も不可思議だったのはOだ。Oの人の血液をA、Bどちらのグループの人に輸血しても凝集反応が起きなかったのだ。O

† のちに、この抗体は赤血球の表面にある一組の特異的な糖に反応していることが判明した。

‡ ラントシュタイナーが最初に発見したのは三つの血液型であり、それらをA型、B型、C型とした。しかし、一九三六年に発表された論文では血液型を四つに分類し、それぞれA型、B型、AB型、O型としている。

のグループの人はA、Bどちらの人にも血液を与えることができたが、O以外の人から血液をもらうことはできなかった。四番目のグループであるABはその後、ほどなくして発見された。ABの人はすべてのグループの人から血液をもらうことができたが、ABの人にしか血液を与えることができなかった。一般的に、これら四つのグループは、A型、B型、O型（万能供血者）、AB型（万能受血者）と呼ばれるようになった。ラントシュタイナーはひとつの表（一九三六年に発表された）で、四つの基本的な血液グループを示し、輸血の基礎をつくった。彼の発見は医学や生物学にあまりに重要な進展をもたらしたため、このひとつの表はそれだけで十分にノーベル賞に値するものだった。一九三〇年、ラントシュタイナーはノーベル生理学・医学賞を受賞した。

やがて、血液のグループはより細かく分類された。Rh陽性（赤血球の表面にアカゲザル〔Rhesus〕因子と呼ばれる遺伝性のタンパク質が存在する）やRh陰性（Rh因子が存在しない）といった他の因子が加わり、各グループ内の適合性を決定する要素として使われるようになった。A^+、B^-、AB^-といったように。

血液型の適合性の発見は、輸血という分野を一変させた。一九〇七年、ニューヨークのマウントサイナイ病院のルーベン・オッテンバーグ医師は、ラントシュタイナーの適合反応を用いて、ヒトからヒトへ初めて安全な輸血をおこなった。彼は、輸血の前にドナー（供血者）とレシピエント（受血者）の血液の適合試験をおこなえば、適合性がある人同士のあいだで安全に輸血をおこなうことができることを示した。輸血はしだいに、体系的で安全な科学になっていった。一九一三年、五年にわたって適合試験の経験を積んだあと、オッテンバーグは次のように書いている。「輸血による事故があまりに頻繁に起きたために、医師の多くは、他に手段がない症例以外に輸血を勧めることをためらってきた。しかし、一九〇八年にこの問題に取り組みはじめて以来、われわれは、慎重な予備試験をおこなえば、そうした事故を防げることを知った……一二五以上もの症例を検討した結果、この考えの正しさが裏づけられ、望ましくない反応を確実に防げると確信するに至った」[14]

　だがそれでも、初期の輸血は依然として、途方もなく面倒だった。タイミングがすべてだったのだ。まるでバトンのかわりに血液の入った注射器を受け渡す必死のリレー競走のようだった。ひとりの技師がドナーの腕に刺した針から血液を繰り返し採取し、別の技師がその深紅色の液体を全速力で運び、三人目の技師がレシピエントの腕に血液を注入した。あるいは、外科医がドナーの動脈とレシピエントの静脈とを物理的につなぎ（文字どおり、血液と血液をつなぎ）、ドナーの循環からレシピエントの循環へと血液が空気に触れることなく直接流れるようにした。しかしこうした工夫をしなければ、体外に出た血液はすぐに使い物にならなくなった。ほんの数分でも放置すれば、たちまち凝固してしまい、命を救う液体がなんの役にも立たないどろどろの塊になってしまったのだ。

　輸血が日常的におこなえるようになるには、あといくつかの技術的な進展が必要だった。ライムジュースに含まれるただの塩《えん》、つまりクエン酸ナトリウムが鍵だった。それを加えることによって凝固を防げるようになり、血液の保存期間が延びた。一九一四年、第一次世界大戦が開始したその年に、アルゼンチンの医師ルイス・アゴーテはクエン酸ナトリウムを加えた血液の人から人への輸血に成功した。それは必要性が高まる直前に、求められる技術が進歩するという輝かしい出来事だった。一九二二年、イギリスの外科医ジェフリー・ケインズは「輸血技術の確立に向けたこの大きな前進は、開戦とほぼ同時にもたらされた」と書いている。「戦傷の治療でこの技術が必要になるという先見の明によって、研究が加速したのではないかと思えるほどだ」[15]。その後、冷蔵技術の進歩によって血液の保存期間が延び、パラフィンでコーティングされた保存袋の使用や、単純な糖（デキストロース）の付加によって、血液の腐敗を防げるようになった。病院での輸血の実施数は世界中で急増した。一九二三年には一二三件だったマウントサイナイ病院での輸血件数は、一九五三年には、年間三〇〇〇件以上に増えた。[16]

輸血が実際に使い物になるか否かを決める場所（いわば、実地試験場）は、第一次および第二次世界大戦の血に染まった戦場だった。戦場では、四肢が爆撃で吹き飛ばされ、臓器が損傷し、銃弾によって切断された動脈からは数分のうちに血液が失われた。一九一七年にアメリカがドイツおよび他の中央同盟国と戦うために連合国に加わるころには、軍医のブルース・ロバートソン少佐とオズワルド・ロバートソン大尉がすでに、急性の失血とショックに対する治療として初めての輸血をおこなっていた。重傷を負った兵士には、血漿も広く輸血された。失血に対する効果は短かったが、血漿は容易に保存できるうえ、血液型の検査も、適合試験も必要なかったからだ。

二人のロバートソンは親戚関係ではなかった。フランスで米陸軍医療隊に勤務していたオズワルドは、血液は移動可能な臓器なのではないかと考えはじめた。人体の内部や、人から人へ移動するだけでなく、国境を越えて、戦場から戦場へ移動することも可能なのではないか。そこで彼は、回復した兵士からO型の血液を集め、そこにクエン酸ナトリウムとデキストロースを加えて、二リットル用の滅菌ガラス瓶に入れた。そして弾薬用の箱に血液入りのガラス瓶とおがくず、氷を詰めて戦場に送った。こうしてオズワルド大尉は事実上、最初の血液バンクのひとつを立ち上げたのだ（より正式な血液バンクは一九三二年にレニングラードで初めて設立されることになる）。

感謝の言葉が降り注いだ。一九一七年、ある兵士がブルース・ロバートソン少佐に送った手紙にはこう書かれていた。「六月一三日、先生は僕の脚を膝の上で切断しました。血液をもらうまでは、僕が助かる見込みは四分の一しかなかったとのことでした……お時間がありましたら、僕に血液をくれた方の名前と住所を教えてもらえませんか？　その方にどうしても手紙を書きたいのです」[17]

二〇年後に第二次世界大戦が勃発するころには、血液バンクや適合試験、輸血はすでに一般的におこなわれるようになっていた。第一次世界大戦と比べて、野戦病院にたどりついた負傷兵の死亡率は、輸血のおかげもあって半減した。一九四〇年代初め、アメリカはアメリカ赤十字の援助を受けて、献血と血液バンクの全国プログラムを始動させた。戦争終結までに、赤十字は一三〇〇万単位（二〇〇ミリリットルの献血からつくられる量が一単位）の血液を採取していた。数年のうちに、アメリカの血液供給システムは一五〇〇もの病院を基盤とする血液バンクを持つまでになり、四六のコミュニティー献血センターと、三一の地域献血センターが設立された。[18]

一九六五年の《アナルズ・オブ・インターナル・メディシン》誌には次のように書かれている。「人類が戦争から贈り物を得ることはないが、唯一の例外は、スペイン内戦や第二次世界大戦や朝鮮戦争によって、血液と血漿の使用が推進され広まったことかもしれない……」[19]。輸血と血液バンクという細胞治療はもしかしたら、戦争の最も重要な医学的遺産なのかもしれない。

輸血が発明されていなければ、近代の手術や安全な出産、がんの化学療法の開発を思い描くことすらむずかしい。一九九〇年代末、私は肝不全の男性の蘇生をおこなった。男性は私がこれまで経験した中で最も深刻な大量出血をきたしていた。サウスボストン在住の六十代のその患者は肝硬変をわずらっていたが、肝臓専門医ですら、患者の肝硬変の原因を突き止めることができなかった。レストランの元支配人だったその男性によれば、飲酒はしていたが、酒量は控えめで、肝不全になるほどではないということだった。肝炎ウイルスの慢性感染もなかった。なんらかの遺伝的な性質と飲酒とが組み合わさって、細胞の慢性炎症が起こり、最終的に肝細胞が硬化して、肝硬変に至った可能性が高かった。男性の目は黄疸のために黄色く、肝臓で合成されるタンパク質であるアルブミンの値は危険なほど低かった。彼の血液は固まりにくく、それもまた、肝不全の症状のひとつだった。肝臓は血液を凝固させる因子をつくるためだ。男性は入院し、肝移植の順番が来るのを待っていたが、全身状態は概ね良好で、通常のモニターがつけられているだけだった。

その晩も、とくに変わったことはなかった。だが、やがて男性は吐き気を訴えはじめ、血圧が下がった。モニターのアラームが鳴って、血圧が測れなくなり、血圧計のカフが何度もふくらんでは、測定をやりなおしていた。何かがおかしかった。数分のうちに、あたかも腸管内で蛇口が全開になったかのように、血液がそこらじゅうに流れはじめた。肝不全の患者は、胃や食道の血管が拡張してもろくなっており、血管がついに破裂すると、血液がいっきに噴出する。肝硬変のせいでそもそも血液が固まりにくい状態にあったため、大量出血はたちまち医学的な大惨事となった。集中治療室の医師や看護師が止血を試み、それから、緊急〝コード〟を発した。その晩、私は後期研修医として待機していた。

私が集中治療室に着いたときには、スタッフはすでに必死で動きまわっていた。静脈に挿入された点滴ラインはあまりに細すぎた。「ラインを確保しなければ」と私は指示し、自分の声の大きさと、自信に満ちているかのような口調に驚いた。私たちは新たにラインを二本挿入したが、生理食塩水の滴下速度はあまりに遅く、血液が失われる勢いにはとうてい追いつきそうになかった。

男性は身体を揺らしながら、意識を失いはじめた。悪態をつき、コメディドラマの登場人物の名や、子供のころの思い出などを狂ったようにまくし立てたかと思えば、いきなり、不気味なほど静かになった。私が彼に触れると、足が氷のように冷たくなっていた。重要な臓器に血液を集めるために、皮膚の血管が収縮したのだ。床にはタオルが敷きつめられており、白かったタオルは深紅色になっていた。血の塊が私の内履きに付着し、着ているスクラブは赤紫色に変色した血に覆われてゴワゴワになっていた。看護師が血に染まったタオルを新しいものに交換したが、数分で、タオルは真っ赤になった。

私が点滴用の血管を見つけようと患者の鼠径部を必死で探しているあいだに、外科の研修医が患者の首に太いラインをなんとか挿入した。

脈、脈、脈。私はひとりごとを言った。患者の血圧はその間も下がりつづけ、脈が微弱になった。緊急医療チームは協力し合いながら動いており、その動きは私に、初期の輸血を思い起こさせた。これもまた、血液をバトンとして受け渡す、リレー競走だった。

ようやく、輸血用の血液が運び込まれた。何時間も待ったように感じられたが、実際には一〇分もかかっていなかった。私たちは血液の入った袋を二つ、点滴ポールにぶら下げた。「ゆっくり絞って」と私は言い、看護師は一袋分の血液を数分かけて患者に送り込んだ。「いや、強く絞って」と私は言い直した。まるで時間を加速させることができるかのように。一一袋、いやひょっとしたら一二袋の血液を輸血したあと（途中で数がわからなくなった）、患者の容態はようやく落ちついた。血液が固まりやすくなるように、輸血用の凝固因子と血小板を一袋か二袋追加した。二時間後、ついに脈が回復し、夜更けには出血もおさまった。皮膚が温かくなり、患者は指示に反応できるようになった。「左手を動かしてみてください」。彼は動かした。「足の指を動かしてみてください」。彼は言うとおりにした。私は言葉では言い表せないほどの喜びを感じた。翌日、目を覚ました男性は、氷の入ったカップを手で持つことができた。

その晩の記憶で、いつまでも消えないものがある。六階のひっそりとした廊下を歩いて浴室に入り、血に染まった内履きにスプレーを拭きかけて消毒し、乾いた血を洗い流したときのことだ。内履きの革は分厚い血で覆われており、私は吐き気に襲われた。『マクベス』の一場面のようだった。どんなに洗っても、血は落ちなかった。私は内履きをゴミ箱に捨て、翌朝、病院の売店で新しいものを買った。

その晩以来、私は大惨事を意味する「血の風呂（*bloodbath*）」という言葉を気軽に使えなくなった。実際に血に浸かった経験を持つ数少ない人間のひとりになったからだ。

治す細胞――血小板、血栓、そして「近代の流行病」

帝王の　シーサーとても　死ねば土
風穴ふさぐ　栓となるらん
世の中を　震撼《しんかん》させし　体もて
北風すさぶ　壁穴埋めん
――ウィリアム・シェイクスピア『ハムレット』(第五幕、第一場)[1]

あの晩、ボストンで男性の出血を止めたのは、外科医や看護師、あるいは私だったと言ったなら、それはあまりに傲慢だ。私たちは実際には補助的な役割しか果たさなかったからだ。出血を制御するのに中心的な役割を果たしたのは細胞、というよりもむしろ、細胞のかけらだった。

一八八一年、イタリアの病理学者で顕微鏡学者のジュリオ・ビッツォゼロが、ヒトの血液に極小の細胞断片が存在することを発見した。[2] 小さく刈り取られたようなそのかけらは、ほとんど目に見えないほど小さかったが、つねに存在していた。何十年ものあいだ、血液学者たちは血液を漂うこれらの断片について頭を悩ませてきた。一八六五年、ドイツの顕微解剖学者のマックス・シュルツェは、それらを「顆粒状の断片」と書き記し、血球が切断されてできたものだと考えた。[3] それらが血栓の中に存在することを知った彼は、「ヒトの血液について深く研究したいと思っている者には、血液中に存

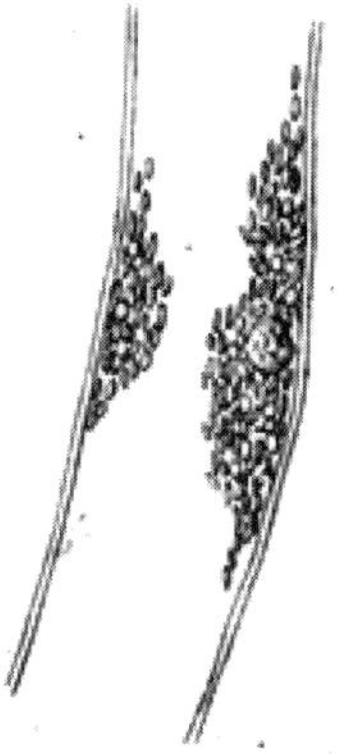

ビッツォゼロの論文に掲載された血栓のイラスト。血管の損傷部位に血小板が集まっている。血小板に取り囲まれるように存在する大きな細胞はおそらく、炎症によって引き寄せられた好中球だと思われる。

在するこれらの顆粒の研究を強く勧める」と書いている。[4]

ビッツォゼロはそれらが血液の独立した構成要素であることに気づき、こう記している。「以前より、赤血球とも白血球とも異なる粒子が血液中に存在しているのではないかと考える者がいた。しかし、過去の研究者の中で、生きた動物の体内を循環する血液を観察して調べようと思いついた人物がひとりもいなかったのは驚きだ」[5]。彼はその断片を *piastrine* と名づけた。イタリア語で、平らで丸い、板のような形状を表す語だ。英語では、それらは血小板（platelet）——小さな板——と名づけられた。

ビッツォゼロは単なる顕微鏡学者ではなく、根っからの生理学者でもあった。血液に存在するこれらの細胞の断片を観察したあと、彼は、その機能について考えた。ただの残骸なのだろうか？　赤い血の海を漂う漂流物にすぎないのだろうか？　彼がウサギの動脈を針で刺すと、血小板が血管の損傷部位に集まってきた。「血流に乗ってすばやく移動する血小板は、損傷部位に到着すると、そこにとどまる」と彼は書いている。「最初は、二個か四個、あるいは六個（の血小板）しか存在しないが、その数はたちまち何百にも増える。たいていの場合、血小板の山には白血球もいくつか集まっている。山は少しずつ大きくなり、やがて血栓（凝固した血液）が血管腔を塞いで、血流が妨げられていく[6]」

血小板の生物学的な性質は、その誕生の瞬間からして独特だ。一九〇〇年代初め、ボストンの血液学者ジェームズ・ライトは骨髄の細胞を観察するための新しい染色法を開発した。さまざまな種類の細胞（卵形から複数の葉を持つ形へと核の形状が変化しつつある、成熟途中の好中球、密に集まって発生中の赤血球）の中に、ライトは、あたかも細胞生物学のしきたりを無視しているかのように見える巨大な細胞があるのを発見した。この細胞の核は一個ではなく、なんと一〇個以上もあった。まるで核を複製したあとで、母細胞が分裂をやめたか、あるいは娘細胞を生むのをやめたかしたようだった。ライトは思った。細胞は複数の核を持ったまま成熟したのちに砕け、結果的に一〇〇〇個もの破片が生じるのではないか。実際、ライトがこの巨核球（巨大で、複数の核を持つ細胞）の行く末を追いかけたところ、巨核球は花火のように砕け、何千もの小さな破片――血小板――になった。

この初期の解剖学的な研究のあと、この細胞の機能や生理学的性質について集中的な研究がおこなわれた。ビッツォゼロが観察したとおり、血小板は血栓の中心的な構成要素だとわかった。傷（たとえば血管の損傷など）ができると、そこから出されるシグナルによって活性化された血小板が損傷部位に集まってくる。血小板は自らを活性化して互いにくっつき、血栓を形成して出血を止める。血小板とはこのように、傷を治す細胞（より正確には、細胞の破片）なのだ。

研究者たちは出血を止めるシステムがこれと平行してもうひとつ存在することを発見した。このシステムでは、血液中を漂うさまざまなタンパク質が損傷を察知し、凝固して編み目状になる。そして血小板がつくった血栓をこの網で覆って安定させ、止血を完成させる。血小板と血栓を固めるタンパク質というこの二つのシステムは協力し合って、互いの効果を高め合い、安定した血栓を形成するのだ。

血小板の機能障害（その結果、血栓が正常につくられない状態）を引き起こすさまざまな遺伝子疾患についての研究から、血小板が傷を察知するメカニズムの詳細が明らかになった。一九二四年、フィンランドの血液専門医エリック・フォン・ヴィレブランドはバルト海のオーランド諸島に住む五歳の女児について報告した。[7] 少女の血液は凝固しづらく、家族のうち数人にも同様の凝固障害が見られた。フォン・ヴィレブランドが患者たちの血液を分析した結果、全員が、血小板の機能障害を引き起こす遺伝子異常を持つことがわかった。一九七一年、研究者たちはついに犯人をつかまえた。フォン・ヴィレブランド病と名づけられたこの病気をわずらう人々は、血液を凝固させるのに不可欠なタンパク質をまったく持たないか、あるいはその量が少ないことがわかったのだ。そのタンパク質は当然のことながら、フォン・ヴィレブランド因子（ｖＷｆ）と名づけられた。

ｖＷｆの一部は血流に乗って全身を巡回しているが、残りの一部は血管壁をつくる細胞の真下で待機している。血管が損傷すると、ｖＷｆが露出する。血小板はｖＷｆに結合する受容体を持ち、ｖＷｆと結合することで血管の損傷を〝感知〟し、損傷部位に集まってくる。

しかし血栓の形成のプロセスは、これよりはるかに複雑だ。損傷した血管の細胞から分泌されるタンパク質がシグナルを送り、損傷部位に血小板を集めて、血小板を活性化する。そして、血液中を漂っている凝固因子も別のセンサーを使って損傷を感知する。さまざまな変化が次々と起きはじめ、最終的に、フィブリノゲンというタンパク質が、網を形成するタンパク質であるフィブリンに変換される。このフィブリンの網に覆われた血小板が、まるで網にとらえられたイワシの群れのように、ようやく安定した血栓を形成するのだ。

古代人の生命が、傷を塞いだりホメオスタシスを維持したりする機能に左右されたのに対し、近代の生活は、血小板の過剰な活性化という、それとは反対の問題を生じさせた。傷を治すための過程が、病気を生み出すようになってしまったのだ。ルドルフ・ウィルヒョウならこう言ったかもしれない。細胞の生理がまわれ右をして、細胞の病理になってしまった、と。一八八六年、近代医学の始祖のひとりであるウィリアム・オスラーは、血小板を豊富に含む血栓が、心臓の弁や、全身に血液を送る動脈の本幹である弓形の大血管、つまり大動脈に形成されているのを発見した。[8]それから約三〇年後の一九一二年、シカゴの心臓専門医もまた不可解な症例を報告した。その五五歳の銀行員は「いきなり、ばったりと倒れ」たとされており、この症例について検証された結果、心臓の筋肉に血液を供給する動脈に血栓が詰まり、動脈が閉塞していることがわかった。この病気は一般的に「心臓発作」と呼ばれるようになった。「発作」という言葉は、この病気がいかに突然起きるかを表している。

　古代人が血小板を活性化して傷を治す薬を欲しがったのと同じくらい切実に、現代人は血小板の活性を抑える薬を追い求めている。現代人のライフスタイルや高齢化、生活習慣、環境――とりわけ、脂肪の多い食事や運動不足、糖尿病、肥満、高血圧、喫煙――がプラーク（動脈の壁にできる、コレステロールを含んだ、炎症性で石灰化した粥状の腫瘤）の形成へとつながる。不安定なガラクタの山がハイウェイの路上にできているようなこの状況では、いつなんどき事故が起きてもおかしくない。[†]プラーク（粥腫《じゅくしゅ》）が破裂したり、崩れたりすると、傷として感知され、傷を治すための反応が活性化する。「傷」を血栓で塞ごうと、血小板が集まってくるのだ。しかし、その血栓は傷を塞ぐのではなく、心臓の筋肉への重要な血流を妨げてしまう。傷を治すための血小板が、死をもたらす血小板になってしまうのだ。

　医師で歴史家のジェームズ・ル・ファニュは書いている。「近代の心疾患の流行は一九三〇年代に突然始まった。医師たちはすぐに、それがいかに重大な事態か悟った。なぜなら同僚の多くがこの流行病の初期の犠牲者となったからだ。一見、健康だった中年の医師たちが、はっきりとした理由もなく、いきなり倒れ、帰らぬ人となった……この新しい病気には名前が必要であり、どうやらその原因は心臓の動脈にできた血栓のようだった。心臓の動脈が粥状の物質によって狭くなっていて、その物質は繊維とコレステロールという脂肪でできていた[10]」

もしあなたが一九五〇年代から一九六〇年代の地方新聞の死亡欄を読んだなら（それはまちがいなく、気の滅入る作業だ）、近代の流行病が生まれた瞬間を目にすることになる。新聞の死亡欄は「突然の胸痛」に襲われて倒れ、亡くなった男女の名前であふれていた。一九五〇年、エルマー・スイート、五三歳、カリフォルニア州メンドシーノの警察本部長。一九五二年、ジョン・アダムス、七七歳、ミネソタ州パイン・シティのブリキ職人。一九六二年、ゴードン・ミッチェル、四〇歳、紡績工場の管理者。一九六三年、ロイド・レイ・ラクシンガー、六一歳。来る日も来る日も、同様の記事が続いた。心臓発作による死者数が急増するなか、薬理学者たちは血栓の形成を防ぐ薬の開発に注力しはじめた。中でも最も有望だったのは、アスピリンだった。その主要成分であるサリチル酸はヤナギの抽出物中に最初に見つかり、炎症や痛み、熱を鎮める薬として、古代ギリシャやシュメール、インド、エジプトで使われた。

一八九七年、ドイツの製薬会社〈バイエル〉につとめるフェリックス・ホフマンという名の若い化学者がサリチル酸を加工して、アセチルサリチル酸（ＡＳＡ）を合成した[11]。この薬はアスピリンと名づけられた（アセチル *acetyl* の *a* と、サリチル酸が抽出された植物であるセイヨウナツユキソウ *Spiraea ulmaria* の *spir* より）。

ホフマンによるアスピリンの合成は化学の偉業だったが、この分子が薬になるまでの道のりは苦難に満ちていた。アスピリンの効果に懐疑的だった〈バイエル〉の上級幹部フリードリヒ・ドレッサーは、アスピリンは心臓を「弱らせる」と主張し、製造を中止しようとした。ドレッサーが開発に力を入れたかったのは別の薬、咳《せき》止めシロップや鎮痛剤として使われるヘロインのほうだった。しかし、

† コレステロール代謝のメカニズムや、コレステロールと心疾患の関係の解明、そしてコレステロール値を下げるための新薬の開発に至る物語は、抜け目のない臨床的な観察と細胞生物学、遺伝学、生化学とが一体となって、不可解な臨床問題をいかに解決したかを示す好例だ。[9] 物語は高コレステロール血症によるさまざまな症状を持つ家系についての研究から始まる。一九六四年、ジョン・デスポタという名の三歳の男児がシカゴの家庭医を受診した。男の子の皮膚にはコレステロールが詰まった黄褐色の瘤がいくつもできていた。血中のコレステロール値は正常の七倍もあった。ジョンが一二歳になるころには動脈にコレステロールのプラークができており、ジョンは胸痛を訴えるようになった。ジョンは明らかに、コレステロールが蓄積しやすい傾向を遺伝的に受け継いでいた。一二歳という若さで、心臓発作を起こしたのだ。主治医はジョンの皮膚の一部を採取し、コレステロールについて研究している二人の研究者、マイケル・ブラウンとジョーゼフ・ゴールドスタインに送った。二人がその後の一〇年間で、ジョンのような症例を複数分析した結果、正常細胞の表面には、ある特定のコレステロールを多く含む粒子と結合する受容体が存在することを発見した。血中に存在するこの粒子とは、低比重リポタンパク質（ＬＤＬ）である。正常では、細胞が血中のコレステロールを細胞内に取り込んで代謝するため、血中のＬＤＬコレステロール値は低く保たれる。ジョンのような患者の場合、遺伝子変異のために、コレステロールを取り込んで代謝するこのプロセスが障害されている。その結果、過剰となった血中のＬＤＬコレステロールが心臓の血管をはじめとする動脈の壁に沈着して粥状の隆起性病変をつくり、血液の通り道が狭くなって、胸痛や心臓発作が引き起こされる。その後の数年間で、ブラウンとゴールドスタインは、コレステロール代謝を障害する何十ものまれな遺伝子変異を発見した。しかしこの研究が意義深かったのは、心臓専門医がおこなったその後の研究で、高ＬＤＬコレステロール血症は遺伝子変異を持つまれな症例の動脈だけでなく、心臓発作のリスクが高い大勢の人々の動脈にもコレステロールの沈着を生じさせていることが判明した点だ。この発見により、血中のコレステロールを下げるリピトールなどの薬が開発され、こうした薬が心疾患の予防に大きく貢献した。一九八五年、ブラウンとゴールドスタインはノーベル賞を受賞した。一九八〇年代、ブラウンとゴールドスタインの研究室に所属するヘレン・ホッブスとジョナサン・コーエンが、ＬＤＬコレステロールの取り込みと代謝を変化させる別の遺伝子を発見し、この発見によって、ＬＤＬコレステロール値を下げ、心臓発作を予防する新世代の薬が開発されるに至った。

ホフマンはどうしてもアスピリンを製造したいと譲らず、そのあまりの頑固さに、〈バイエル〉の幹部は彼を危うく解雇するところだった。最終的に、アスピリンは製造され、一般販売されるに至った。皮肉なことに、当初は解熱鎮痛剤として販売されたこの薬には「心臓に影響はない」と書かれたラベルが貼られていた。それはドレッサーの懸念を晴らすために書かれた文言だった。

一九四〇年代から一九五〇年代にかけて、カリフォルニア州郊外の開業医ローレンス・クレイヴンが、心臓発作を予防するために、患者にアスピリンを処方しはじめた。[12]クレイヴンが自分自身を実験台にして、アスピリンの服用量を一二錠まで増やすと（推奨されている量よりはるかに多かった）、鼻血が大量に出た。クレイヴンはナプキンで鼻を押さえて止血し、アスピリンは強力な抗血栓薬にちがいないと確信した。そして、八〇〇〇人近い患者にアスピリンを処方し、その結果、心臓発作の発生率が著しく下がったことに気づいた。

しかしクレイヴンはいわゆる研究医ではなく、アスピリンを処方されたグループと比較するための未治療の対照グループを設定していなかった。そのため、彼の研究は何十年ものあいだ顧みられることがなかった。やがて一九七〇年代から一九八〇年代にかけて、大規模なランダム化比較試験がおこなわれた結果、アスピリンはたしかに、心臓発作の予防と治療のための最も効果的な薬のひとつであることが証明された。

一九六〇年代、血小板についての生物学的な研究によって、アスピリンが血栓形成を防ぐ仕組みが解明された。血小板は他の細胞と協力して傷の存在を知らせ、血小板を活性化して凝集させるための化学物質を放出する。低用量のアスピリンは、この化学物質をつくる酵素を阻害することによって、血小板の活性化を抑制し、血栓形成を予防する。心臓発作の予防法のひとつであるアスピリンは、二〇世紀に開発された最も重要な薬のひとつに数えられるにちがいない。

心臓発作、つまり心筋梗塞は冠動脈（心臓に酸素と栄養素を供給する動脈）にできたプラークが破裂して、血栓が形成されるために起きる。一九九〇年代、私は内科クリニックで研修したことがあった。クリニックを経営する、頭の禿《は》げ上がった八十代の医師は、ピカピカに磨かれたウィングチップの靴を履き、洗練された雰囲気をまとっていた。彼は自分の研修医時代について話した。当時、心臓発作の治療といえば、安静、酸素投与、ガラスの注射器で注入されるモルヒネによる鎮静しかなかったという。現在の検査や治療とは大ちがいだ。現在は、一刻を争って病院へ搬送されるあいだ（一分遅れるごとに、心筋の壊死が進み、損傷がもとに戻せなくなる）、救急車の中で心電図がとられて心臓の電気的な活動が測定され、そのデジタルデータが病院に転送される。患者にアスピリンと酸素が投与される。患者は大急ぎで心臓カテーテル検査室に運ばれ、血栓を急速に溶かす血栓溶解療法や、風船形の器具をふくらませて動脈を広げる治療がほどこされる。

　私の指導医は、患者を診察するだけで冠動脈疾患を診断できると言った。まず最初に、頭の中で危険因子をリストアップする。肥満、高コレステロール血症、喫煙、高血圧、冠動脈疾患の家族歴。回避できるリスクもあれば、できないものもある。個々の危険因子には彼が独自に決めた点数が割りあてられている。彼は次に、患者の首に聴診器をあて、雑音《ブルーツ》の（彼はそれを「ブルーイーズ」と発音した）有無を確認する。雑音があれば、頸動脈（首から脳に向かって流れる動脈）にプラークができている証拠だ。ひとつの動脈に脂肪の塊ができていれば、たいていは、別の動脈にもできている。それから彼は、歩いたり、走ったりしたときに胸が痛くなったことはないか、ほんの少しでも胸がうずくように感じたことはないか患者に尋ねる。そしてついに、患者が冠動脈疾患をわずらっているか否かをマジシャンのごとく大々的に宣言したあとで、患者を検査に送るのだ。たいていの場合、彼の見立ては正しかった。彼は心筋に血液を供給する冠動脈を、やはりまた少し大げさに、「命の川」と呼んだ。

川岸にゴミや泥が少しずつたまっていくように、冠動脈のプラークもたいていは、何十年もかけて大きくなっていく。血管の内腔に向かって突き出すように大きくなり、血流を徐々に妨げていくが、血管を完全に塞ぐことはない。プラーク内には炎症を引き起こす免疫細胞やコレステロールの沈着物、カルシウムなどが含まれている。動脈の内腔が狭くなって、血液が流れにくくなり、心筋に十分な酸素が供給されなくなるために、狭心痛と呼ばれる激しい胸の痛みが生じる。

しかし狭心痛はより深刻な病気の前触れでもある。ある日、プラークが破れ、川の中に内容物をまき散らす。傷の察知を専門とする血小板が、このプラークの破綻部位を傷と認識して、それを塞ごうと集まってくる。傷に対する正常な生理的反応が、プラークに対する病的な反応に変わってしまう。停滞していた川の流れが完全に止まる。これが、心臓発作だ。

長年のあいだに、薬理学者たちは心臓発作を予防したり、治療したりする薬や手法を数多く開発してきた。血小板が血栓をつくるのを防ぐアスピリンももちろん、そこに含まれる。血栓を溶解する薬や、血小板の活性化を防ぐ血小板阻害剤もある。[13]そして予防薬としては、ＬＤＬ（低比重リポタンパク質）という名の粒子で運ばれるコレステロール値を下げる薬、リピトールが挙げられる。リピトールをはじめとする薬は、血中のＬＤＬコレステロール値を下げることによって、コレステロールの沈殿物で動脈が詰まるのを防ぐ。

だがこうした薬というのは、生涯にわたって、毎日飲まなくてはならない。最近創設されたばかりのボストンのバイオテク企業〈バーブ・セラピューティクス〉が、血中ＬＤＬコレステロール値を下げるための大胆な戦略を提唱した。創設者である心臓専門医のセカール・カティレサンは、私がマサチューセッツ総合病院でトレーニングを受けていたときの数年先輩だった。マサチューセッツ総合病院は、「誰もが誰かに教えなさい」をモットーとする病院で、いちばん経験豊富な医師が後期研修医に教え、後期研修医が初期研修医やインターンに教えるという風土があった。インターンだった私もやはり、後期研修医のセカールから多くを教わった。ＩＣＵで身悶えしている患者の頸静脈になんとか点滴の針を刺す方法や、正確な血圧を測定するために患者の首の静脈から心臓へカテーテルを挿入する方法などだ。数年後、私は、セカールの心臓病への興味がきわめて個人的なものだということを知った。四十代だった彼の兄が、ランニングのあとで心臓発作を起こして倒れ、帰らぬ人となったのだ。それから数十年のあいだに、セカールの画期的な研究によって、数多くの遺伝子が見つかった。それらの変異を遺伝的に受け継ぐと、心臓発作のリスクが高まる遺伝子だ。

いわゆる悪玉コレステロールと呼ばれるＬＤＬコレステロールの形成や輸送、循環を可能にする重要なタンパク質の多くは肝臓で合成される。ヒト胚の遺伝子を改変し、実質上、ヒト細胞の遺伝的な台本を書き換えるために賀建奎が使った遺伝子編集技術を思い出してほしい。セカールも〈バーブ〉社も、ヒト胚の遺伝子を改変したいわけでもなければ、そうすることに興味を持っているわけでもない。彼らが望んでいるのは、遺伝子編集技術を使って、ヒトの肝臓の細胞で、コレステロール関連のタンパク質をコードする遺伝子を不活性化することだ。それも、身体から肝臓を取り出さずにおこなうことを目指している。〈バーブ〉社の科学者たちは、肝臓の動脈にカテーテルを挿入する方法を編み出した（循環器科の臨床の場でセカールが何十年もかけて身につけた手技が役に立ったのだ）。カテーテルをとおして、ナノ粒子に搭載された遺伝子編集酵素が肝臓に届けられる。ナノ粒子が肝細胞内で積み荷を降ろすと、遺伝子編集酵素がコレステロール代謝にかかわる遺伝子の台本を書き換え、ＬＤＬの代謝経路を活性化し、その結果、血液中のコレステロールの量が激減する。これは一回で終わる治療だ。遺伝子がいったん改変されれば、生涯にわたって改変されたままだからだ。うまくいけば、〈バーブ〉社の遺伝子治療はあなたを、コレステロール値が永久に低いままの人間に変えるだろう。もはや冠動脈疾患を発症する心配もなければ、心筋梗塞になる心配もない。これは細胞の再設計（リエンジニアリング）技術が心疾患予防にもたらす究極の偉業になるはずだ。私の指導医が好んだ言葉を借りれば、生命の川は永久に澄みわたったままになるのだ。

守る細胞――好中球と病原体との闘い

一七三六年、私は息子を亡くした。四歳の健康な子供だった。天然痘がいつものやり方で、息子の命を奪ったのだ。私は長いこと、ひどい後悔の念に苛まれてきたし、今も後悔しつづけている。息子に接種（ワクチン）を受けさせればよかったと。

――ベンジャミン・フランクリン[1]

血があまりに赤いために――血にまつわる私たちのイメージに、その色があまりに深く染み込んでいるために――何世紀ものあいだ、白血球の存在に気づく者はいなかった。一八四〇年代、パリ在住のフランス人病理学者ガブリエル・アンドラルは顕微鏡をのぞき、二世代にわたる顕微鏡学者たちがどうやら見逃してきたと思われるものを見つけた。[2] 血液の中に、それまで知られていなかった細胞が存在していたのだ。赤血球とはちがって、それらの細胞にはヘモグロビンはなく、核があり、細胞の形は一定ではなかった。仮足のようなもの（指のように突出した部分や突起のようなもの）を持つ細胞もあった。それらの細胞は〝leukocyte〟つまり白血球と名づけられた（実際には「白い」わけではなく、単に「赤く」なかったからだ）。

一八四三年、ウィリアム・アディソンという名のイギリスの医師が、白血球（彼は「無色の血球」

と呼んだ）は感染や炎症で重要な役割を担っているにちがいないとする鋭い説を唱えた。[3] アディソンは当時、結核患者の死体解剖の報告書をまとめる作業をしていた。膿を蓄えた白い瘤は結核患者でよく見られたが、他の感染症でも生じていた。ある症例報告の中で、彼は次のように書いている。「二〇歳の健康な青年が、咳と脇腹の痛みを訴えた……ひどくはないが痰《たん》の絡んだ咳が続いた」[4]。やがて、症状は悪化し、「呼吸のたびに、痰の絡んだ、こもったような水泡音が胸の奥から鳴るようになり、咳をすると、きわめて特徴的な〝ビシャ〟という音が出るようになった」。青年は四カ月後に亡くなった。「深刻で急速な容態の悪化による、あらゆる症状をともなって」。アディソンが死体解剖をおこない、青年の肺を調べると、肺には「おびただしい数の結節」ができていた。[5] 二枚のスライドグラスではさむと、結節はたいてい崩れたり、小滴状になったりした。彼が顕微鏡で観察したところ、小滴は膿と、何千もの白血球でできており、それらの細胞はまるで、局所に炎症を起こすために集められたかのようだった。アディソンは、細胞の中に「顆粒が充満している」ものがあることに気づいた。[6] もしかしたら、これらの細胞は体内の感染部位にこの顆粒を運んでいるのかもしれない、と彼は考えた。

だが白血球と炎症とはどのような関係があるのだろう？　一八八二年、さすらいの動物学者、イリヤ・メチニコフは教授をつとめていたオデーサ大学で同僚と口論して激怒した末に大学を去った。[7] そして、イタリアのシチリア島の都市メッシーナにたどり着き、そこで自身の研究室を立ち上げた。彼は気むずかしく、うつに陥りやすいたちだった。実際、生涯で二度、自殺を試みており、そのうちの一回は、病原菌を飲んで命を絶とうとした。しばしば科学の正統派と対立したが、実験結果の真偽については、とりわけ鋭い眼識を持っていた。

砂浜に風が吹き抜けるメッシーナの温かい浅瀬の海には海洋動物が数多く棲息しており、メチニコフはそこでヒトデを使った実験を始めた。ある晩、ひとりで過ごしていたときに（妻と子供たちは地元のサーカスの類人猿を見ようと出かけていた）、とある実験を思いついた。それは、彼のキャリアを確固たるものにし、免疫学についての私たちの理解を根底から変えることになる実験だった。ヒトデは半透明だったために、彼はそれまでずっと、細胞がヒトデの体内を動きまわる様子を観察しつづけてきた。彼がとくに興味を抱いたのは、傷ができたあとの細胞の動きだった。彼は考えた。ヒトデの足に棘《とげ》を刺したらどうなるだろう？

眠れない夜を過ごし、朝になると、メチニコフは実験室に向かった。棘のまわりに運動性の細胞（「分厚いクッションのような層」）がせわしなく集まっていた[8]。彼は実質上、炎症と免疫反応の最初の段階を目の当たりにしたのだ。免疫細胞の損傷部位への集合と、異物（この場合は棘）を探知したあとの免疫細胞の活性化だ。メチニコフは、免疫細胞が炎症部位に向かって自律的に移動することに気づいた。その様子はまるで、ある種の力や、誘引物質にうながされているかのようだった（のちに、この誘引物質とは、損傷によって細胞から放出される特定のタンパク質、ケモカインやサイトカインであることが突き止められた）。「移動性の細胞の異物周囲への集積は、血管や神経系からの助けなしに完了する」と彼は書いている。「なぜそれがわかるかといえば、ただ単に、ヒトデには血管も神経系もないからだ。ある種の自発的な働きによって、細胞は棘のまわりに集まってくるのだ[9]」

それから数年のあいだに、メチニコフはこの考え（免疫細胞が炎症の場に積極的に集まってくる）に基づいて、一連の実験をおこなった。実験対象を他の生物に広げ、それらにさまざまなタイプの損傷を加えた。一般にミジンコと呼ばれている小さな甲殻類（*Daphnia*）に、消化管から体内に侵入する感染性の胞子を与えた結果、免疫細胞は単に炎症部位に集まってくるだけではないことがわかった。免疫細胞は感染性因子や異物を消化して、つまり食べていたのだ。メチニコフは、免疫細胞が感染性因子を呑み込んで消化する現象を食作用と名づけた。[10]

一八八〇年代半ばに発表された一連の論文によって、メチニコフは最終的にノーベル賞を受賞することになる。それらの論文の中で彼は、生物と侵入者との関係を表すのに「戦い」や「戦闘」、「格闘」という意味のドイツ語 *Kampf* を使い、「生物の体内で展開するドラマ」はまるで、永久に続く苦闘のようだと記している[11]（科学界の権力者たちと彼との関係もまた、永久の *Kampf* だったのではないかという臆測を禁じ得ない）。メチニコフはこう書いている。「二つの要素（微生物と食細胞）のあいだで闘いが起きる。ときに微生物が繁殖に成功し、移動性の細胞を溶かす物質を分泌できる微生物が生み出されることもある。しかし、そうしたケースはまれだ。たいていは、移動性の細胞が感染性の微生物を殺して消化し、生物個体を守るのだ」

メチニコフが発見したヒトの食細胞――マクロファージや単球、好中球――は損傷や感染が起きると、まっさきに反応する細胞だ。[12]好中球は骨髄でつくられる。その名前は、この細胞が中性の染色液には染まるが、酸性や塩基性の染色液には染まらないことを表している。そのため「neutro-phil」つまり「中性好き」という名がつけられたのだ。[†]

血流に入ったあとの好中球の寿命は数日しかない。しかし、その数日のなんとドラマチックなことか！　体内で感染が起きると、好中球は骨髄で成熟して血管の中へ流出する。闘いを前に興奮したその顔はそばかすのような顆粒だらけで、核は大きくふくらんでいる。まるで戦闘に配備される十代の兵士たちのようだ。好中球は軽業師のように体をくねらせて血管内を通り抜け、組織内をすばやく移動できる特別なメカニズムを進化させており、あたかも感染や炎症が起きている部位へと、一心不乱に移動しているように見える。なぜそのように見えるかといえば、損傷によって放出されるサイトカインやケモカインの濃度勾配を、好中球がきわめて敏感に察知しているためだ。好中球はまさに、免疫の攻撃用につくられた、エネルギーに満ちた効率的な移動マシーンなのだ。任務を負ったプロの殺し屋のような守護細胞だ。

好中球が感染部位に到着すると、巧妙な戦闘配備が開始される。まず最初に、好中球は血管のへりに向かって移動し、それから、血管壁の特定のタンパク質にくっついたり、離れたりしながら、血管壁に沿って転がっていく。最終的に、血管のへりにしっかりと結合し、そこから血管の外へ出て、肺や皮膚といった組織への移動を開始する。組織に到達すると、顆粒内の毒性物質で微生物を攻撃してから、微生物やその死骸を食べる。好中球の細胞内に取り込まれた微生物はリソソームへと送られる。リソソームには毒性の酵素が含まれており、微生物はその酵素の働きで分解される。

この初期の免疫反応の驚くべき点は、それを担う好中球やマクロファージといった細胞には、細菌やウイルスの表面や内部に存在するタンパク質（や他の化学物質）を認識する受容体がもともとそなわっているという点だ。ここで少し立ち止まって、この事実について考えてみよう。多細胞生物である私たちは進化の歴史においてあまりに長い時間、微生物と闘ってきたため、決して離れることので

† 染色に基づくこの白血球の分類もまた、パウル・エールリヒが生物学にもたらした画期的な貢献のひとつだ。何千種類もの染色液を調べた結果、エールリヒは、細胞や細胞内の構造のひとつと驚くほどしっかり結合する染色液があることに気づいた。最初、エールリヒは、この染色液との結合のパターンに基づいて細胞を区別した。その結果、中性の染色液と結合する細胞は「好中球」と名づけられ、非酸性の染色液と結合して青色に染まる細胞は「好塩基球」と名づけられた。エールリヒはこの概念を特異的親和性と呼び、ある特定の細胞と化学物質との特異的親和性は、細胞を染めるためだけでなく、殺すためにも利用できるのではないかと考えはじめた[13]。この考えを基盤として、一九一〇年に抗生物質サルバルサンが開発された。その考えはまた、がんに対する魔法の弾丸、つまり悪性細胞だけに特異的な親和性と毒性を持つ化学物質を見つけたいという彼の願望の土台となった。

きない太古からの敵同士のように、互いによって定義されている。互いにぴたりとくっついたまま、足並みをそろえて踊りつづけているようなものだ。最初に反応する免疫細胞には、パターンを認識する受容体がそなわっている。その受容体は微生物細胞や損傷した細胞に含まれる分子と結合するようにつくられている。特定の病原体（たとえば、レンサ球菌）だけが持つ分子ではなく、すべての細菌やウイルスが広く持つ分子だ。細菌の細胞壁には存在するが動物の細胞膜には存在しないタンパク質を認識する受容体もある。また中には、いくつかの細菌の尾に存在するタンパク質を認識する受容体もある。さらに、ウイルスに感染した細胞から送られるシグナルを感知する受容体もある。一般的に、こうした受容体は二つに分類される。ひとつはＤＡＭＰ（損傷に関連した分子パターン、細胞が損傷した際に放出される物質）を認識する受容体であり、もうひとつはＰＡＭＰ（病原体に関連した分子パターン、微生物細胞の構成要素）を認識する受容体だ。要するに、受容体は損傷や感染のパターン、すなわち、侵入や病原体の存在を知らせるシグナルを見つけ出すべく、体内を嗅ぎまわっているのだ。

　好中球やマクロファージが細菌に遭遇するとき、それらはすでに闘いの準備を整えている。その免疫は「学習したもの」つまり獲得したものではない。それは細胞に本来そなわっているタイプの免疫であり、好中球はその誕生の瞬間から、反応のためのセンサーを持っている。つまり、私たちは微生物の反転イメージを自分の細胞の表面に持っているのだ。微生物が私たちの体内で引き起こした反応の記憶、写真のネガのようなものを。私たちと彼ら。彼らはつねに私たちの中にいる。実際にはいないときですら。それらの記憶は、私たちの *Kampf* のシンボルなのだ。

　一九四〇年代、免疫反応におけるこの一団（好中球やマクロファージなどと、それらに付随するシグナルやケモカイン）は「自然免疫系」と呼ばれるようになった†。なぜ「自然」かといえば、ひとつには、この免疫系が私たちにもともとそなわっており、感染を引き起こす微生物のどんな性質であれ、その情報を獲得したり、学んだりする必要がないからだ（B細胞やT細胞、抗体が関与する、獲得するタイプの免疫反応については次章で取り上げる）。また、これは私たちの祖先に自然にそなわっていた最も古いタイプの免疫系だからだ。メチニコフが観察したように、ヒトデにもそなわっている。ミジンコやサメ、ゾウ、ロリス、ゴリラ、そしてもちろん、ヒトにも。

自然免疫反応は実質上、すべての多細胞生物にそなわっている。ハエは一種類の自然免疫系しか持たないため、この免疫系の遺伝子を変異させたなら、腐敗に関連する生物であるハエ自体が微生物に感染して、腐敗する。細胞生物学という分野で私が目にした最も恐ろしい光景は、自然免疫系が破壊されたハエが、生きたまま細菌に食べられる様子だ。

感染が起きるとまっさきに反応する自然免疫系は最も古いシステムであるだけでなく、私たちの免疫にとって最も欠かせないシステムだ。免疫といえば、B細胞やT細胞、抗体を思い浮かべがちだが、好中球やマクロファージがなければ、私たちもハエと同じく、腐敗してしまうのだ。

重要な役割を果たしているにもかかわらず、いやひょっとしたら、重要な役割を果たしているから

† 自然免疫系を構成する細胞はほかにもある。肥満細胞、ナチュラルキラー（NK）細胞、樹状細胞などだ。これらの細胞それぞれが、病原体に対する初期の反応において独自の機能を担っている。それらに共通する特徴のひとつは、特異的な病原体を攻撃するための能力を学習したり、獲得したりすることがないという点だ。さらに、これらの細胞はどれも、ある特定の病原体についての記憶を保持してはいない（だが、最近の研究によって、あるタイプのNK細胞が、特定の病原体についての記憶を獲得している可能性のあることが示されている）。緊急対応細胞として、これらの細胞は感染や炎症、損傷の際に放出される一般的なシグナルによって活性化し、細胞を攻撃し、殺し、食べると同時に、B細胞やT細胞を呼び寄せ、活性化する。

こそ、自然免疫系の医学的なコントロールはむずかしいことが判明している。しかし、私たちはひょっとしたら、知らず知らずのうちに、一世紀以上も前から自然免疫系を操作しているのかもしれない。ワクチンによる予防接種は獲得免疫だけでなく自然免疫も操作するからだ。しかし、言うまでもなく、ワクチンが最初に発明されたときには、自然免疫という言葉は存在しなかったし、免疫のメカニズムもわかっていなかった。ワクチン（*vaccine*）という言葉ですら、予防接種そのものが中国やインド、アラブ諸国で広くおこなわれはじめてから何世紀も経過したのちに、ようやくつくられたのだ。

二〇二〇年四月、インドのコルカタでの蒸し暑い朝（ホテルの部屋の外では、温かい上昇気流に乗って、タカたちが輪を描きながら上空に向かっていた）、私は天然痘の守り神として崇拝される女神シータラーの寺院を訪れた。寺院には、ヘビ毒から身体を守り、癒すとされるヘビの女神マナサーもまつられていた。シータラーとは「冷たい者」という意味である。神話によれば、シータラーは生け贄の冷えた灰から生まれ、六月半ばに市《まち》を襲う猛暑だけでなく、炎症による体内の熱も冷ますとされている。彼女は天然痘から子供を守り、天然痘にかかった人の苦しみをやわらげる抗炎症女神なのだ。

寺院は、コルカタ医科大学から数キロのところにあるカレッジ・ストリートの端に立つ狭くて湿っぽい建物だ。スプレーの水を吹きかけられて湿った聖所には、ロバの上に座り、熱を冷ます液体の入った壺を持ったシータラーの小さな像がある。ヴェーダ時代から、シータラーはそうした姿で描かれてきた。係員が、寺院は築二五〇年だと教えてくれた。ということは、ブラフマン原理を信奉する謎めいた学派がヒンドゥスターン平野を渡り歩いて、*tika* と呼ばれる処置を広めた時期に建てられたということだ。それはおそらく偶然ではないだろう。その処置とは、天然痘の患者から取り出した膿に炊いた米と薬草を練り合わせ、子供の皮膚につけた切り傷にその混合物を擦りつけるというものだった（*tika* という言葉は、「しるし」を意味するサンスクリット語に由来する）。

「切り傷にはたいてい、小さな膿ができる」。一七三一年、疑い深いイギリスの医師はその処置について書いている。「そして……もし切り傷が化膿したあとに熱や発疹が生じなければ、子供は天然痘に感染しなくなる」[14]

インドで *tika* をおこなう者たちは、アラブの医師からその処置を学んだ可能性が高い。そしてアラブの医師たちは、中国人からその方法を学んだと考えられている。九〇〇年ごろ、中国の治療師たちは、天然痘を生き延びた人々が二度と天然痘にかからないことに気づき、そうした人々に、天然痘の患者の看護を担わせた。一度病気と闘ったことのある身体は、その感染の「記憶」を保持するために、同じ病気にかからなくなるのではないか。[15] 中国の医師たちはこの考えに基づいて、天然痘患者のかさぶたを採取し、すりつぶして乾いた粉にしてから、長い銀のパイプを使って子供の鼻に吹きつけた。[16] このタイプの〝予防接種〟はまさに綱渡りだった。もしその粉に生きたウイルスが多く含まれすぎていたら、子供は免疫を獲得するどころか、亡くなってしまったからだ。一〇〇回のうち一回の頻度で、そうした悲惨な結果になった。しかし、接種のあとにわずかな「化膿」が生じても子供が命を落とすことがなければ、つまり、なんの症状もないか、ごく軽い症状に見舞われるだけなら、その後は生涯にわたって、天然痘に対する免疫を持ちつづけた。

一七〇〇年代には、この処置はアラブ世界全体に広がっていた。一七六〇年代、スーダンの伝統的な治療師たちは「天然痘を買う（Tishteree el Jidderee）」ことで知られていた。[17] 治療師（たいていは女性だった）は、病気にかかった子供の母親のもとへ行き、接種で使うための膿疱《のうほう》を値切って買った。これは見事なまでに巧みな技であり、最も目が利く治療師は、病気を発症させることなく免疫力だけを授けるのにちょうどいい量のウイルス物質を含む膿疱を見分けることができた。膿疱の大きさや形がさまざまなことから、天然痘はヨーロッパ言語で、variola と名づけられた（バリエーション

variation に由来する)。天然痘患者の膿疱を健常者に接種して免疫を獲得させるこの方法は variola-tion (人痘接種法) と呼ばれた。

一八世紀初頭、トルコの英国大使の妻メアリー・ウォートリー・モンタギューが天然痘に感染し、その美しい皮膚にあばた状の痕《あと》が残った。彼女はトルコで人痘接種がおこなわれるところを目にし、一七一八年四月一日、長年の友であるサラ・チスウェル夫人に手紙を書いて、そのときの驚きを伝えた。

この処置を生業《なりわい》としている女性たちが何人かいます。毎年九月、夏の暑さがやわらぐころ……老女たちは最も良質の天然痘の液が入ったくるみの殻を手にやってきて、どの静脈を切開してほしいか尋ねます。そして、差し出された静脈を太い針で切開し(かすり傷ほどしか痛みません)、針先にできるだけ多くの物質をつけて、静脈に塗りつけます。その後、小さな殻で傷を覆って、その上から包帯を巻きます。この処置を四つか、五つの血管で繰り返します。その後は発熱するので、二日は寝ていなければなりませんが、三日も寝ていなければならないことはめったにありません。ごくまれに、顔に二〇から三〇個ほどの丘疹《きゅうしん》ができることがありますが、痕が残ることはなく、八日後には、患者はすっかり元気になります。熱が出ているあいだは、切開部位にもひりひりする痛みが残ります。ですが熱が出ること自体、多いなる救済だということには疑いの余地がありません。毎年、何千人もの人々がこの施術を受けていますし、フランス大使が意気揚々と言うことには、人々はまるで外国で湯治をするように、退屈しのぎに天然痘の接種を受けているとのことです。この施術で命を落とした人はいませんし、私自身がこの施術の安全性を確信していることはあなたにもおわかりになるはずです。なぜって、私は愛する息子にもこれを受けさせるつもりだからです。[18]

彼女の息子が天然痘にかかることはなかった。

人痘接種はもうひとつ、大きな遺産を残した。それをきっかけに「免疫（*immunity*）」という言葉が初めて使われるようになったと考えられているのだ。一七七五年、医師でもあったオランダの外交官ゲラルド・ファン・スウィーテンが、人痘接種がもたらす発熱と天然痘に対する抵抗力を説明するのに *immunitas* という言葉を用いた。[19] 免疫と天然痘の歴史はこのように、永久に結びついているのだ。

舞台は一七六二年。言い伝えられている物語は次のように始まる。エドワード・ジェンナーという名の薬剤師見習いがある日、搾乳婦がこう話すのを聞いた。[20]「あたしは絶対、天然痘にはかからない。だって、もう牛痘にかかったから。あばただらけの醜い顔にならずにすむわ」。もしかしたら彼はこの話を地元の伝承として耳にしたのかもしれない。英語には「搾乳婦《ミルクメイド》のミルクのような肌」という表現もあるくらいだからだ。一七九六年五月、ジェンナーは、より安全な天然痘の予防接種を思いついた。彼が着目したのは、天然痘に似たウイルスによる感染症である牛痘の症状は天然痘よりはるかに軽く、牛痘にかかっても深い膿疱ができることもなければ、命が奪われることもないという点だった。

ジェンナーはサラ・ネルメスという名の若い搾乳婦の皮膚にできた膿疱から液を採取し、庭師の八歳の息子ジェームズ・ヒップスに接種した。七月、ジェンナーは少年に再度、接種をおこなった。だが今度は、天然痘の膿疱の一部を使った。この実験により、ジェンナーは実質上、ヒトを対象とした実験にかかわるすべての倫理基準に違反したことになる（インフォームドコンセントの記録はまったく残っていないうえ、生きたウイルスを使った「チャレンジ」が子供の命を奪う可能性は十分にあった)。しかしどうやら、効果はあったようだ。ヒップスは天然痘を発症しなかった。当初は医学界からの猛反発にさらされたものの、ジェンナーはその後、予防接種にさらに注力するようになり、やがて、予防接種の父として広くその名を知られるようになった。実際、ワクチン(*vaccine*)という言葉にはジェンナーのこの実験の記憶が刻まれている。その言葉は、「ウシ」を意味するラテン語*vacca*に由来するのだ。

教科書で繰り返し語られ、何度も取り上げられてきたこの物語には不可解な点がいくつかある。まず、サラ・ネルメスの膿疱は牛痘ではなく、馬痘ウイルスによるものだった可能性がある。一七九八年に自費出版した本の中で、ジェンナーはこの事実を認めている。「この病気は、(私が思うに)ウマからウシの乳首へと伝わり、そこからヒトへと伝わったと思われる」[21]。加えて、西洋諸国で予防接種をおこなったのはジェンナーが最初ではなかった可能性もある。一七七四年、イギリスのドーセット郡にあるイェットミンスター村に住む体格のいい裕福な農夫ベンジャミン・ジェスティが、牛痘にかかったことのある搾乳婦は天然痘に耐性ができている可能性があることを知った[22]。そこで彼は、牛痘にかかったウシの乳房の病巣の一部を採取して、それを妻と二人の息子に接種した。医師や科学者は、そんなジェスティをあざ笑ったが、天然痘が流行した際も、妻と子供たちは感染を免れた。

では、接種によってなぜ免疫ができたのだろう？　それも、長期にわたって続く免疫ができたのはなぜなのだろう？　体内でつくられるなんらかの因子が、感染に対抗すると同時に、その感染についての記憶を保持しているにちがいなかった。後述するように、予防接種によって、ある特定の微生物に対する特異的な抗体が生み出される。抗体はB細胞によってつくられ、その抗体は宿主の細胞記憶として保持される。なぜなら、B細胞の中には、最初の接種後何十年も生きつづけるものがあるからだ。B細胞がいかに記憶を保持できるようになるのか、そして、T細胞がどのようにB細胞を助けているのかについては次章で触れたい。

予防接種については、正当に評価されていない事実がある。予防接種によって、まず最初に働くのは自然免疫だという事実だ。B細胞とT細胞が働きはじめるはるか前に、予防接種によってまず、マクロファージや好中球、単球、樹状細胞といった緊急対応細胞が活性化される。接種された抗原に最初に反応するのはこれらの細胞なのだ。とりわけ、抗原に刺激物が混ざっている場合に、細胞は反応しやすい。前述したように、ペースト状にした米や薬草といったものがたまたま、その役割を果たしていた可能性がある。その後、食作用などのさまざまなシグナル過程を経て、これらの細胞は抗原を消化して修飾し、本格的な免疫反応を開始させる。

そして、ここにこそ、免疫学の中心的な問題がある。もし最も原始的な、非獲得性の自然免疫系（どんな微生物をも無差別に攻撃するシステム）がうまく働かなければ、獲得免疫系（ある特定の微生物の記憶を保持するシステム）の細胞であるB細胞やT細胞もうまく働かなくなるのだ。マウスでの実験から、遺伝子操作によって自然免疫系を不活性化すると、予防接種の効果が得られなくなることがわかっている。[23] まれな遺伝性症候群をわずらう子供など、自然免疫系がうまく機能しない人は重症の免疫不全に陥っており、予防接種の効果もほとんど得られない。そうした人々は、細菌や真菌の感染によって命を落とす危険性が高い。自然免疫系を持たないハエが免疫不全のせいで悲劇的な死を遂げるように。微生物に感染され、凌駕されてしまうのだ。

抗生物質や心臓手術、新薬といった他のいかなる医学的介入より、予防接種は人類の健康状態を大きく向上させた（これに匹敵するのは安全な出産かもしれない）。今では、ジフテリアや破傷風、麻疹、風疹などの恐ろしいヒトの病原体に対するワクチンも存在し、子宮頸がんの主な原因であるヒトパピローマウイルス感染を予防するワクチンも開発されている。新型コロナウイルス感染症の原因ウイルスであるＳＡＲＳ‐ＣｏＶ２に対しては、ひとつではなく、複数のワクチンが開発された。人類の勝利とも言うべき新型コロナワクチンの開発については後述したい。

しかし予防接種の物語は、科学的な合理主義の進展の物語ではない。この物語の英雄は、白血球を最初に発見したアディソンでもなければ、食細胞の発見によって防御免疫の扉を開いたメチニコフでもない。医学におけるこの節目の立役者として賞賛されるべきは、細菌に対する自然免疫を発見した科学者ですらない。[†]その立役者たちの歴史は、ベールに隠れた伝承であり、ゴシップであり、神話だった。英雄たちは無名である。天然痘の膿疱を乾燥させて使った中国の医師たち、ウイルスの成分を炊いた米と混ぜてペースト状にし、子供に接種したシータラーの謎めいた崇拝者たち、膿がたっぷり溜まった病巣を見分けることができたスーダンの治療師たちなのだ。

二〇二〇年四月のある朝、私はニューヨークの研究室で顕微鏡のスイッチを入れた。組織培養フラスコでは、博士研究員のひとりが培養した単球が動いていた。

いたね、と私はひとりごとを言った。研究室に誰もいないこういう朝には、人に聞かれることなく自分自身と対話できた。病原体やその残骸を「食べる」ことができる自然免疫系の細胞であるこれらの単球は、貪食能《どんしょくのう》が一〇倍も高いスーパー食細胞へと遺伝子改変されていた。私たちはそうした単球に、通常の食細胞が食べる量の一〇倍の細胞成分を食べられるようにする遺伝子を組み込んでいた。食べるスピードも通常の一〇倍の速さになる。ロン・ベールとの共同プロジェクトであるこの研究は、新しい種類の免疫を人工的につくり出すことを目的としている。前述したように、単球は、マクロファージや好中球と同じく、特異的な刺激に依存しない。そのかわり、多くの細菌やウイルスに共通する因子に結合する受容体を持っており、損傷や炎症の際に一般的なSOSシグナルを出す細胞のもとへ駆けつける。

では、単球に手を加えて、特定の細胞を食べて殺すことができるようにしたらどうなるだろう？　感染のおおまかなパターンを察知するのではなく、たとえば、がん細胞などの表面にのみ存在する特定のタンパク質に反応するような遺伝子を加えて、単球を武装させたらどうなるだろう？　通常は大隊に配属される兵士のひとりだった単球が、特定のターゲットに向けて送り出された殺し屋になるのだ。私たちが今やろうとしているのはこれだ。私たちは新しいタイプの受容体をつくり出した。単球に発現してがん細胞のタンパク質に結合し、きわめて効率的な食作用を引き出すことのできる受容体だ。その結果、うまくいけば、前例のない、飽くことを知らない食欲によって、がん細胞を貪食する単球が誕生するはずだ。私たちは実質上、細胞を無差別に食べる単球と、特定のターゲットだけを追いかけるT細胞の両方の性質を持つ細胞を生み出そうとしている。これは、生物学においていまだかつて存在したことのないタイプの細胞、そう、キメラだ。この細胞が自然免疫の無差別で猛烈な毒性と、獲得免疫のスマートな殺傷能力を併せ持つことを私たちは期待している。うまくいけば、この細胞は激しい免疫反応を引き起こすことなく、がん細胞に効果的なパンチを食らわすことができるはずだ。

初期の動物実験で、私たちはマウスに腫瘍を移植したあと、これらのスーパー食細胞を何百万個も

† 自然免疫や、自然免疫系の反応を活性化する遺伝子についての現在の私たちの知識の多くは、一九九〇年代にチャールズ・ジェンウェイ、ルスラン・メジトフ、ブルース・ボイトラー、ジュール・ホフマンがおこなった実験から得られたものである。

注入した。食細胞は腫瘍を生きたまま食べた。私たちは今、これらの細胞を培養して大量に増やし、あらゆるメカニズムについて検証している。乳がんや悪性黒色腫、リンパ腫に対する攻撃に利用できるメカニズムだ。

　スーパー食細胞ががん細胞を貪食する様子を研究室で目撃したあの四月の朝から二年近くが経過した。私がこの文章を書いている今（二〇二二年三月九日の朝）、この治験の患者第一号が点滴を受けているというのは、とても不思議な偶然だ。コロラド州に住むその若い女性患者はT細胞の深刻な病をわずらっている（この治験プロトコールに対しては、必要とされるFDAと治験審査委員会の承認がすべて得られている）。

　治験がうまくいったかどうか判明するのは数カ月先になるだろう。私が知りえた唯一の経過は、治療の副作用はなかったということだ。しかし、治験薬が女性の体内に滴下されていくところを思い浮かべながら、私はまるで静脈に入っていく一滴一滴を感じることができるような気がした。彼女は今、何を考えているのだろう？　何を見ているのだろう？　ひとりぼっちなのだろうか？

　その夜、午前四時にようやく眠りについたとき、私は自分の子供時代の夢を見た。夢の中の私はデリーで暮らす一〇歳の少年で、水滴（ほかに何がある？）について考えている。七月と八月にモンスーンが市《まち》を襲うと、私はよくゲームをした。雨が降りはじめると窓辺に行って口を開け、水滴をつかまえるのだ。その晩の夢の中で、私は最初、口で水滴をとらえたが、次の瞬間、水しぶきがいきなり目にかかった。やがて遠雷が聞こえ、そして、雨が止んだ。

　自分の研究室での発見がやがてヒトの治療薬になる。その過程で経験する恐怖と期待、興奮の入り交じった高揚感をうまく言い表すことができない。発明家トーマス・エジソンは、天才とは九九パーーセントの汗と一パーセントのひらめきだと言った。私は天才ではない。汗しか感じないからだ。治験を受けている女性のイメージが私の頭から離れることはない。今までの人生でこれに近い感情を味わったのは二回しかない。二人の子供が誕生した直後の数分間だ。

しかしこれもまた、誕生の瞬間である。新しい治療法が生まれるかもしれない。それとともに、新し《ニュー》い人間《ヒューマン》が生まれることになる。

私は顕微鏡のスイッチを切り、シータラーの風変わりな寺院を思い浮かべた。そして、自然免疫系を冷ましたり、熱したりすることによって、医学的なニーズを満たす治療にすることが、いかに長く、困難な道のりかを考えた。冷たい女神のシータラーは、怒りっぽい性格でも知られている。もし怒らせたら、シータラーは天然痘の炎症や熱、疫病で身体を痛めつけるとされている。近い将来、私たちは自然免疫系の怒りをがん細胞にぶつけることができるようになるかもしれない。あるいは自己免疫疾患を治療するために、自然免疫系を鎮めることができるようになるかもしれない。自然免疫系を増強して、病原体に対する新世代のワクチンを生み出せるようになる可能性もある。自然免疫系細胞を教育して、ヒトの悪性細胞を攻撃できるようにすれば、炎症を利用したまったく新しい細胞治療の開発につながるはずだ。ひょっとしたら、その治療法は比喩的に、「がんの種痘」と呼ばれるかもしれない。

防御する細胞——誰かと誰かが出会ったら

誰かと誰かがライ麦畑で出会ったら
二人はきっとキスをする
泣くことなんてない

——ロバート・バーンズ「ライ麦畑で出会ったら
(*Comin' Thro' the Rye*)」(一七八二)[1]

女神シータラーをまつるコルカタの寺院に、女神がもうひとりまつられていることは偶然には思えない。ヘビの女神であるマナサーはヘビ毒から身体を守るとされている。マナサーは冷酷だが威厳ある存在として描かれることが多く、絵の中の彼女はコブラの上に立っている。彼女の背後には、頭を持ち上げ、とぐろを巻くコブラがまるで後光のように描かれている。コブラは、絡み合ったメドゥーサのような彼女の髪と一体になっているようにも見える。ベンガル地方に広まるマナサーの肖像画はもっと恐ろしい。彼女はコブラに巻きつかれており、中には、全身がコブラの体で締めつけられている絵もある。

古くからある二つの病には古い記憶が宿っている。一七世紀のインドは、まるで双子の悪魔に取り憑かれているかのように、ヘビ咬傷と、天然痘に悩まされつづけた。そう考えると、この二つから人々を守る女神が同じ寺院にまつられているのも納得がいく（インドでは現在も、ヘビ咬傷の事例が世界最多の年間八万例も起きている）。

自然免疫系の物語がシータラーで始まったとすれば、もうひとつの免疫系である獲得免疫系の物語は、ヘビ咬傷から始めるのがまさに打ってつけではないだろうか。

言い伝えにはあまりにも多くのパターンがあるため、ときに、事実と作り話を区別するのがむずかしい。一八八八年夏、ベルリンのロベルト・コッホの研究室で実験していたパウル・エールリヒ医師は、実験で使っていたまさにその結核菌株に感染した。エールリヒは、自らが開発した検査によって、自分自身に診断をくだした。抗酸菌染色法を使って、痰の中に存在する結核菌を検出したのだ。彼はエジプトの療養所に送られた。ナイル川沿いの暖かな空気が身体にいいと考えられていたからだ。[2]

エジプト逗留中のある朝、エールリヒは差し迫った呼び出しを受け、ひとりの患者を診てほしいと言われた。ある男性の息子がヘビに噛まれたという。地元の人々は、エールリヒが医者だということを知っていた。少年が助かったかどうかは不明だが、父親はエールリヒに、自らの驚くべき経験について話したという。父親もまた、子供のころに一度、そして大人になってから数回、ヘビに噛まれた。最初に噛まれたときに一命を取り留め、その後は、噛まれるたびに症状が軽くなっていったという。特定の種のヘビの毒に何度もさらされるうちに、男性には実質上、毒に対する抵抗力ができたのだ。

これに似た話は、インドのヘビ捕獲者たちのあいだでもよく知られていた。言い伝えによれば、捕獲者たちは自分たちの皮膚に小さな切り傷をつけ、そこにヘビ毒をごく少量つけるという。この処置は幼少期に始め、その後、毒の量を少しずつ増やしながら、思春期までのあいだに何度か繰り返す。この処置を数回おこなったあとは、ヘビに噛まれても症状が出なくなる。

父親の話がエールリヒの頭から離れなかった。父親は明らかに、ヘビ毒に対するなんらかの反応――抗毒素――を身につけていた。しかし、人体に防御免疫がそなわるメカニズムとはどのようなものだろう？　乾燥させた天然痘の膿瘍をたった一回接種するだけで、なぜ生涯にわたって天然痘にかからなくなるのだろう？

一八九〇年代初め、エジプトから戻ってきてすぐに、エールリヒは生物学者のエミール・フォン・ベーリングに会った。フォン・ベーリングは、ベルリンに新たに設立された王立プロイセン感染症研究所に赴任したばかりだった。ほどなくして、フォン・ベーリングは日本人科学者の北里柴三郎と一緒に、ある特定の免疫についての一連の実験を開始した。その中で最も印象的な実験はエールリヒに、エジプトの男性の防御免疫を思い出させた。[3]　北里とフォン・ベーリングは、破傷風やジフテリアを引き起こす細菌にさらされた動物の血清を別の動物に投与すると、その動物はそれらの感染症にかからなくなることを示したのだ。[4]　このジフテリアの論文におさめられたややとりとめのない脚注の中で、フォン・ベーリングは血清の作用を説明するのに、*antitoxisch* つまり抗毒素という言葉を使っていた。[5]

疑問が残っていた。抗毒素とはなんだろう？　それはどのようにしてつくられるのだろう？[6]　フォン・ベーリングはそれを血清にそなわった性質――抽象的なもの――だと考えていたが、ひょっとしたらそれは体内でつくられる物質ではないだろうか？　一八九一年に発表された「免疫に関する実験的研究」と題した広範囲にわたる推論に基づく論文の中で、エールリヒは抗毒素の潜在力だけでなく、物質的な性質について考えるよう仲間の科学者たちに強くうながしている。彼は大胆にも、*AntiKörper* という言葉をつくった。*Körper* とは *corpus* つまり「体（body）」を意味する。その言葉は、抗体（antibody）とは化学的な物質――身体を守るためにつくられる「体」――であるという彼の確信を表しており、その確信はしだいに揺るぎないものになっていた。

この抗体はいかにしてつくられるのだろう？　抗体はどのようにして、ある毒素のみに特異的に作用するのだろう？　一八九〇年代には、エールリヒは壮大な説を打ち出しはじめていた。体内のすべての細胞の表面には膨大な数のタンパク質（彼はそれを側鎖と呼んだ）が付着していると彼は主張した。根っからの化学者である彼は、染色液のつくり方と同じように考えた。染色液に化学的な側鎖を付加すると、染色液の色が変わることを知っており、ひょっとしたらこれと同じことが抗体にもあてはまるのかもしれないと考えたのだ。側鎖を替えれば、抗体の性質や、特異的な親和性も変わるのではないだろうか。毒素や病原体が細胞表面の側鎖のひとつと結合すると、細胞はそれに対する抗体の産生を増やす。同じ毒素や病原体に繰り返し暴露されると、細胞は大量の抗体をどんどん産生し、結果的に、それらの抗体が血液中に分泌されるようになるのではないか。そして、血液中に抗体が存在することによって、免疫記憶が生まれるにちがいない。抗体に結合する物質（毒素や外来のタンパク質など）はやがて、抗原（anti*gen*）と名づけられた。抗体を生み出す（*generate*）物質という意味だ。

エールリヒの説には正しい点も多かったが、大筋がまちがっていた。抗体と抗原が鍵と鍵穴のように物理的に結合するという彼の推察は正しかった。タンパク質である抗体が最終的に血液中に分泌され、ある種の免疫記憶を担うという考えも正しかった。しかしエールリヒの側鎖説は多くの疑問を生んだ。タンパク質自体は破壊されたり、排出されたりするため、その寿命はかぎられているのに、免疫記憶が生涯にわたって保持されるのはなぜなのだろう？

結局、エールリヒの説ではなく、彼のつくった用語だけが科学の記憶として残ることになる。研究者たちの中には「免疫体（immune body）」や「両受体（amboceptor）」、「連結（copula）」といった用語を提案した者もいた（それらは抗体の性質をより正確に表す言葉だったといえるかもしれない）。しかし、抗体（antibody）という言葉の詩的なシンプルさが、何世代もの研究者に訴えかけた。

（a）抗体産生の仕組みについてのエールリヒのイラスト。B細胞の表面に多数の側鎖がついている（1）。抗原（黒い分子）が側鎖のひとつに結合すると（2）、B細胞がその特定の側鎖だけをどんどんつくり（3）、やがて側鎖（抗体）を血液中に分泌するようになる（4）。
（b）エールリヒのイラストのタッチに似せて著者が描いた、抗体産生の実際の過程。各B細胞に独自の受容体が発現している。特異的な抗原が結合すると、B細胞は活性化して増殖し、抗体を分泌する細胞になる（最初に分泌される抗体は通常、五つの抗体の複合体、つまり五量体である）。この抗体分泌細胞は短期間しか生きられない。最終的に、形質細胞という抗体産生細胞が形成され、形質細胞の中には長期間生存できるものがある。活性化したB細胞の一部は、T細胞の補助を受けて、メモリー（記憶保持）B細胞になる。

（a）

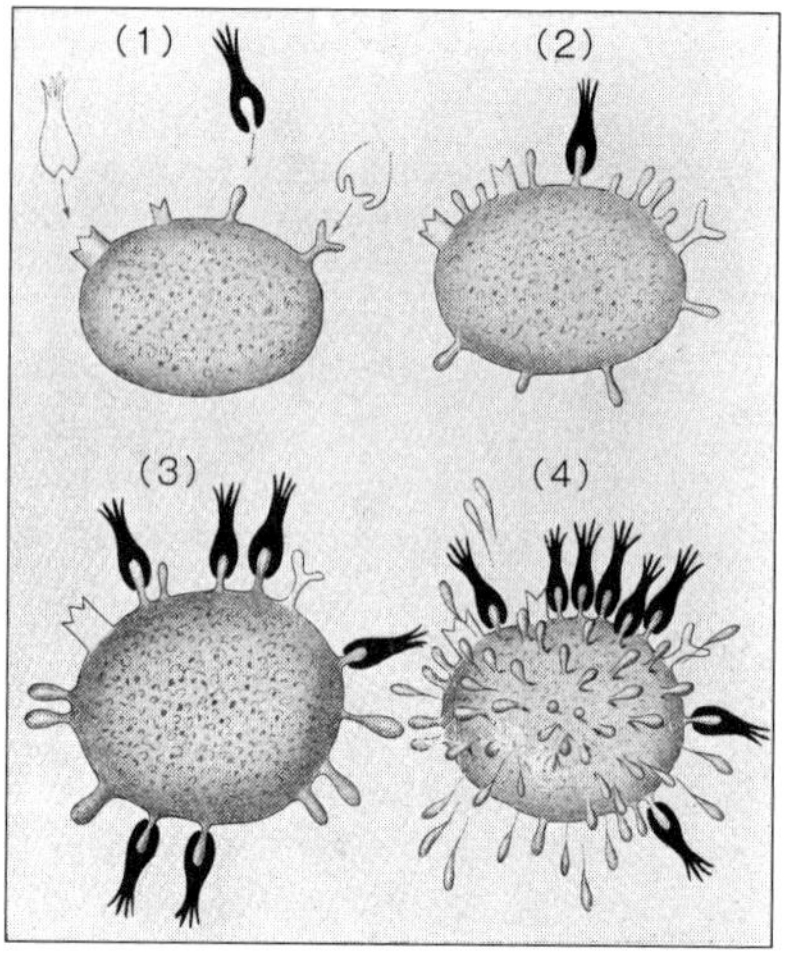

（b）

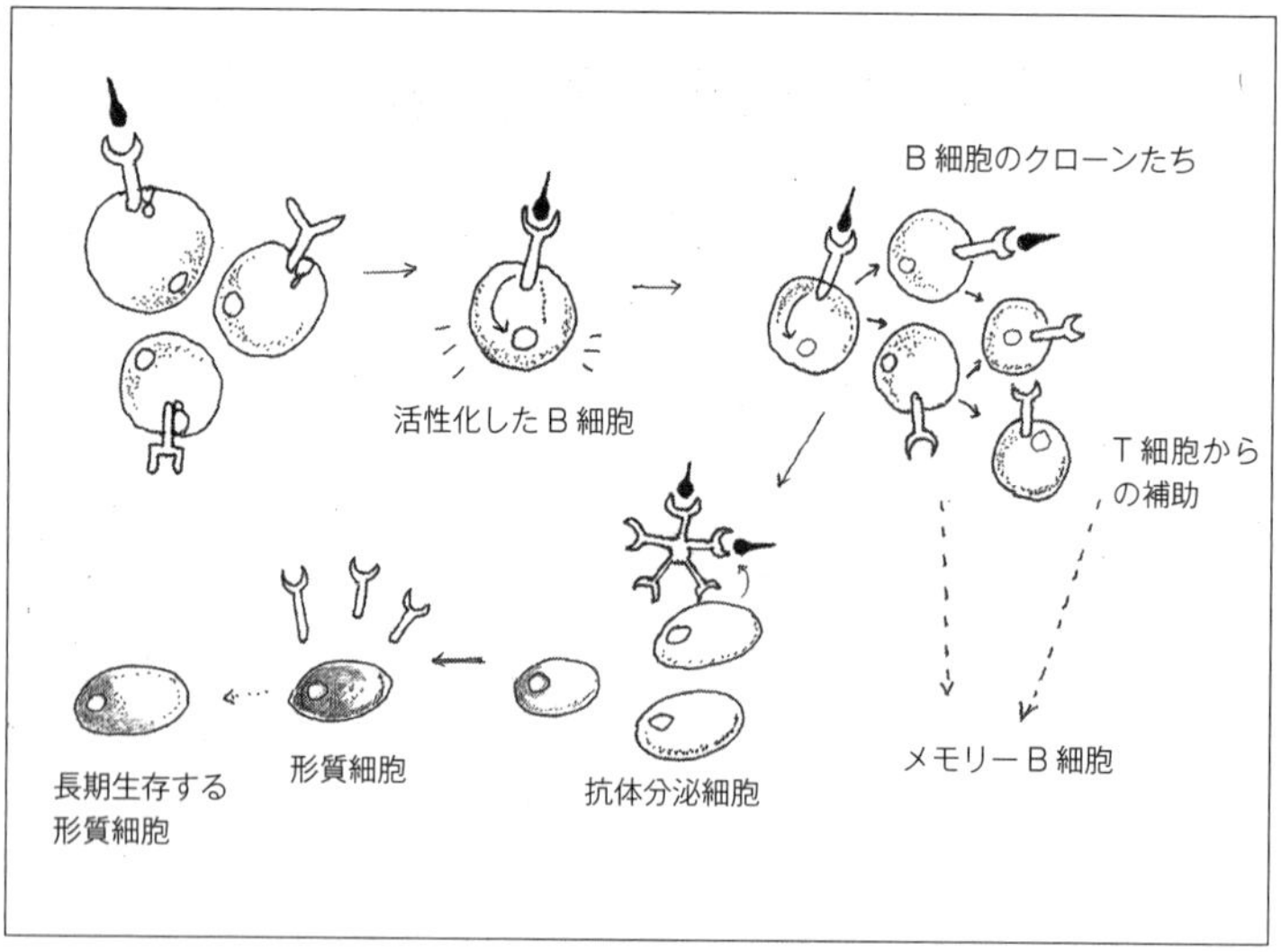

抗体とは、別の物質に結合する体――タンパク質――だった。そして、抗原とは、抗体を生み出させる物質だった。ある科学者はこう書いている。「この二つの言葉は、ロミオ&ジュリエットや、ローレル&ハーディ（一九二〇年代から一九四〇年代に活躍したアメリカのお笑いコンビ）みたいに、決して引き離すことのできないペアになるよう運命づけられていた」[7]。これらの名前は、その名前の主である二つの化学物質のようにきつく結合し、決して引き離せないペアとなった。こうして、この名前が定着したのだ。

一九四〇年代初めには、鳥類の研究から、肛門（総排泄腔）付近にあるファブリキウス嚢と呼ばれる器官の細胞によって抗体がつくられることが判明していた。その袋状の構造（嚢）の器官の名前は、発見者である一六世紀の解剖学者アクアペンデンテのヒエロニムス・ファブリキウスにちなんでつけられた。抗体をつくる細胞は、嚢（*bursa*）に存在するため、Ｂ細胞と名づけられた。ヒトなどの哺乳類は、このような排泄腔の嚢を持たない。私たちの体内では、主に骨髄（bone marrow：ありがたいことに、この器官もまたＢで始まる）でＢ細胞がつくられ、Ｂ細胞はその後、リンパ節で成熟する。

当時はまだ、エールリヒの側鎖説（抗原に結合する側鎖を持つ細胞が抗体をつくる）はそっくりそのまま受け入れられており、抗体の分子的な「形」が解明されるのは何年もあとのことだった[8]。一九五九年から一九六二年にかけて、ニューヨークのロックフェラー医学研究所のジェラルド・エデルマンとオックスフォード大学のロドニー・ポーターが、抗体とは二つの尖った頭を持つＹ字形の分子であることを発見した[9]。Ｙ字形の二つの頭（あるいは枝角）の部分がそれぞれ抗原と結合する。つまり、ほとんどの抗体は抗原結合部位を二つ持つ。Ｙ字形の柄（あるいは茎）の部分は多くの機能を担う。食細胞であるマクロファージは、抗体の柄の部分をつかんで、抗体に結合した微生物やウイルス、ペプチドの断片を飲み込む。私たちがフォークの柄をつかんで、食べ物を口に運ぶように、マクロファージの表面にある特異的な受容体が、まるで手でフォークをつかむようにしてY字形の柄の部分をつかむのだ。これぞまさしく、メチニコフが観察した貪食のメカニズムのひとつである。

Y字形の柄の部分にはほかにも役割がある。抗体が特異的な抗原と結合すると、柄の部分が血液中の免疫タンパク質を活性化し、活性化された免疫タンパク質が微生物を攻撃し、排除する。抗体とはつまり、二つのパーツからなる分子なのだ。抗原結合部位である二本の枝の部分、そして、免疫系と連携する柄の部分。免疫系との連携により、抗体は有能な分子の殺し屋になる。抗体のこれら二つの機能（抗原結合と免疫活性化）がひとつの分子の中で結びついている。その形態（免疫学的なフォーク）は機能と完全につながっているのだ。

ここで、一〇年ほど時代をさかのぼってみよう。抗体がフォークのような形をしていることが解明されるはるか前の一九四〇年代には、エールリヒの説が提起した哲学的、数学的な疑問は、きわめて悩ましいものになっていた。彼の説の根幹は次のようなものだった。細胞はあらかじめつくられた何百もの、いや何千もの抗原受容体（抗体）を細胞表面に出すことができる。まるで空想上のハリネズミが形のちがう針を百万本も逆立てるように。この場合の免疫反応とは、これらの受容体（抗体）のひとつに偶然、ある抗原が結合したときに、その受容体（抗体）だけをどんどん増産することにすぎない。そして、まるで針が抜け落ちるようにして、抗体が血液中に分泌されるのだ。

しかし、数がどうにも解せなかった。一個の細胞の表面には、あらかじめつくられた抗体がいったい何個存在できるのだろう？　一匹のハリネズミはその体表に最大何本の針を立てることができるのだろう？　無数の抗原からなる宇宙全体の「鏡像」を、一個の細胞は受容体として持っているのだろうか？　無限の針を持つハリネズミのように？　このような裏返しの抗体宇宙を生み出すために十分な遺伝子をB細胞は持っているのだろうか？　もしエールリヒが正しいなら、私たちのB細胞それぞれが、あらゆる抗原に対応して免疫反応を起こすことができる裏返しの宇宙を持っていなければならない。考えうるあらゆる抗原？　ヒンドゥー教の主要な女神で、クリシュナの母であるヤショーダラーにまつわるインドの伝説によれば、幼いクリシュナが土の塊を飲み込んだのを見たヤショーダラーは、きつく閉じられた息子の歯をこじ開けたという。すると息子の口の奥に、全宇宙が見えた。星、惑星、何百万もの恒星、渦巻く銀河、ブラックホール。個々のB細胞もやはり、裏返しの全宇宙を持っているのだろうか？　すべての抗原に対応する抗体からなる宇宙を？

一九四〇年、カリフォルニア工科大学の名高い化学者ライナス・ポーリングがひとつの答えを提唱した[10]。その答えはあまりに大きくまちがっていたために、最終的には、真実を指し示すことになった。ポーリングの科学的業績は伝説的なものだった。彼はタンパク質の基本構造を解明し、化学結合の熱力学を説明づけた。だが、そんな彼の思考はときに、壮大なまでにずれていた。きわめて優秀だが気むずかしいことでも有名な量子力学者のヴォルフガング・パウリはかつて、ある学生の論文を読んでこう言ったとされる。「あまりにひどすぎて、まちがってすらいない」。ポーリングもよく科学会議で、大胆かつ型破りな説をこともなげに打ち出し、それに触発された科学者たちが活発な議論を交わした。彼の提唱する仮説やモデルはときにあまりに甚だしくまちがっていたために、もはやひどいものですらなかった。ポーリングの同僚たちは、彼が突拍子もない説を提唱しても、驚かなくなった。ポーリングのモデルに含まれる矛盾を分析することによって、要するに、彼の説の何がまちがっているのか、なぜそれが正しくないのかを検証することによって、彼らはいつのまにか、真のメカニズム、真実を解明していたのだ。

ポーリングは、抗原と対峙すると、抗体はその抗原に合うように自ら形を変えると考えた。つまり、彼の言を借りれば、抗原（たとえば、細菌のタンパク質の一部）が抗体に形を「教示する」ということだ。まるで死者の顔に溶かした蠟《ろう》を注いでデスマスクをつくるように、抗原のテンプレートに基づいて抗体が形づくられるのだ。

しかし研究者たちは、遺伝学と進化の基本的な理論にポーリングの「教示説」をうまくあてはめることができなかった。タンパク質というのは結局のところ、遺伝子にエンコードされている。遺伝子のコードが固定されているのなら、そのコードに基づいて組み立てられるタンパク質の構造もまた固定されているはずだ。タンパク質である抗体は、生化学物質であり、その物理的な形状はあらかじめ定まっている。抗原のミイラにぴたりと巻きつくように形状を変えられる亜麻布《あまふ》とはちがうのだ。

考えられる答えはひとつしかなかった。抗体の形が自在に変化するのなら、それをコードする遺伝子もまた変化するにちがいない。変異によって。スタンフォード大学の遺伝学者ジョシュア・レーダーバーグはポーリングの考えに異を唱え、かわりに、別の説を提唱した。[11]「抗原が抗体に指示しているのだろうか？　それとも、抗原は変異によって生じた細胞株を選んでいるのだろうか？」。少なくとも理論上は、レーダーバーグには、答えは明白に思えた。細胞生物学や遺伝学においては（実際、生物界ではほとんどの場合）、学んだり記憶したりする過程は変異によって起きる。教示や願望によってではなく。キリンの長い首は、何世代もの祖先たちが高い木に届くように首を伸ばしたいと願望した結果ではなかった。変異によって長い脊椎を持つ哺乳類が生まれ、自然選択の結果、長い首のキリンが生き延びたのだ。抗体がいったいどのようにして、抗原の形に合うように自らの形を変えることを「学ぶ」というのだろう？　着る人に合わせて調節可能な中世の服のように、抗体が例外的に、抗原に合うように自らの形を自発的に変えるなどということがあるだろうか？

言うまでもなく、レーダーバーグは正しかった。抗体の起源についての正しい答えは、一九五七年に《オーストラリアン・ジャーナル・オブ・サイエンス》誌に発表された地味な論文中にあった（今でも、免疫学の教授たちはその論文を読んだことがないと口をそろえて言う）。一九五〇年代、オーストラリアの免疫学者フランク・マクファーレン・バーネットは、ニールス・イェルネとデイヴィッド・タルマージがおこなった研究を検証し、その結果、ポーリングもエールリヒも謎の答えを見つけてはいないことに気づいた。抗体は教示や願望によってつくられるわけではない。あるいは、どんな抗原にも結合できるあらゆる形の抗体がすべて一個のB細胞の表面に出ているわけでもない。

バーネットはエールリヒの考えを却下した。前述したように、エールリヒの考えは、すべての細胞（無限の針を持つハリネズミ）が膨大な数の抗体を細胞表面に出していて、抗原と接合した抗体が選ばれて増産されるというものだった。それに対してバーネットは、すべての細胞が抗原に結合する受容体をひとつだけ表面に出しており、抗原と結合した際に選ばれて増産されるのは抗体ではなく、細胞だと考えた。タンパク質は指示にしたがって増産されたりはしないが、細胞は増えることができる。適切なシグナルを受けたなら、一個の抗体タンパク質複合体を細胞表面に持つB細胞が増えるのだ。

これは新ダーウィン主義の論理に類似しているとバーネットは主張した。フィンチが棲息する島を思い浮かべてみよう。島に棲むフィンチはそれぞれが一個の遺伝子変異を持っている。その変異が、個々のフィンチに他とわずかに異なるくちばし（大きかったり、平べったかったり、薄かったり、先が尖っていたり）を授ける。ある日突然、島の資源が枯渇する。嵐で果樹がなぎ倒され、やわらかい果物がまったくなくなってしまう。残ったのは、固い殻の種子だけだ。落ちた種子を割ることができる大きなくちばしを持つフィンチが自然選択されて生き延び、やわらかい果肉しか食べられない薄いくちばしのフィンチは死に絶えることになる。

　つまり、個々のフィンチも細胞と同じように、くちばしのレパートリー（宇宙）を無限に持っているわけではない。そのレパートリーの中から状況に最も適したくちばしが選ばれるわけではなく、自然災害がもたらした状況に最も適したくちばしを偶然持っているフィンチが自然選択され、増えていく。かつての災害の記憶はこのようにして残るのだ。

　バーネットはこの論理をＢ細胞にあてはめた[12]。体内に存在するＢ細胞の大集団を想像してみよう。それぞれのＢ細胞が細胞表面に他とは異なる独自の受容体をひとつずつ持っている。いうなれば、個々の細胞が独自のくちばしを持つフィンチなのだ。受容体は抗体である。ただ、その抗体はＢ細胞の表面に結合している（そして、Ｂ細胞を活性化するシグナルのネットワークに接続されている）。抗原がそのようなＢ細胞（クローン）に結合すると、Ｂ細胞は活性化され、他のＢ細胞をしのいで増殖する。こうして、しかるべきくちばし（抗体）を持つフィンチ（Ｂ細胞）が選択されるのだ。これは自然選択だが、選択されるのはクローンだ。抗原に結合できる細胞が選択されるのだ。

　しかるべき受容体を表面に持つＢ細胞が外来の抗原に遭遇すると、驚くべきプロセスが動き出す。ルイス・トマスが一九七四年出版の自著『細胞から大宇宙へ――メッセージはバッハ』の中で書いているように。「ある特定の受容体を持つ特定のリンパ球が特定の抗原と結合すると、自然界における最も偉大で小さなショーが始まる。リンパ球は大きくなり、ものすごいスピードで新しいＤＮＡをつくりはじめ、それと同時に、まさしく幼若細胞といえるものに変化する。細胞分裂を開始して自己を複製し、同じ受容体を持つ同一の細胞からなるコロニーをつくるのだ[13]」。最終的に「しかるべき」受容体（抗原と結合できる受容体）を持つＢ細胞のクローンが他のすべてのＢ細胞を数で圧倒するようになる。これはダーウィン主義のプロセスであり、しかるべきくちばしを持ったフィンチが自然「選択」されるのと同じだ。

エールリヒが一八九一年に思い描いたように、これらの幼若細胞は次に、血液中に受容体を分泌しはじめる。B細胞表面から離れ、血液中を漂う受容体は抗体に「なる」。† そして標的の微生物と結合すると、抗体は微生物を溶菌するタンパク質を活性化したり、微生物を貪食するマクロファージを呼び寄せたりする。何十年もあとに、研究者たちは、活性化B細胞の中には消滅しないものがあることを発見した。それらのB細胞はメモリー細胞として体内に残る。トマスの言葉を借りれば「(抗原によって活性化された細胞の)新しい集団はそれ自体がまさに、ひとつの記憶である」。感染の勢いが鎮まり、微生物が排除されたあと、これらのB細胞のいくつかはまるで洞窟に集まって身体を休めるフィンチのように、休止状態で存在しつづける。そして体内にふたたび抗原が侵入すると、そのメモリーB細胞は再活性化される。休止状態から目覚めて活発に分裂し、抗体を産生する形質細胞に分化する。B細胞はこのようにして、免疫記憶を保持しているのだ。要するに、免疫記憶の場とはエールリヒが唱えたようなタンパク質ではない。抗原の刺激を受け、その記憶を保持しつづけるB細胞なのだ。

† ここでは、この過程についてやや簡略化して書いているが、抗体産生の基本的なプロセスは次のようなものだ。抗原によるB細胞受容体の活性化、血液中への受容体の分泌、抗体の改良、形質細胞による持続的な抗体分泌、活性化B細胞からメモリーB細胞への変化。すぐあとで触れるように、抗体産生細胞(形質細胞)の中には長期間生存するものがあり、このような形質細胞もまた、感染についての記憶の保持に役立っている。この過程にはヘルパーT細胞の補助が必須である。ヘルパーT細胞については次章(下巻)で触れる。

Ｂ細胞はいかにして独自の抗体を持つようになるのだろう？　ダーウィンのフィンチは、精子や卵子の段階で起きる変異によって、独自のくちばしを持つようになる。そうした変異は生殖細胞系列で起きるため、フィンチの個体の全細胞のＤＮＡにその変異が含まれており、それが次世代へと受け継がれる。大きなくちばしを持つフィンチからは大きなくちばしを持つフィンチが生まれ、それが何世代も続いていく。

一九八〇年代、日本の免疫学者、利根川進による一連の実験によって、謎が解明された[14]。その実験から、Ｂ細胞もまた、変異によって独自の抗体を獲得することが判明した。その変異は精子や卵子ではなく、Ｂ細胞内で起き、さらに、厳密に制御されていることがわかった。ファッション雑誌が服をコーディネートするように、Ｂ細胞は遺伝子モジュールをさまざまに組み合わせて、一組の抗体遺伝子をつくる。このたとえはやや単純化しすぎているが、重要である。たとえば、ある抗体が三つの遺伝子モジュールの組み合わせで構成されているとする。ビンテージのジャケットに黄色いズボン、黒のベレー帽。また別の抗体はそれとは異なるモジュールの組み合わせで構成されている。黒っぽい色のコートにブルーのズボン、ウィングチップの革靴。どのＢ細胞も膨大な数の衣裳を持っている。シャツが五〇枚に、帽子が三〇個、靴が一二足といった具合に。成熟したＢ細胞になるには、細胞は衣裳タンスを開けて、遺伝子モジュールを選び、抗体をつくるためにそれらのモジュールを組み合わせるだけでいい。

これらの組み合わせ（再構成）もやはり、変異だ。Ｂ細胞内で起きる、厳密に制御された意図的な変異である。個々のＢ細胞では、特別な装置がこの遺伝子の再構成をおこなっており、それぞれの抗体に独自の立体的な個性を授けている。その結果、個々の抗体が特定の抗原に結合できるようになるのだ。成熟B細胞の遺伝子が再構成された結果、B細胞は細胞表面に特定の受容体を出す。抗原がこの受容体に結合すると、B細胞は活性化し、受容体を抗体として血液中に分泌する状態へ変化する。B細胞内でさらに多くの変異が蓄積していくにつれ、抗体はよりしっかりと抗原と結合できるようになる。[†]最終的に、B細胞は抗体産生だけに打ち込む細胞へと成熟する。一途に抗体産生に打ち込むあまり、構造も代謝も、抗体産生用に変化した細胞だ。その細胞は形質細胞と呼ばれ、中には、感染の記憶を保持したまま長期間生存するものもある。

B細胞や形質細胞、抗体についての新しい知識は予期せぬ形で医療に大きな影響を与えた。本書の中で私たちはすでに、ワクチンの効果という観点から、自然免疫系の役割（主にマクロファージや単球の役割）について学んだ。しかしワクチンの最終的な効果は、獲得免疫系に依存する。抗体をつくるのはB細胞であり、抗体が長期記憶を保持するからだ（T細胞も長期記憶に貢献していることがわかっている）。マクロファージや単球は、消化した微生物のかけらを提示して、感染の場にB細胞を呼び寄せるが、実際に微生物に結合するのは抗体を産生するB細胞である。受容体を介して特定の微生物の一部分に結合すると、B細胞は活性化して増殖し、その微生物に対する抗体を血中に分泌する。最終的に、B細胞は内部構造を変化させてメモリーB細胞となり、ワクチンとして接種された微生物の記憶を保持するようになる。

抗体の発見によって、魔法の弾丸をつくりたいというパウル・エールリヒの思いにふたたび火がつ

---

† この過程は抗体の親和性成熟と呼ばれ、抗原に対する結合の親和性がきわめて高くなるまで続く。

いた。なんらかの方法で抗体をうまく説得して、がん細胞を攻撃させれば、抗体はがん細胞に対する天然の薬になるのではないか。おそらく、他に類を見ない薬になるはずだ。標的をピンポイントで攻撃して殺すことができる薬だ。

　薬として働くそのような抗体をつくるという難題を解決したのは、ケンブリッジ大学のアルゼンチン生まれの科学者、セーサル・ミルスタインだった。ミルスタインは細菌のタンパク質について研究するために、留学生としてケンブリッジ大学にやってきた。研究室には部屋がひとつしかなかった。ミルスタインは溶液の酸性度を測るためのｐＨメーターを必要としており、ひとつだけそれがあった。その研究室は伝説的なタンパク質化学者であるフレデリック・サンガーの生化学教室だった。なにげない会話とｐＨ測定をとおして、二人は親しい友人になった。一九五八年、サンガーは、タンパク質構造の解明という分子生物学における歴史的な業績を讃えられ、ノーベル賞を受賞した。そして一九八〇年、彼は二つ目のノーベル賞を受賞することになる。受賞理由はＤＮＡの塩基配列決定法の開発だった。

　一九六一年、ミルスタインはアルゼンチンのマルブラン研究所に戻り、分子生物学部の教授に就任した。しかし、母国に戻りたいという熱い思いで実現したその移籍はすぐに、悪夢へと転じた。アルゼンチンには軋轢を生む偏狭な国家主義が浸透していたのだ。彼が首都ブエノスアイレスに居を定めてからかろうじて一年が経過した一九六二年三月二九日、アルゼンチンはふたたび血なまぐさいクーデターによって引き裂かれた。それは同国での四度目のクーデターであり、その後さらに二回起きた。

　国は混沌状態に陥った。ユダヤ人は大学から追放され、ミルスタインの学部は一部解体された。共産主義者は銃殺され、民間人、とりわけユダヤ人は投獄された。ユダヤ系の名前と血筋を持ち、リベラルな思想を持つミルスタインは、自分は逮捕されるのではないか、反体制主義者や共産主義者として告発されるのではないかと怯えながら暮らした。サンガーは豊富な人脈を通じてミルスタインをアルゼンチンから秘かに出国させ、ケンブリッジ大学に戻した。研究室の最上階にしまい込まれていたpHメーターは図らずも、お守りに——ミルスタインがイギリスへ戻る切符に——なったのだ。

ケンブリッジ大学に戻ると、ミルスタインは、自身の研究テーマを細菌のタンパク質から抗体へ替えた。抗体の特異性に魅了され、B細胞から魔法の弾丸をつくれないかと考えはじめたのだ。選択された一種類の抗体を産生できる一個の形質細胞を取り出して、それを抗体産生工場にすることは可能だろうか？　そして、その抗体を新薬にすることはできないだろうか？

問題は、形質細胞が不死ではないという点だった。形質細胞は数日かけて成長したあと、どうにか生きつづけ、その後は縮んで死んでいく。ドイツ人細胞生物学者ジョルジュ・ケーラーと共同研究をおこなっていたミルスタインは、型破りで見事な解決策を思いついた。二人は、細胞同士をくっつけることのできるウイルスを使って、B細胞とがん細胞を融合させたのだ。二人のそのアイデアは今もなお、私に畏敬の念を抱かせる。彼らはいったいどのようにして、死につつある細胞を生き返らせるために、不死細胞を使うことを思いついたのだろう？　二人が生み出した細胞は、生物学における最も奇妙な細胞だった。形質細胞は抗体産生能を維持したまま、がん細胞の不死の性質を与えられたのだ。二人はこの奇妙な細胞をハイブリドーマ（hybridoma）と名づけた。*hybrid*（交雑種《ハイブリッド》）と *carcinoma*（がん）の接尾語である *oma* のハイブリッドである。不死になった形質細胞は今では、一種類の抗体だけを永久に分泌できるようになった。この単一の（つまり、クローンの）抗体はモノクローナル抗体と呼ばれる。

ミルスタインとケーラーの論文は一九七五年、《ネイチャー》に掲載された。[15]　掲載の数週間前、イギリス政府が運営する国立研究開発公社（ＮＲＤＣ）に対して、この抗体の広範囲にわたる商業的な適用への警戒が呼びかけられた。この抗体は、きわめて特異的に働く新薬開発の基盤になる可能性が高かったからだ。しかしＮＲＤＣは、この方法や、この方法によって得られるどんな物質の特許も取得しないことに決めた。「この抗体の実用的な用途をただちに特定するのはむずかしい」とＮＲＤＣは書面で述べている。モノクローナル抗体の適用に関するこのぞんざいな判断のせいで、ＮＲＤＣとケンブリッジ大学が失った収益は、その後の数十年で何十億ドルにものぼると推定される。

　この抗体の実用的な意義はすぐに判明した。モノクローナル抗体は、細胞を検知するマーカーとして使うこともできたが、その最も重要かつ有名な、そして大金を生む使い道は、医療におけるものだった。それは膨大な種類の新薬をつくり出すことができたのだ。

　薬というのはたいてい、標的に結合することによって効果を発揮する。それは、パウル・エールリヒが指摘したように、鍵と鍵穴の関係だ。標的と結合した薬は、標的を不活性化したり、ときに活性化したりする。たとえばアスピリンは、血栓形成と炎症に関与する酵素であるシクロオキシゲナーゼに結合して、この酵素を阻害する。同じ理屈で、他のタンパク質と結合する抗体も薬にすることができるはずだった。抗体ががん細胞表面のタンパク質に結合し、その結果、がん細胞を殺す反応を呼び起こすことができるとしたら？　あるいはまた、関節リウマチを引き起こす過剰に活性化した免疫細胞のタンパク質を抗体が認識し、その結果、免疫細胞を殺すことができるとしたら？

　一九七五年八月、ボストンに住む五三歳の男性Ｎ・Ｂは脇の下と首のリンパ節が腫れて痛みがあることに気づいた。[16]夜にはぐっしょりと寝汗をかき、倦怠感が続いた。しかし、彼がようやくボストンのシドニー・ファーバーがん研究所を受診したのは、それから一年後のことだった。[†]彼を診察した腫瘍内科医は、リンパ節が腫大しているだけでなく、腹部の触診で触知できるほどに脾臓が腫れていることに気づいた。

医師は検査結果を確認した。男性の白血球の総数は正常より少し多い程度だったが、血液中の白血球のパターンに著しい異常が見られた。リンパ球が増えているだけでなく、それらは悪性の細胞だったのだ。細長い生検用の針が患者のリンパ節に挿入され、組織の一部が採取されて、病理医のもとへ送られた。N・Bは悪性リンパ腫の一種（DPDL）と診断された。

このタイプの悪性リンパ腫が進行した場合（脾臓とリンパ節が腫大し、悪性細胞が末梢血に流入するようになる）、予後は不良だった。悪性細胞が充満した脾臓は手術で切除され、N・Bは化学療法を開始した。細胞を殺す薬が次々と静脈に注入されたが、どれも効果はなく、悪性細胞は増えつづけた。

研究所につとめる腫瘍内科医のリー・ナドラーは、新たな治療計画を立てた。リンパ球性腫瘍細胞の表面には数多くのタンパク質が存在している。この腫瘍細胞をマウスに注入すれば、マウスがこの細胞に対する抗体をつくることがわかっていた。ナドラーは、ミルスタインとケーラーの方法に基づき、N・Bの腫瘍細胞を使って、この腫瘍細胞に対する抗体をつくった。そして、なんらかの反応があることを期待しながら、そのうちの一種類の抗体を含む血清をN・Bに注入した。これはオーダーメイドがん治療の究極の例だった。より正確には、オーダーメイドのがん免疫療法だった。

最初に注入した二五ミリグラムはどうやら腫瘍細胞に軽くあしらわれたようだった。次に七五ミリ

† この施設はその後、ダナ・ファーバーがん研究所と改称された。

グラムを投与すると、白血球数が著しく減少した。腫瘍は治療に反応したものの、すぐにまた増殖した。さらに一五〇ミリグラムを投与すると、ふたたび反応があった。血液中の腫瘍細胞の数が半減したのだ。しかしその後、N・Bの腫瘍細胞は治療に耐性となり、もはや反応しなくなった。ナドラーが「血清療法」と呼んだその治療は中止され、N・Bは亡くなった。

しかしナドラーは、抗体の標的となりうるリンパ腫細胞の表面タンパク質を探しつづけ、やがて、CD20という理想的な候補を見つけた。CD20に対する抗体を、抗リンパ腫剤として使うことはできないだろうか？

およそ五〇〇〇キロメートル離れたスタンフォード大学で、免疫学者のロン・レビーもまた、リンパ腫細胞を攻撃する抗体を探していた。一九七〇年代、レビーはイスラエルのワイツマン科学研究所での研究休暇を終えて帰国した。ワイツマン科学研究所の研究者であるノーマン・クラインマンは、一種類の抗体を産生する形質細胞だけを分離する方法を開発していた。形質細胞はがん細胞に対する抗体もつくる可能性があったが、一方で、寿命があまりに短いという問題があった。「一種類の抗体をつくる形質細胞だけを分離することはできたものの、細胞は結局、死んでしまった」とレビーは私に言った[17]。

「そうしたら」とレビーは続けた。「一九七五年にいきなり、ミルスタインとケーラーが形質細胞とがん細胞を融合させるというこの方法を思いついたんです。融合によって、抗体産生細胞は永久に生きられるようになったんです」。レビーの顔が輝いた。彼は両手で机をドラムのように叩きはじめた。「驚異でした。とてつもない幸運だった。私たちは皮肉なことに、（形質細胞に融合した）がん細胞の不死性を利用して、がん細胞に対する抗体をつくる不死細胞を生み出したんです。火で火と戦うことができるようになったというわけです」

レビーはB細胞リンパ腫、つまりB細胞のがんに対する抗体をつくる研究を開始した。彼は最初、オーダーメイドの抗体療法に力を注いだ。いうなれば、個別の患者に合わせて、特定のB細胞をあつらえるのだ。抗体を製造できる〈IDEC〉という企業も見つかった。しかし、治療を受けた患者の何人かは製造された抗体に反応したものの、〈IDEC〉とレビーはほどなくして、この方法のむずかしさに気づいた。いったい何個の抗原に対して、何個の抗体をつくればいいのだろう?〈IDEC〉は次にCD20に対するモノクローナル抗体をつくった。それはナドラーが発見した分子に対する抗体であり、その分子は正常と悪性両方のB細胞表面に存在する。レビーはその方法にあまり期待していなかったことを認めた。その実験は「免疫系全体を破壊するにちがいなく、安全ではない」と思ったと彼は語った。「しかし彼ら(IDEC)に、とにかく臨床試験を実施してほしいと説得されたのです」

レビーはまちがっていた。おまけに、ものすごく幸運だった。偶然にも、ヒトはCD20を発現するB細胞がなくても生きられることが判明したのだ。ひとつには、B細胞が抗体産生細胞(形質細胞)へと成熟したあとは、B細胞の表面にはもはやCD20は発現していないため、抗CD20抗体の影響を受けなくなるからだ。CD20を発現しているリンパ腫細胞を攻撃すれば、それと同時に、正常のB細胞も攻撃を受けることになり、患者の免疫機能の一部が低下するが、命を落とすほどではない。なぜなら、抗体を産生する形質細胞が残っているからだ。「治療がうまくいくわずかな可能性がありました」とレビーは言った。一九九三年、彼は二人のフェロー、デイヴィッド・マロニーとリチャード・ミラーを採用し、彼らに研究を任せた。

抗体の投与を受けた最初の二人の患者のうちのひとりは、弁舌さわやかな内科医W・Hだった。彼女は濾胞性《ろほう》リンパ腫をわずらっていた。それは進行の遅い、慢性に経過するがんであり、リンパ腫細胞はCD20を発現していた。「彼女のリンパ腫は、一回目の投与に反応しました」とレビーは回想した。しかし、一年後に再発し、彼女はふたたびモノクローナル抗体の臨床試験を受けた。リンパ腫は今度も治療に完全に反応し、腫瘍が消えた。彼女はその後、再発と寛解を繰り返したが、一九九五年の三度目の再発の際に、モノクローナル抗体と抗がん剤の併用療法を受け、リンパ腫はふたたび治療に反応した。

一九九七年、FDAはリツキシマブ（商品名はリツキサン）を承認し、その同じ年に、W・Hのリンパ腫は再発した。リツキサンは再度、彼女のリンパ腫をノックアウトしたが、一九九八年と二〇〇五年、そして二〇〇七年にも、がんは再試合をすべく戻ってきた。最初に診断されてから二五年が経過した今も、W・Hは生存している。その後、リツキサンはさまざまながんや、がん以外の疾患の治療に使われるようになった。リツキサンと化学療法との併用によって、CD20を発現する進行の速い、致死的なリンパ腫や、まれなリンパ系腫瘍が寛解に至り、ときに完治した。二〇〇〇年代初め、私はきわめてまれな脾臓のがんをわずらう青年を受け持った。毎日のように高熱が出て、青年は歩くこともできなかった。私たちはまず、腫大した脾臓を外科的に切除し（脾臓はあまりに大きく、標準的な手術用のトレーにはおさまりきらなかったため、カートに載せられて病理部へ運ばれた）、その後、リツキサンによる治療を開始した。結節状の腫瘍は徐々に消失し、熱が下がった。その後二〇年にわたって、彼は寛解を維持している。

リツキサンはがんに対する最初のモノクローナル抗体のひとつだ。モノクローナル抗体の薬剤は現在、数多く販売されており、例としてはハーセプチン（あるタイプの乳がん）やアドセトリス（ホジキンリンパ腫）、レミケード（クローン病や乾癬《かんせん》性関節炎などの自己免疫疾患）が挙げられる。私はレビーに、イギリスのＮＲＤＣがモノクローナル抗体に「実用的な用途」があると考えなかったことについて話した。彼は声をあげて笑い、こう言った。「果たして自分たちがモノクローナル抗体の潜在能力に気づいていたのかどうかも確信が持てません」

「細胞と闘うために細胞を使うなんて」と彼は驚嘆したように言った。「最初の抗体をつくったときには、この治療法の大いなる可能性について真剣に考えてはいませんでした」

（下巻に続く）

索　引

■か

■さ

■た

■な

■は

■や

■ら

■わ

原 注

巻頭引用

1 Wallace Stevens, "On the Road Home," in *Selected Poems: A New Selection*, ed. John N. Serio (New York: Alfred A. Knopf, 2009), 119.

2 Friedrich Nietzsche, "Rhythmische Untersuchungen," in *Nietzsche werke. Kritische Gesamtausgabe, Abt.2Bd.3,Vorlesungsaufzeuchnungen[SS1870-SS1871]*, ed.Fritz Bornmann and Mario Carpitella,(Berlin: de Gruyter, 1993), 322.

前奏曲——「生物の初歩的な粒子」

1 Arthur Conan Doyle, *The Adventures of Sherlock Holmes* (Hertfordshire: Wordsworth, 1996), 378.〔『シャーロック・ホームズの思い出』所収「背の曲がった男」、アーサー・コナン・ドイル、延原謙訳、新潮文庫〕

2 その夕食の席の会話に関するシュワンの回想は、1878年に彼がおこなった講演の記録として残っている。シュワンはさらに以下でもその晩の記録を残している。Theodor Schwann, *Microscopical Researches into the Accordance in the Structure and Growth of Animals and Plants*, trans. Henry Smith (London: Sydenham Society, 1847), xiv ; Laura Otis, *Müller's Lab* (Oxford : Oxford University Press, 2007), 62–64; Marcel Florkin, *Naissance et deviation de la théorie cellulaire dans l'oeuvre de Théodore Schwann* (Paris: Hermann, 1960), 62.〔BRAIN and NERVE 63巻1号pp.88-89（医学書院、2011年）シュワン『動物および植物の構造と発育の一致に関する顕微鏡的研究』https://doi.org/10.11477/mf.1416100823〕

3 Ulrich Charpa, "Matthias Jakob Schleiden (1804–1881): The History of Jewish Interest in Science and the Methodology of Microscopic Botany," in *Aleph: Historical Studies in Science and Judaism*, vol. 3 (Bloomington: Indiana University Press, 2003), 213–45.

4 彼のコレクションの詳細については以下を参照されたい。Matthias Jakob Schleiden, "Beiträge zur Phytogenesis," *Archiv für Anatomie, Physiologie und Wissenschaftliche Medicin* (1838): 137–76.

5 Matthias Jakob Schleiden, "Contributions to Our Knowledge of Phytogenesis," in *Scientific Memoirs, Selected from the Transactions of Foreign Academies of Science and Learned Societies and from Foreign Journals*, vol. 2, ed. Richard Taylor, trans. William Francis (London: Richard and John E. Taylor, 1841), 281.

6 シュワンが動物と植物の構成要素としての細胞の統一性に興味を抱いたのは、次の理由もあったからだ。つまり、もし植物と動物が自律性かつ独立した、生きた単位で構成されている

なら、ヨハネス・ミュラーが頑固なまでに固執していた考えを引き合いに出さなくてもいいと思ったのだ。その考えとは、生命や細胞の誕生には特別な〝生体流体〟がかかわっているというものだ。ミュラーの学生だったシュライデンは、生体流体の存在自体は信じていたものの、細胞の起源については独自の説を持っていた。それは、細胞は結晶化に似たプロセスで形成されるという理論だった（のちに完全なまちがいであることが示されることになる）。皮肉なことに、細胞説の誕生の物語は起源についての誤解の物語だった。シュライデンとシュワンが植物と動物の組織で観察した共通点――すべての生物は細胞でできている――はまぎれもない真実だったが、細胞の誕生についてのシュライデンの説（シュワンもその説を受け入れたものの、疑念はしだいに膨らんでいった）は、後述するように、ルドルフ・ウィルヒョウらによって誤りであることが証明された。

シュライデンは果たして、すべての植物は細胞という単位で構成されているという考えをシュワンとの会話以前に持っていたのか。それとも、シュワンとの会話がきっかけとなって自分の標本を調べ（あるいは、再度調べ）、その結果、組織が細胞で構成されていることに初めて気づいたのか。その点については知りえない。そのため私は、シュワンとの会話の前にシュライデンがどれほどの結論に至っており、会話の直後にどれほどの考えを持ったのかについては明言を避けた。しかし、二人が一緒に夕食をとった時期（1837年）と、シュライデンがそれからほどなくして（1838年に）論文を発表したという事実、そして、彼がシュワンの実験室を訪問して動物と植物の細胞の類似性を観察したという事実（それについては明確な記録が残っている）を鑑みれば、シュライデンが細胞説の普遍性に思い至るうえで、シュワンとの交流が重要な役割を果たした可能性は高いと考えられる。さらに、シュライデンもシュワンもお互いを、現代の細胞説を生み出すうえでのライバルではなく、協力者とみなしている点からも、両者の交流――たとえば、夕食の席での会話――が、すべての植物が細胞でできているというシュライデンの考えを確固たるものにするうえで、少なくとも一定の役割を果たしたことはまちがいないと思われる。シュライデンとはちがい、シュワンは、1837年の夜の会話の重要性を明確に認識しており、それが彼の研究の根本的な方向性を変えた。前述した1878年の彼の講演で、動物組織も細胞でできているという彼の発見にとって、植物の発生についてのシュライデンの観察結果がきわめて重要だったことを彼はなんのためらいもなく認めている。

7 Florkin, *Naissance et dêviation de la théorie cellulaire*, 45.

8 Schleiden, "Beiträge zur Phytogenesis," 137–76.

9 Schwann, *Microscopical Researches*, 2.

10 同上。ix.

11 Sara Parker, "Matthias Jacob Schleiden (1804–1881)," Embryo Project Encyclopedia, last modified May 29, 2017, https://embryo.asu.edu/pages/matthias-jacob-schleiden-1804-1881.

12 Otis, *Müller's Lab*, 65.

13 Siddhartha Mukherjee, "The Promise and Price of Cellular Therapies," *New Yorker* online,

last modified July 15, 2019; "Cancer's Invasion Equation," *New Yorker* online, last modified September 4, 2017; "How Does the Coronavirus Behave Inside a Patient?," *New Yorker* online, last modified March 26, 2020.

14 Roy Porter, *The Greatest Benefit to Mankind: A Medical History of Humanity from Antiquity to the Present* (London: HarperCollins, 1999).

15 Henry Harris, *The Birth of the Cell* (New Haven, CT: Yale University Press, 2000).〔『細胞の誕生――生命の「基《もとい》」発見と展開――』ヘンリー・ハリス、荒木文枝訳、ニュートンプレス、2000年〕

序文　「われわれは必ず細胞に戻ることになる」

1 Rudolf Virchow, *Disease, Life and Man: Selected Essays*, trans. Lelland J. Rather (Stanford, CA: Stanford University Press, 1958), 81.

2 サム・Pという症例についての詳細は、サム・P本人や主治医との2016年の会話に基づいている。匿名性を保つために、本名や、本人を特定できるような詳細は変更した。

3 エミリー・ホワイトヘッドという症例についての詳細は、エミリー本人や彼女の両親、主治医との2019年の会話に基づいており、以下から抜粋した。Mukherjee "Promise and Price of Cellular Therapies."

4 Antonie van Leeuwenhoek, "Observations, Communicated to the Publisher by Mr. Antony Van Leeuwenhoek, in a Dutch Letter of the 9th Octob. 1676. Here English'd: Concerning Little Animals by Him Observed in Rain-Well-Sea-and Snow Water; as Also in Water Wherein Pepper Had Lain Infused," *Philosophical Transactions of the Royal Society* 12, no. 133 (March 25, 1677): 821–31.

5 "CAR T-cell Therapy," National Cancer Institute Dictionary online, accessed December 2021, https://www.cancer.gov/publications/dictionaries/cancer-terms/def/car-t-cell-therapy.

6 Serhiy A. Tsokolov, "Why Is the Definition of Life So Elusive? Epistemological Considerations," *Astrobiology* 9, no. 4 (May 2009): 401–12.

7 誤解のないように言っておくと、この「出現する」性質とは、生命を定義づける性質ではない。むしろ、多細胞生物が生きた細胞のシステムから進化させた性質である。

8 すべての細胞がこれらの性質をすべて持つわけではない。たとえば、複雑な生物個体の場合、細胞の特殊化によって、栄養素の貯蔵はある種の細胞に依存し、老廃物の排出は別の細胞に依存するといったことが可能になった。酵母や細菌などの単細胞生物は、細胞内にそうした機能を担う特殊化した構造を持つが、ヒトなどの多細胞生物は、特殊化した細胞を持つ特殊化した器官を進化させることによって、さまざまな機能を果たせるようになった。

9 2020年2月におこなった岩崎明子へのインタビューより。以下も参照されたい。"SARS-CoV-2 Variant Classifications and Definitions," Centers for Disease Control and Prevention

online, last modified Sept.1, 2023, https://www.cdc.gov/coronavirus/2019-ncov/variants/variant-classifications.html. 以下も参照されたい。“Severe Acute Respiratory Syndrome (SARS),” World Health Organization online, accessed December 2021, https://www.who.int/health-topics/severe-acute-respiratory-syndrome#tab=tab_1.

10 同上。以下も参照されたい。John Simmons, *The Scientific 100: A Ranking of the Most Influential Scientists, Past and Present* (New York: Kensington, 2000), 88–92. ; George A. Silver, “Virchow, The Heroic Model in Medicine: Health Policy by Accolade,” *American Journal of Public Health* 77, no. 1 (1987): 82–88.

11 Virchow, *Disease, Life and Man*, 81.

第一部　発見

起源細胞――目に見えない世界

1 Rudolf Virchow, “Letters of 1842,” in *Letters to His Parents, 1839–1864*, ed. Marie Rabl, trans. Lelland J. Rather (USA: Science History Publications, 1990), 28–29.

2 Elliot Weisenberg, “Rudolf Virchow, Pathologist, Anthropologist, and Social Thinker,” *Hektoen International* 1, no. 2 (Winter 2009): https://hekint.org/2017/01/29/rudolf-virchow-pathologist-anthropologist-and-social-thinker/.

3 C.D.O'Malley, *Andreas Vesalius of Brussels 1514–1564* (Berkeley: University of California Press, 1964). 以下も参照されたい。David Schneider, *The Invention of Surgery: A History of Modern Medicine: from the Renaissance to the Implant Revolution* (New York: Pegasus Books, 2020), 68–98.

4 Andreas Vesalius, *De Humani Corporis Fabrica* (*On the Fabric of the Human Body*), vol. 1, bk. 1, *The Bones and Cartilages*, trans. William Frank Richardson and John Burd Carman (San Francisco: Norman, 1998), li–lii.〔『ファブリカ（第1巻、第2巻）』アンドレアス・ヴェサリウス、島崎三郎訳、うぶすな書院、2007年〕

5 Andreas Vesalius, *The Illustrations from the Works of Andreas Vesalius of Brussels*, ed. Charles O'Malley and J. B. Saunders (New York: Dover, 2013).

6 Vesalius, *On the Fabric of the Human Body*, 7 vols.

7 Nicolaus Copernicus, *On the Revolutions of Heavenly Spheres*, trans. Charles Glenn Wallis (New York: Prometheus Books, 1995).〔『天体の回転について』コペルニクス、矢島祐利訳、岩波文庫、1953年〕

8 Ignaz Semmelweis, *The Etiology, Concept, and Prophylaxis of Childbed Fever*, ed. and trans. K. Codell Carter (Madison: University of Wisconsin Press, 1983).

9 Izet Masic, “The Most Influential Scientists in the Development of Public Health (2): Rudolf

Ludwig Virchow (1821–1902)," *Materia Socio-medica* 31, no. 2 (June 2019): 151–52, doi: 10.5455/msm.2019.31.151-152.

10 Rudolf Virchow, *Der Briefwechsel mit den Eltern 1839–1864: zum ersten Mal vollständig in historisch-kritischer Edition* (*The Correspondence with the Parents, 1839–1864: For the First Time Complete in a Historical-Critical Edition*) (Berlin: Blackwell Wissenschafts, 2001), 32.

11 同上。19.

12 Rudolf Virchow, *Der Briefwechsel mit den Eltern*, 246, letter of July 4, 1844.

13 Manfred Stürzbecher, "Die Prosektur der Berliner Charité im Briefwechsel zwischen Robert Froriep und Rudolf Virchow," *Beiträge zur Berliner Medizingeschichte*, 186, letter of Virchow to Froriep, March 2, 1847.

可視化された細胞——「小さな動物についての架空の物語」

1 Gregor Mendel, "Experiments on Plant Hybridization," trans. Daniel J. Fairbanks and Scott Abbott, *Genetics* 204, no. 2 (2016): 407–22.

2 Nikolai Vavilov, "The Origin, Variation, Immunity and Breeding of Cultivated Plants," trans. K. Starr Chester, *Chronica Botanica* 13, no. 1/6 (1951).

3 Charles Darwin, *On the Origin of Species*, ed. Gillian Beer (Oxford, UK: Oxford University Press, 2008).〔『種の起源（上、下）』チャールズ・ダーウィン、渡辺政隆訳、光文社古典新訳文庫、2009年〕

4 "Lens Crafters Circa 1590: Invention of the Microscope," This Month in Physics History, *APS Advancing Physics* 13, no. 3 (March 2004): 2, https://www.aps.org/publications/apsnews/200403/history.cfm.

5 "Hans Lippershey," in *Oxford Dictionary of Scientists* online, Oxford Reference, accessed December 2021,https://www.oxfordreference.com/view/10.1093/oi/authority.20110803100108176.

6 Donald J. Harreld, "The Dutch Economy in the Golden Age (16th–17th Centuries)," EH.Net, Encyclopedia of Economic and Business History, ed. Robert Whaples, last modified August 12, 2004, https://eh.net/encyclopedia/the-dutch-economy-in-the-golden-age-16th-17th-centuries/. 以下も参照されたい。Charles Wilson, "Cloth Production and International Competition in the Seventeenth Century," *Economic History Review* 13, no. 2 (1960): 209–21.

7 Leeuwenhoek, "Observations, Communicated to the Publisher by Mr. Antony Van Leeuwenhoek, 821–31. 以下も参照されたい。J. R. Porter, "Antony van Leeuwenhoek: Tercentenary of His Discovery of Bacteria," *Bacteriology Reviews* 40, no. 2 (1976): 260–69.

8 Leeuwenhoek, "Observations, Communicated to the Publisher…," 821–31.

9 同上。

10 同上。
11 M. Karamanou et al., "Anton van Leeuwenhoek (1632–1723): Father of Micromorphology and Discoverer of Spermatozoa," *Revista Argentina de Microbiologia* 42, no. 4 (2010): 311–14. 以下も参照されたい。S. S. Howards, "Antonie van Leeuwenhoek and the Discovery of Sperm," *Fertility and Sterility* 67, no. 1 (1997): 16–17.
12 Lisa Yount, *Antoni van Leeuwenhoek: Genius Discoverer of Microscopic Life* (Berkeley, CA: Enslow, 2015), 62.
13 Nick Lane, "The Unseen World: Reflections on Leeuwenhoek (1677) 'Concerning Little Animals,' " *Philosophical Transactions of the Royal Society B* 370, no. 1666 (April 19, 2015), https://doi.org/10.1098/rstb.2014.0344.
14 Steven Shapin, *A Social History of Truth: Civility and Science in Seventeenth Century* (Chicago: University of Chicago Press, 2011), 307. 以下も参照されたい。Robert Hooke to Antoni van Leeuwenhoek, December 1, 1677, quoted in Antony van Leeuwenhoek, *Antony van Leeuwenhoek and His Little Animals: Being Some Account of the Father of Protozoology and Bacteriology and His Multifarious Discoveries in These Disciplines*, comp., ed., trans. Clifford Dobell (New York: Russell and Russell, 1958), 183.
15 Lane, "The Unseen World."
16 1763年6月12日、レーウェンフックが無名の人物に宛てて書いたもの。以下で引用されている。Carl C. Gaither and Alma E. Cavazos-Gaither, eds., *Gaither's Dictionary of Scientific Quotations* (New York: Springer, 2008), 734.
17 Allan Chapman, *England's Leonardo: Robert Hooke and the Seventeenth-Century Scientific Revolution* (Bristol, UK: Institute of Physics, 2005).
18 Ben Johnson, "The Great Fire of London," Historic UK: The History and Heritage Accommodation Guide, accessed December 2021, https://www.historic-uk.com/HistoryUK/HistoryofEngland/The-Great-Fire-of-London/.
19 Robert Hooke, preface, in *Micrographia: Or Some Physiological Descriptions of Minute Bodies Made by Magnifying Glasses with Observations and Inquiries Thereupon* (London: Royal Society, 1665).〔『ミクログラフィア図版集——微小世界図説』ロバート・フック、板倉聖宣、永田英治訳、仮説社、1985年〕
20 Samuel Pepys, *The Diary of Samuel Pepys*, ed. Henry B. Wheatley, trans. Mynors Bright (London: George Bell and Sons, 1893), available at Project Gutenberg, https://www.gutenberg.org/files/4200/4200-h/4200-h.htm.
21 Martin Kemp, "Hooke's Housefly," *Nature* 393 (June 25, 1998): 745, https://doi.org/10.1038/31608.
22 Hooke, *Micrographia*.〔『ミクログラフィア図版集』フック〕
23 同上。204.

24 同上。110.

25 同上。

26 Thomas Birch, ed., *The History of the Royal Society of London, for Improving of Natural Knowledge, from its First Rise* (London: A. Millar, 1757), 352.

27 Antonie van Leeuwenhoek, "To Robert Hooke." 12 November 1680. Letter 33 of *Alle de brieven*: 1679–1683. Vol. 3. De Digitale Bibliotheek voor de Nederlandse Letteren (DBNL), 333.

28 Antonie van Leeuwenhoek, *The Select Works of Antony van Leeuwenhoek, Containing His Microscopical Discoveries in Many of the Works of Nature*, ed. and trans. Samuel Hoole (London: G. Sidney, 1800), iv.

29 Harris, *Birth of the Cell*, 2.〔『細胞の誕生』ハリス〕

30 同上。7.

31 Isaac Newton, *The Principia: Mathematical Principles of Natural Philosophy*, trans. I. Bernard Cohen and Anne Whitman (Oakland: University of California Press, 1999).〔『プリンシピア 自然哲学の数学的原理（第1、2、3編）』アイザック・ニュートン、中野猿人訳、講談社ブルーバックス、2019年〕

32 フックとニュートンが衝突したのはこれが初めてではなかった。1670年代、ニュートンは王立協会に、白色光はプリズムに通すと分光され、虹のような種々の色のスペクトルになることを示した。分光した光を別のプリズムに通すと、それらはふたたび白色光に戻った。当時、王立協会の実験の監督者だったフックは、ニュートンのこの主張を受け入れずに論文を酷評した。ニュートンはそのころすでに自身の研究結果を発表することについて疑心暗鬼になっており、独善的な怒りを爆発させた。途方もなく大きなエゴを抱えた17世紀イギリスの2人の天才は、その後も数十年にわたって論争を繰り広げ、やがてフックは、万有引力の法則を発見したのは自分だと主張するに至った。

33 2019年、テキサスA＆M大学の生物学部教授であるラリー・グリフィングが、1680年ごろにメアリー・ビールが描いた無名の科学者の絵を検証した。グリフィングはその絵がフックの肖像画だと考えている。以下を参照されたい。"Portraits," RobertHooke.org, accessed December 2021, http://roberthooke.org.uk/?page_id=227.

普遍的な細胞――「この小さな世界の最小の粒子」

1 Hooke, *Micrographia*, 111.〔『ミクログラフィア図版集』フック〕

2 Schwann, *Microscopical Researches*, x.

3 Leslie Clarence Dunn, *A Short History of Genetics: The Development of Some of the Main Lines of Thought, 1864–1939* (Ames: Iowa State University Press, 1991), 15.

4 Leonard Fabian Hirst, *The Conquest of Plague: A Study of the Evolution of Epidemiology*

(Oxford, UK: Clarendon Press, 1953), 82.

5 同上。81.

6 Xavier Bichat, *Traité Des Membranes en Général et De Diverses Membranes en Particulier* (Paris: Chez Richard, Caille et Ravier, 1816). 以下も参照されたい。Harris, *Birth of the Cell*, 18.〔『細胞の誕生』ハリス〕

7 Dora B. Weiner, *Raspail: Scientist and Reformer* (New York: Columbia University Press, 1968).

8 Pierre Eloi Fouquier and Matthieu Joseph Bonaventure Orfila, *Procès et défense de F. V. Raspail poursuivi le 19 mai 1846, en exercice illégal de la medicine* (Paris: Schneider et Langrand, 1846), 21.

9 1840年代半ばには、ラスパイユは自身の知的探究の方向性を変えており、囚人や貧しい人々に殺菌や衛生の方法を広め、社会医学を改革することに身を捧げる決心をしていた。彼は、大半の病気の原因は寄生虫や、うじ虫だと信じていたが、伝染病の原因として細菌に注目したことはなかった。1843年、彼は*Histoire naturelle de la sante et de la maladie*および*Manuel annuaire de la sante*を出版した。大きな成功をおさめたこれら2冊の本は、個人の衛生や清潔について説き、正しい食事や運動、精神活動を推奨し、新鮮な空気の利点について記している。ラスパイユはのちに政治家に転向して代議員に選出された。そして、ロンドンの医師ジョン・スノウのように、囚人や貧困層の医療改革や、都市の衛生状態の改善を推し進めた。今では医学の文献からはほぼ消えてしまっているこのラスパイユという人物の永続するイメージは、フィンセント・ファン・ゴッホの「タマネギの皿のある静物」の中にあるといえるかもしれない。その絵には、タマネギの皿の横に、ラスパイユの著作である*Manuel*が描かれている。心気症だったゴッホはおそらくこの本を路地裏で買い求めたのだろう。厳しい人生を送ったラスパイユという人物の本が、涙を誘発する野菜の皿の横に置かれたまま後世に残されているという事実は、どこかふさわしいような気がしてならない。

10 Weiner, *Raspail*. 詳細については以下を参照されたい。Dora Weiner, "François-Vincent Raspail: Doctor and Champion of the Poor," *French Historical Studies* 1, no. 2 (1959): 149–71.

11 詳細は以下を参照されたい。Harris, *Birth of the Cell*, 33.〔『細胞の誕生』ハリス〕

12 Samuel Taylor Coleridge, "The Eolian Harp," in *The Poetical Works of Samuel Taylor Coleridge*, ed. William B. Scott (London: George Routledge and Sons, 1873), 132.

13 Matthias Jakob Schleiden, "Contributions to Our Knowledge of Phytogenesis," trans. William Francis, in *Scientific Memoirs, Selected from the Transactions of Foreign Academies of Science and Learned Societies and from Foreign Journals*, vol. 2, ed. Richard Taylor (London: Richard and John E. Taylor, 1841), 281. 詳細は以下を参照されたい。Raphaële Andrault, "Nicolas Hartsoeker, Essai de dioptrique, 1694," in Raphaële Andrault et al., eds., *Médecine et philosophie de la nature humaine de l'âge classique aux Lumières: Anthologie* (Paris: Classiques Garnier, 2014).

14 Schleiden, "Beiträge zur Phytogenesis," 137–76.
15 Schwann, *Microscopical Researches*, 6.
16 同上。1.
17 2022年におこなった、ローラ・オーティスへのインタビューより。
18 Schwann, *Microscopical Researches*, 212.
19 同上。215.
20 J. Müller, *Elements of Physiology*, ed. John Bell, trans. W. M. Baly (Philadelphia: Lea and Blanchard, 1843), 15.
21 Harris, *Birth of the Cell*, 102.〔『細胞の誕生』ハリス〕
22 Rudolf Virchow, "Weisses Blut," in *Gesammelte Abhandlungen zur Wissenschaftlichen Medicin*, ed. Rudolf Virchow (Frankfurt: Meidinger Sohn, 1856), 149–54; Virchow, "Die Leukämie," in ibid., 190–212.
23 John Hughes Bennett, "Case of Hypertrophy of the Spleen and Liver, Which Death Took Place from Suppuration of the Blood," *Edinburgh Medical and Surgical Journal* 64 (1845): 413–23.
24 John Hughes Bennett, "On the Discovery of Leucocythemia," *Monthly Journal of Medical Science* 10, no. 58 (1854): 374–81.
25 Byron A. Boyd, *Rudolf Virchow: The Scientist as Citizen* (New York: Garland, 1991).
26 Rudolf Virchow, "Erinnerungsblätter," in *Archiv für Pathologische Anatomie und Physiologie und für Klinische Medicin* 4, no. 4 (1852): 541–48. 以下も参照されたい。Theodore M. Brown and Elizabeth Fee, "Rudolf Carl Virchow: Medical Scientist, Social Reformer, Role Model," *American Journal of Public Health* 96, no. 12 (December 2006): 2104–5, doi: 10.2105/AJPH.2005.078436.
27 Kurd Schulz, *Rudolf Virchow und die Oberschlesische Typhusepidemie von 1848. Jahrbuch der Schlesischen Friedrich-Wilhelms-Universität zu Breslau*. Vol. 19. Ed. (Göttingen Working Group, 1978).
28 以下で引用されたルドルフ・ウィルヒョウの言葉。Weisenberg, "Rudolf Virchow, Pathologist, Anthropologist, and Social Thinker."
29 François Raspail, "Classification Generalé des Graminées," in *Annales des Sciences Naturelles*, vol. 6, comp. Jean Victor Audouin, Adolphe Brongniart, and Jean-Baptiste Dumas (Paris: Libraire de L'Académie Royale de Médicine, 1825), 287–92. 以下も参照されたい。Silver, "Virchow, the Heroic Model in Medicine," 82–88.
30 以下で引用された言葉。Lelland J. Rather, *A Commentary on the Medical Writings of Rudolf Virchow: Based on Schwalbe's Virchow-Bibliographie, 1843–1901* (San Francisco: Norman, 1990), 53.
31 Rudolf Virchow, *Cellular Pathology: As Based upon Physiological and Pathological Histology:*

Twenty Lectures Delivered in the Pathological Institute of Berlin During the Months of February, March, and April, 1858 (London: John Churchill, 1860).〔『細胞病理学――生理的及び病理的組織学を基礎とする』ウィルヒョウ、吉田富三訳、南山堂、1979年〕

32 次で引用された言葉。Rather, *Commentary on the Medical Writings of Rudolf Virchow*, 19.

33 人種差別に対するウィルヒョウの反応については以下を参照されたい。Rudolf Virchow, "Descendenz und Pathologie," *Archiv für Pathologische Anatomie und Physiologie und für Klinische Medicin* 103, no. 3 (1886): 413–36.

34 次で引用された言葉。Rather, *Commentary on the Medical Writings of Rudolf Virchow*, 4.

35 同上。101. 以下も参照されたい。"Eine Antwort an Herrn Spiess," *Virch. Arch. XIII*, 481. A Reply to Mr. Spiess. VA 13 (1858): 481–90.

36 M・Kという症例についての詳細は、彼との交流（2002年）に基づいている。匿名性を保つために、名前や本人を特定できるような詳細は変更した。

37 "Severe Combined Immunodeficiency (SCID)," National Institute of Allergy and Infectious Diseases (NIAID) online, last modified April 4, 2019, https://www.niaid.nih.gov/diseases-conditions/severe-combined-immunodeficiency-scid

38 Rudolf Virchow, "Lecture I," *Cellular Pathology: As Based upon Physiological and Pathological Histology:* 1–23.

病原性の細胞――微生物、感染、そして抗生物質革命

1 Elizabeth Pennisi, "The Power of Many," *Science* 360, no. 6396 (June 29, 2018): 1388–91, doi: 10.1126/science.360.6396.1388.

2 Francesco Redi, *Experiments on the Generation of Insects*, trans. Mab Bigelow (Chicago: Open Court, 1909).

3 同上。以下も参照されたい。Paul Nurse, "The Incredible Life and Times of Biological Cells," *Science* 289, no.5485(September 8, 2000): 1711–16, doi: 10.1126/science.289.5485.1711.

4 René Vallery-Radot, *The Life of Pasteur*, vol. 1., trans. R. L. Devonshire (New York: Doubleday, Page, 1920), 141.

5 Thomas D. Brock, *Robert Koch: A Life in Medicine and Bacteriology* (Madison, WI: Science Tech, 1988), 32.

6 Robert Koch, "The Etiology of Anthrax, Founded on the Course of Development of the Bacillus Anthracis" (1876), in *Essays of Robert Koch.*, ed. and trans. K. Codell Carter (New York: Greenwood Press, 1987), 1–18.

7 以下で引用された言葉。Thomas Goetz, *The Remedy: Robert Koch, Arthur Conan Doyle, and the Quest to Cure Tuberculosis* (New York: Gotham Books, 2014), 74. 以下も参照されたい。Steve M.Blevins and Michael S. Bronze, "Robert Koch and the 'Golden Age' of

Bacteriology," *International Journal of Infectious Diseases* 14, no. 9 (September 2010): e744–e51.

8 以下で引用された言葉。 Robert Koch, "Über die Milzbrandimpfung. Eine Entgegung auf den von Pasteur in Genf gehaltenen Vortrag," in *Gesammelte Werke von Robert Koch*, ed. J. Schwalbe, G. Gaffky, and E. Pfuhl (Leipzig, Ger.: Verlag von Georg Thieme, 1912), 207–31.

9 同上。以下も参照されたい。Robert Koch, "On the Anthrax Inoculation," in *Essays of Robert Koch*, 97–107.

10 Agnes Ullmann, "Pasteur-Koch: Distinctive Ways of Thinking About Infectious Diseases," *Microbe* 2, no. 8 (August 2007): 383–87, http://www.antimicrobe.org/h04c.files/history/Microbe%202007%20Pasteur-Koch.pdf. 以下も参照されたい。Richard M. Swiderski, *Anthrax: A History* (Jefferson, NC: McFarland, 2004), 60.

11 Semmelweis, *Childbed Fever*.

12 同上。81.

13 同上。19.

14 John Snow, *On the Mode of Communication of Cholera* (London: John Churchill, 1849).〔『コレラの感染様式について』ジョン・スノウ、山本太郎訳、岩波文庫、2022年〕

15 John Snow, "The Cholera Near Golden-Square, and at Deptford," *Medical Times and Gazette* 9 (September 23, 1854): 321–22.

16 Snow, *Mode of Communication of Cholera*, 15.

17 Dennis Pitt and Jean-Michel Aubin, "Joseph Lister: Father of Modern Surgery," *Canadian Journal of Surgery* 55, no. 5 (October 2012): e8–e9, doi: 10.1503/cjs.007112.

18 Felix Bosch and Laia Rosich, "The Contributions of Paul Ehrlich to Pharmacology: A Tribute on the Occasion of the Centenary of His Nobel Prize," *Pharmacology* 82, no. 3 (October 2008): 171–79, doi: 10.1159/000149583.

19 Siang Yong Tan and Yvonne Tatsumura, "Alexander Fleming (1881–1955): Discoverer of Penicillin," *Singapore Medical Journal* 56, no. 7 (2015): 366–67, doi: 10.11622/smedj.2015105.

20 H. Boyd Woodruff, "Selman A. Waksman, Winner of the 1952 Nobel Prize for Physiology or Medicine," *Applied and Environmental Microbiology* 80, no. 1 (January 2014): 2–8, doi: 10.1128/AEM.01143-13.

21 Ed Yong, *I Contain Multitudes: The Microbes Within Us and a Grander View of Life* (New York: Ecco, 2016).〔『世界は細菌にあふれ、人は細菌によって生かされる』エド・ヨン、安部恵子訳、柏書房、2017年〕

22 2018年2月におこなったフランシスコ・マーティへのインタビューより。

23 Carl R. Woese and G. E. Fox. "Phylogenetic Structure of the Prokaryotic Domain: The Primary Kingdoms," *Proceedings of the National Academy of Sciences of the United States of America* 74, no. 11 (November 1977): 5088–90, https://doi.org/10.1073/pnas.74.11.5088.

24 Carl R. Woese, O. Kandler, and M. L. Wheelis, "Towards a Natural System of Organisms: Proposal for the Domains Archaea, Bacteria, and Eucarya," *Proceedings of the National Academy of Sciences of the United States of America* 87, no. 12 (June 1990): 4576–79, doi: 10.1073/pnas.87.12.4576.

25 Ernst Mayr, "Two Empires or Three?," *Proceedings of the National Academy of Sciences of the United States of America* 95, no. 17 (August 18, 1998): 9720–23, https://doi.org/10.1073/pnas.95.17.9720.

26 Virginia Morell, "Microbiology's Scarred Revolutionary," *Science* 276, no. 5313 (May 2, 1997): 699–702, doi: 10.1126/science.276.5313.699.

27 Nick Lane, *The Vital Question: Energy, Evolution, and the Origins of Complex Life* (New York: W. W. Norton, 2015), 8.〔『生命、エネルギー、進化』ニック・レーン、斉藤隆央訳、みすず書房、2016年〕

28 Jack Szostak, David Bartel, and P. Luigi Luisi, "Synthesizing Life," *Nature* 409 (January 2001): 387–90, https://doi.org/10.1038/35053176.

29 Ting F. Zhu and Jack W. Szostak, "Coupled Growth and Division of Model Protocell Membranes," *Journal of the American Chemical Society* 131, no. 15 (April 2009): 5705–13.

30 Lane, *The Vital Question*, 2.〔『生命、エネルギー、進化』レーン〕

31 James T. Staley and Gustavo Caetano-Anollés, "Archaea-First and the Co-Evolutionary Diversification of Domains of Life," *BioEssays* 40, no.8 (August 2018): e1800036, doi: 10.1002/bies.201800036. 以下も参照されたい。"BioEssays: Archaea-First and the Co-Evolutionary Diversification of the Domains of Life," YouTube, 8:52, WBLifeSciences, https://www.youtube.com/watch?v=9yVWn_Q9faY&ab_channel=CrashCourse.

32 Lane, *The Vital Question*, 1.〔『生命、エネルギー、進化』レーン〕

第二部　ひとつと多数

組織化された細胞――細胞の内部構造

1 以下で引用されたフランソワ=ヴァンサン・ラスパイユの言葉。Lewis Wolpert, *How We Live and Why We Die: The Secret Lives of Cells* (New York: W. W. Norton, 2009), 14.

2 1974年12月10日のノーベル賞晩餐会でのジョージ・パラーデのスピーチ。Nobel Prize online, https://nobelprize.org/nobel_prizes/medicine/laureates/1974/palade-speech.html.

3 "The cell," Rudolf Virchow proposed in 1852: Rather, *Commentary on the Medical Writings of Rudolf Virchow*, 38.

4 Ernest Overton, *Über die osmotischen Eigenschaften der lebenden Pflanzen-und Tierzelle* (Zurich: Fäsi & Beer, 1895), 159–84. 以下も参照されたい。Overton, *Über die allgemeinen*

osmotischen Eigenschaften der Zelle, ihre vermutlichen Ursachen und ihre Bedeutung für die Physiologie (Zurich: Fäsi & Beer, 1899). ; Overton, "The Probable Origin and Physiological Significance of Cellular Osmotic Properties," in *Papers on Biological Membrane Structure*, ed. Daniel Branton and Roderic B. Park (Boston: Little, Brown, 1968), 45–52. ; Jonathan Lombard, "Once upon a Time the Cell Membranes: 175 Years of Cell Boundary Research," *Biology Direct* 9, no. 32 (December 19, 2014), https://doi.org/10.1186/s13062-014-0032-7.

5 Evert Gorter and François Grendel, "On Bimolecular Layers of Lipoids on the Chromocytes of the Blood," *Journal of Experimental Medicine* 41, no. 4 (March 31, 1925): 439–43, doi: 10.1084/jem.41.4.439.

6 Seymour Singer and Garth Nicolson, "The Fluid Mosaic Model of the Structure of Cell Membranes," *Science* 175, no. 4023 (February 18, 1972): 720–31, doi: 10.1126/science.175.4023.720.

7 Orion D. Weiner et al., "Spatial Control of Actin Polymerization During Neutrophil Chemotaxis," *Nature Cell Biology* 1, no. 2 (June 1999): 75–81, https://doi.org/10.1038/10042.

8 James D. Jamieson, "A Tribute to George E. Palade," *Journal of Clinical Investigation* 118, no. 11 (November 3, 2008): 3517–18, doi: 10.1172/JCI37749.

9 Richard Altmann, *Die Elementarorganismen und ihre Beziehungen zu den Zellen* (Leipzig, Ger.: Verlag von Veit, 1890), 125.

10 Lynn Sagan, "On the Origin of Mitosing Cells," *Journal of Theoretical Biology* 14, no. 3 (March 1967): 225–74, doi: 10.1016/0022-5193(67)90079-3.

11 Lane, *Vital Question*, 5.〔『生命、エネルギー、進化』レーン〕

12 Eugene I. Rabinowitch, "Photosynthesis—Historical Development of Scientific Interpretation and Significance of the Process," in *The Physical and Economic Foundation of Natural Resources: I. Photosynthesis—Basic Features of the Process* (Washington, DC: Interior and Insular Affairs Committee, House of Representatives, United States Congress, 1952), 7–10.

13 以下で引用されたジョージ・パラーデの言葉。Andrew Pollack, "George Palade, Nobel Winner for Work Inspiring Modern Cell Biology, Dies at 95," *New York Times*, October 8, 2008, B19.

14 2019年2月におこなったポール・グリーンガードへのインタビューより。

15 同上。以下も参照されたい。George E. Palade, "Intracellular Aspects of the Process of Protein Secretion" (Nobel Lecture, Stockholm, December 12, 1974).

16 G. E. Palade, "Keith Roberts Porter and the Development of Contemporary Cell Biology," *Journal of Cell Biology* 75, no.1 (October 1977): D3–D10, https://doi.org/10.1083/jcb.75.1.D1.

17 残念ながら、クラウデは1949年にロックフェラー医学研究所を去り、母国ベルギーに帰った。1974年、彼はパラーデと細胞生物学者クリスチャン・ド・デューブとともにノーベル

賞を受賞した。

18 Palade, "Intracellular Aspects of the Process of Protein Secretion," Nobel Lecture.

19 Palade, "Intracellular Aspects of the Process of Protein Synthesis," *Science* 189, no. 4200 (August 1, 1975): 347–58, doi: 10.1126/science.1096303.

20 David D. Sabatini and Milton Adesnik, "Christian de Duve: Explorer of the Cell Who Discovered New Organelles by Using a Centrifuge," *Proceedings of the National Academy of Sciences of the United States of America* 110, no. 33 (August 1, 2013): 13234–35, doi: 10.1073/pnas.1312084110.

21 Barry Starr, "A Long and Winding DNA," KQED online, last modified on February 2, 2009, https://www.kqed.org/quest/1219/a-long-and-winding-dna.

22 Thoru Pederson, "The Nucleus Introduced," *Cold Spring Harbor Perspectives in Biology* 3, no. 5 (May 1, 2011): a000521, doi: 10.1101/cshperspect.a000521.

23 Claude Bernard, *Lectures on the Phenomena of Life Common to Animals and Plants*, trans. Hebbel E. Hoff, Roger Guillemin, and Lucienne Guillemin (Springfield, IL: Charles C. Thomas, 1974).

24 Valerie Byrne Rudisill, *Born with a Bomb: Suddenly Blind from Leber's Hereditary Optic Neuropathy*, ed. Margie Sabol and Leslie Byrne (Bloomington, IN: AuthorHouse, 2012).

25 "Leber Hereditary Optic Neuropathy (Sudden Vision Loss)," Cleveland Clinic online, last modified February 26, 2021.

26 D. C. Wallace et al., "Mitochondrial DNA Mutation Associated with Leber's Hereditary Optic Neuropathy," *Science* 242, no. 4884 (December 9, 1988): 1427–30, doi: 10.1126/science.3201231.

27 次で引用されたジャレドの言葉。Rudisill, *Born with a Bomb.*

28 同上。

29 Byron Lam et al., "Trial End Points and Natural History in Patients with G11778A Leber Hereditary Optic Neuropathy," *JAMA Ophthalmology* 132, no. 4 (April, 2014): 428–36, doi: 10.1001/jamaophthalmol.2013.7971.

30 Shuo Yang et al., "Long-term Outcomes of Gene Therapy for the Treatment of Leber's Hereditary Optic Neuropathy," *eBioMedicine* (August 10, 2016): 258–68, doi: 10.1016/j.ebiom.2016.07.002.

31 Nancy J. Newman et al., "Efficacy and Safety of Intravitreal Gene Therapy for Leber Hereditary Optic Neuropathy Treated Within 6 Months of Disease Onset," *Ophthalmology* 128, no. 5 (May 2021): 649–60, doi: 10.1016/j.ophtha.2020.12.012.

分裂する細胞——生殖と体外受精の誕生

1 Andrew Solomon, *Far from the Tree: Parents, Children and the Search for Identity* (New York: Scribner, 2013), 1.〔『「ちがい」がある子とその親の物語（Ⅰ）（Ⅱ）（Ⅲ）』アンドリュー・ソロモン、依田卓巳、戸田早紀、高橋佳奈子訳、海と月社〕

2 以下で引用された言葉。 Jacques Monod, *Chance and Necessity: An Essay on the Natural Philosophy of Modern Biology* (New York: Alfred A. Knopf, 1971), 20.

3 Neidhard Paweletz, "Walther Flemming: Pioneer of Mitosis Research," *Nature Reviews Molecular Cell Biology* 2, no. 1 (January 1, 2001): 72–75, https://doi.org/10.1038/35048077.

4 Walther Flemming, "Contributions to the Knowledge of the Cell and Its Vital Processes," *Journal of Cell Biology* 25, no. 1 (April 1, 1965): 3–69, https://www.ncbi.nlm.nih.gov/pmc/articles/PMC2106612/.

5 同上。1–9.

6 Walter Sutton, "The Chromosomes in Heredity," *Biological Bulletin* 4, no. 5 (April 1903): 231–51, https://www.journals.uchicago.edu/doi/10.2307/1535741; Theodor Boveri, *Ergebnisse über die Konstitution der chromatischen Substanz des Zellkerns* (Jena, Ger.: Verlag von Gustav Fischer, 1904).

7 "The p53 Tumor Suppressor Protein," in *Genes and Disease* (Bethesda, MD: National Center for Biotechnology Information, last modified January 31, 2021), 215–16, available online at https://www.ncbi.nlm.nih.gov/books/NBK22268/.

8 2017年3月におこなったポール・ナースへのインタビューより。 "Sir Paul Nurse: I Looked at My Birth Certificate. That Was Not My Mother's Name," *Guardian* (International edition) online, last modified August 9, 2014, https://www.theguardian.com/culture/2014/aug/09/paul-nurse-birth-certificate-not-mothers-name.

9 Tim Hunt, "Biographical," Nobel Prize online, accessed February 20, 2022, https://www.nobelprize.org/prizes/medicine/2001/hunt/biographical/.

10 Tim Hunt, "Protein Synthesis, Proteolysis, and Cell Cycle Transitions" (Nobel Lecture, Stockholm, December 9, 2001).

11 2017年3月におこなったポール・ナースへのインタビューより。

12 Stuart Lavietes, "Dr. L. B. Shettles, 93, Pioneer in Human Fertility," *New York Times*, February 16, 2003, 1041.

13 ランドラム・シェトルズの実験の詳細については以下を参照されたい。Tabitha M. Powledge, "A Report from the Del Zio Trial," *Hastings Center Report* 8, no. 5 (October 1978): 15–17, https://www.jstor.org/stable/3561442.

14 以下で引用された言葉。 "Test Tube Babies: Landrum Shettles," PBS *American Experience* online, accessed March 14, 2022, https://www.pbs.org/wgbh/americanexperience/features/babies-bio-shettles/.

15 ロバート・エドワーズとパトリック・ステップトーの研究の詳細については以下を参照さ

れたい。Martin H. Johnson, "Robert Edwards: The Path to IVF," *Reproductive Biomedicine Online* 23, no. 2 (August 2011): 245–62, doi: 10.1016/j.rbmo.2011.04.010. 以下も参照されたい。James Le Fanu, *The Rise and Fall of Modern Medicine* (New York: Carroll & Graf, 2000), 157–76.

16 Robert Geoffrey Edwards and Patrick Christopher Steptoe, *A Matter of Life: The Story of a Medical Breakthrough* (New York: William Morrow, 1980), 17.

17 John Rock and Miriam F. Menkin, "In Vitro Fertilization and Cleavage of Human Ovarian Eggs," *Science* 100, no. 2588 (August 4, 1944): 105–7, doi: 10.1126/science.100.2588.105.

18 M. C. Chang, "Fertilizing Capacity of Spermatozoa Deposited into the Fallopian Tubes," *Nature* 168, no. 4277 (October 20, 1951): 697–98, doi: 10.1038/168697b0.

19 Edwards and Steptoe, *A Matter of Life*, 43.

20 同上。44.

21 同上。45.

22 同上。

23 同上。62.

24 以下で引用されている。"Recipient of the 2019 IETS Pioneer Award: Dr. Barry Bavister," *Reproduction, Fertility and Development* 31, no. 3 (2019): vii–viii, https://doi.org/10.1071/RDv31n3_PA.

25 同上。

26 Robert G. Edwards, Barry D. Bavister, and Patrick C. Steptoe, "Early Stages of Fertilization *In Vitro* of Human Oocytes Matured *In Vitro*," *Nature* 221, no. 5181 (February 15, 1969): 632–35, https://doi.org/10.1038/221632a0.

27 Johnson, "Robert Edwards: The Path to IVF," 245–62.

28 Martin H. Johnson et al., "Why the Medical Research Council Refused Robert Edwards and Patrick Steptoe Support for Research on Human Conception in 1971," *Human Reproduction* 25, no. 9 (September 2010): 2157–74, doi: 10.1093/humrep/deq155.

29 Robin Marantz Henig, *Pandora's Baby: How the First Test Tube Babies Sparked the Reproductive Revolution* (Boston: Houghton Mifflin, 2004).

30 Martin Hutchinson, "I Helped Deliver Louise," BBC News online, last modified July 24, 2003, https://news.bbc.co.uk/2/hi/health/3077913.stm.

31 同上。

32 Victoria Derbyshire, "First IVF Birth: 'It Makes Me Feel Really Special,' " BBC Two online, last modified July 23, 2015, https://www.bbc.co.uk/programmes/p02xv7jc.

33 以下で引用されている。Ciara Nugent, "What It Was Like to Grow Up as the World's First 'Test-Tube Baby,' " *Time* online, last modified July 25, 2018, https://time.com/5344145/louise-brown-test-tube-baby/.

34 Cover image, *Time*, July 31, 1978, available online at https://content.time.com/time/magazine/0,9263,7601780731,00.html.
35 Derbyshire, "First IVF Birth." 以下も参照されたい。Elaine Woo and *Los Angeles Times*, "Lesley Brown, British Mother of First In Vitro Baby, Dies at 64," Health & Science, *Washington Post* online, June 25, 2012, https://www.washingtonpost.com/national/health-science/lesley-brown-british-mother-of-first-in-vitro-baby-dies-at-64/2012/06/25/gJQAkavb2V_story.html.
36 Robert G. Edwards, "Meiosis in Ovarian Oocytes of Adult Mammals," *Nature* 196 (November 3, 1962): 446–50, https://doi.org/10.1038/196446a0.
37 Deepak Adhikari et al., "Inhibitory Phosphorylation of Cdk1 Mediates Prolonged Prophase I Arrest in Female Germ Cells and Is Essential for Female Reproductive Lifespan," *Cell Research* 26 (2016): 1212–25, https://doi.org/10.1038/cr.2016.119.
38 Krysta Conger, "Earlier, More Accurate Prediction of Embryo Survival Enabled by Research," Stanford Medicine News Center, last modified October 2, 2010, https://med.stanford.edu/news/all-news/2010/10/earlier-more-accurate-prediction-of-embryo-survival-enabled-by-research.html.
39 同上。

手を加えられた細胞――ルルとナナ、そして背信

1 Jon Cohen, "The Untold Story of the 'Circle of Trust' Behind the World's First Gene-Edited Babies," Asia/Pacific News, *Science* online, last modified August 1, 2019, https://www.science.org/content/article/untold-story-circle-trust-behind-world-s-first-gene-edited-babies.
2 同上。
3 Richard Gardner and Robert Edwards, "Control of the Sex Ratio at Full Term in the Rabbit by Transferring Sexed Blastocysts," *Nature* 218 (April 27, 1968): 346–48, https://doi.org/10.1038/218346a0.
4 同上。
5 https://www.broadinstitute.org/what-broad/areas-focus/project-spotlight/crispr-timeline.
6 L. Meyer et al., "Early Protective Effect of CCR-5 Delta 32 Heterozygosity on HIV-1 Disease Progression: Relationship with Viral Load. The SEROCO Study Group," *AIDS* 11, no. 11 (September 1997): F73–F78, doi: 10.1097/00002030-199711000-00001.
7 "28 Nov 2018—International Summit on Human Genome Editing—He Jiankui Presentation and Q&A," YouTube, 1:04.28, WCSethics, https://www.youtube.com/watch?v=tLZufCrjrN0.
8 Pam Belluck, "Gene-Edited Babies: What a Chinese Scientist Told an American Mentor," *New York Times*, April 14, 2019, A1.

9 Cohen, "The Untold Story of the 'Circle of Trust.' "

10 同上。

11 Robin Lovell-Badge, introduction, "28 Nov 2018—International Summit on Human Genome Editing—He Jiankui Presentation and Q&A," YouTube.

12 David Cyranoski, "First CRISPR Babies: Six Questions That Remain," News, *Nature* online, last modified November 30, 2018, https://www.nature.com/articles/d41586-018-07607-3.

13 Mark Terry, "Reviewers of Chinese CRISPR Research: 'Ludicrous' and 'Dubious at Best,' " BioSpace, last modified December 5, 2019, https://www.biospace.com/article/peer-review-of-china-crispr-scandal-research-shows-deep-flaws-and-questionable-results/.

14 Badge, introduction, "28 Nov 2018—International Summit on Human Genome Editing—He Jiankui Presentation and Q&A," YouTube. 以下も参照されたい。US National Academy of Sciences and US National Academy of Medicine, the Royal Society of the United Kingdom, and the Academy of Sciences of Hong Kong, *Second International Summit on Human Genome Editing: Continuing the Global Discussion, November, 27–29, University of Hong Kong, China* (Washington, DC: National Academies Press, 2018).

15 Cohen, "The Untold Story of the 'Circle of Trust.' "

16 David Cyranoski, "CRISPR-baby Scientist Fails to Satisfy Critics," News, *Nature* online, last modified November 30, 2018, https://www.nature.com/articles/d41586-018-07573-w.

17 David Cyranoski, "Russian 'CRISPR-baby' Scientist Has Started Editing Genes in Human Eggs with Goal of Altering Deaf Gene," News, *Nature* online, last modified October 18, 2019, https://www.nature.com/articles/d41586-019-03018-0.

18 2022年1月におこなったニック・レーンへのインタビューより。

19 以下で引用されたラースロ・ナジの言葉。Pennisi, "The Power of Many," 1388–91.

20 Richard K. Grosberg and Richard R. Strathmann, "The Evolution of Multicellularity: A Minor Major Transition?," *Annual Review of Ecology, Evolution, and Systematics* 38 (December 2007): 621–54, doi: 10.1146/annurev.ecolsys.36.102403.114735.

21 同上。

22 William C. Ratcliff et al., "Experimental Evolution of Multicellularity," *Proceedings of the National Academy of Sciences of the United States of America* 109, no. 5 (Jan. 2012): 1595–600, https://doi.org/10.1073/pnas.1115323109.

23 2021年12月におこなったウィリアム・ラトクリフへのインタビューより。

24 同上。

25 Elizabeth Pennisi, "Evolutionary Time Travel," *Science* 334, no. 6058 (November 18, 2011): 893–95, doi: 10.1126/science.334.6058.893.

26 Enrico Sandro Colizzi, Renske M. A. Vroomans, and Roeland M. H. Merks, "Evolution of Multicellularity by Collective Integration of Spatial Information," *eLife* 9 (October 16, 2020):

e56349, doi: 10.7554/eLife.56349. 以下も参照されたい。Matthew D. Herron et al., "De Novo Origins of Multicellularity in Response to Predation," *Scientific Reports* 9 (February 20, 2019), https://doi.org/10.1038/s41598-019-39558-8.

発生する細胞——細胞が生物になる

1 以下で引用されたイグナツ・デリンガーの言葉。Janina Wellmann, *The Form of Becoming: Embryology and the Epistemology of Rhythm, 1760–1830*, trans. Kate Sturge (New York: Zone Books, 2017), 13.

2 Caspar Friedrich Wolff, "Theoria Generationis" (dissertation, U Halle, 1759).

3 Johann von Wolfgang Goethe, "Letter to Frau von Stein," *The Metamorphosis of Plants* (Cambridge, MA: MIT Press, 2009), 15.

4 Joseph Needham, *History of Embryology* (Cambridge, UK: University of Cambridge Press, 1934).

5 栄養膜の発生についての詳しい説明は以下を参照されたい。Martin Knöfler et al., "Human Placenta and Trophoblast Development: Key Molecular Mechanisms and Model Systems," *Cellular and Molecular Life Sciences* 76, no. 18 (September 2019): 3479–96, doi: 10.1007/s00018-019-03104-6.

6 Lewis Thomas, *The Medusa and the Snail: More Notes of a Biology Watcher* (New York: Penguin Books, 1995), 131.

7 Edward M. De Robertis, "Spemann's Organizer and Self-Regulation in Amphibian Embryos," *Nature Reviews Molecular Cell Biology* 7, no. 4 (April 2006): 296–302, doi: 10.1038/nrm1855.

8 Scott F. Gilbert, *Developmental Biology*, vol. 2 (Sunderland, UK: Sinauer Associates, 2010), 241–86. 以下も参照されたい。Richard Harland, "Induction into the Hall of Fame: Tracing the Lineage of Spemann's Organizer," *Development* 135, no. 20 (October 15, 2008): 3321–23, fig. 1, https://doi.org/10.1242/dev.021196.; Robert C. King, William D. Stansfield, and Pamela K. Mulligan, "Heteroplastic Transplantation," in A *Dictionary of Genetics*, 7th ed. (New York: Oxford University Press, 2007), 205.; "Hans Spemann, the Nobel Prize in Physiology or Medicine 1935," Nobel Prize online, accessed February 4, 2022, https://www.nobelprize.org/prizes/medicine/1935/spemann/facts/.; Samuel Philbrick and Erica O'Neil, "Spemann-Mangold Organizer," The Embryo Project Encyclopedia, last modified January 12, 2012, https://embryo.asu.edu/pages/spemann-mangold-organizer.; Hans Spemann and Hilde Mangold, "Induction of Embryonic Primordia by Implantation of Organizers from a Different Species," *International Journal of Developmental Biology* 45, no. 1 (2001): 13–38.

9 Katie Thomas, "The Story of Thalidomide in the U.S., Told Through Documents," *New York Times*, March 23, 2020. 以下も参照されたい。James H. Kim and Anthony R. Scialli,

"Thalidomide: The Tragedy of Birth Defects and the Effective Treatment of Disease," *Toxicological Sciences* 122, no.1 (July 2011): 1–6.doi: 10.1093/toxsci/kfr088.

10 *Interagency Coordination in Drug Research and Regulations: Hearings Before the Subcommittee on Reorganization and International Organizations of the Committee on Government Operations*, US Senate, 87th Congress. 93 (1963) (letter from Frances O. Kelsey).

11 同上。

12 Thomas, "Story of Thalidomide in the U.S."

13 同上。

14 Tomoko Asatsuma-Okumura, Takumi Ito, and Hiroshi Handa, "Molecular Mechanisms of the Teratogenic Effects of Thalidomide," *Pharmaceuticals* 13, no. 5 (2020): 95.doi: 10.3390/ph13050095

15 Robert D. McFadden, "Frances Oldham Kelsey, Who Saved U.S. Babies from Thalidomide, Dies at 101," *New York Times*, August 7, 2015.

第三部　血液

休まない細胞――循環する血液

1 Maureen A. O'Malley and Staffan Müller-Wille, "The Cell as Nexus: Connections Between the History, Philosophy and Science of Cell Biology," *Studies in History and Philosophy of Science Part C: Studies in History and Philosophy of Biological and Biomedical Sciences* 41, no. 3 (September 2010): 169–71, doi: 10.1016/j.shpsc.2010.07.005.

2 Rudolf Virchow, "Letters of 1842," 26 January 1843, *Letters to his Parents, 1839 to 1864*, ed. Marie Rable, trans. Lelland J. Rather (United States of America: Science History, 1990), 29.

3 Rachel Hajar, "The Air of History: Early Medicine to Galen (Part 1)," *Heart Views* 13, no. 3 (July–September 2012): 120–28, doi: 10.4103/1995-705X.102164.

4 William Harvey, *On the Motion of the Heart and Blood in Animals*, ed. Alexander Bowie, trans. Robert Willis (London: George Bell and Sons, 1889).〔『心臓の動きと血液の流れ』ウィリアム・ハーヴィ、岩間吉也訳、講談社学術文庫、2005年〕

5 同上。48.

6 William Harvey, "An Anatomical Study on the Motion of the Heart and the Blood in Animals," in *Medicine and Western Civilization*, ed. David J. Rothman, Steven Marcus, and Stephanie A. Kiceluk (New Brunswick, NJ: Rutgers University Press, 1995), 68–78.

7 Antonie van Leeuwenhoek, "Mr. H. Oldenburg." 14 August 1675. Letter 18 of *Alle de brieven: 1673–1676*. Digitale Bibliotheek voor de Nederlandse Letteren (DBNL). 301.

8 Marcello Malpighi, "De Polypo Cordis Dissertatio," Italy, 1666.

9 William Hewson, "On the Figure and Composition of the Red Particles of the Blood, Commonly Called The Red Globules," *Philosophical Transactions of the Royal Society of London* 63 (1773): 303–23. https://doi.org/10.1098/rstl.1773.0033

10 Friedrich Hünefeld, *Der Chemismus in der thierischen Organisation: Physiologisch-chemische Untersuchungen der materiellen Veränderungen oder des Bildungslebens im thierischen Organismus, insbesondere des Blutbildungsprocesses, der Natur der Blut körperchenund und ihrer Kernchen: Ein Beitrag zur Physiologie und Heilmittellehre* (Leipzig, Ger.: Brockhaus, 1840).

11 Peter Sahlins, "The Beast Within: Animals in the First Xenotransfusion Experiments in France, ca. 1667–68," *Representations* 129, no. 1 (February 2015): 25–55, https://doi.org/10.1525/rep.2015.129.1.25.

12 Karl Landsteiner, "On Individual Differences in Human Blood" (Nobel Lecture, Stockholm, December 11, 1930).

13 同上。

14 Reuben Ottenberg and David J. Kaliski, "Accidents in Transfusion: Their Prevention by Preliminary Blood Examination—Based on an Experience of One Hundred Twenty-eight Transfusions," *Journal of the American Medical Association* (*JAMA*) 61, no. 24 (December 13, 1913): 2138–40, doi: 10.1001/jama.1913.04350250024007.

15 Geoffrey Keynes, *Blood Transfusion* (Oxford, UK: Oxford Medical, 1922), 17.

16 Ennio C. Rossi and Toby L. Simon, "Transfusions in the New Millennium," in *Rossi's Principles of Transfusion Medicine*, ed. Toby L. Simon et al. (Oxford, UK: Wiley Blackwell, 2016), 8.

17 A. C. Taylor to Bruce Robertson, letter, August 14, 1917, L. Bruce Robertson Fonds, Archives of Ontario, Toronto.

18 "History of Blood Transfusion," American Red Cross Blood Services online, accessed March 15, 2022, https://www.redcrossblood.org/donate-blood/blood-donation-process/what-happens-to-donated-blood/blood-transfusions/history-blood-transfusion.html.

19 "Blood Program in World War II," *Annals of Internal Medicine* 62, no. 5 (May 1, 1965): 1102, https://doi.org/10.7326/0003-4819-62-5-1102_1.

治す細胞——血小板、血栓、そして「近代の流行病」

1 William Shakespeare, *Hamlet,* ed. David Bevington (New York: Bantam Books, 1980), 5.1: 213–16.〔『ハムレット』（第五幕、第一場）ウィリアム・シェイクスピア、河合祥一郎訳、角川文庫〕

2 Douglas B. Brewer, "Max Schultze (1865), G. Bizzozero (1882) and the Discovery of the Platelet," *British Journal of Haematology* 133, no. 3 (May 2006): 251–58, https://doi.org/10.1111/j.1365-2141.2006.06036.x.

3 Max Schultze, "Ein heizbarer Objecttisch und seine Verwendung bei Untersuchungen des Blutes," *Archiv für mikroskopische Anatomie* 1 (December 1865): 1–42, https://doi.org/10.1007/BF02961404.

4 同上。

5 Giulio Bizzozero, "Su di un nuovo elemento morfologico del sangue dei mammiferi e sulla sua importanza nella trombosi e nella coagulazione," *Osservatore Gazzetta delle Cliniche* 17 (1881): 785–87.

6 同上。

7 I. M. Nilsson,"The History of von Willebrand Disease,"*Haemophilia* 5, supp. no. 2 (May 2002): 7–11, doi: 10.1046/j.1365-2516.1999.0050s2007.x.

8 William Osler, *The Principles and Practice of Medicine* (New York: D. Appleton, 1899). 以下も参照されたい。William Osler, "Lecture III: Abstracts of the Cartwright Lectures: On Certain Problems in the Physiology of the Blood Corpuscles" https://www.ncbi.nlm.nih.gov/pmc/articles/PMC2257138

9 Joseph L. Goldstein et al., "Heterozygous Familial Hypercholesterolemia: Failure of Normal Allele to Compensate for Mutant Allele at a Regulated Genetic Locus," *Cell* 9, no. 2 (October 1, 1976): 195–203, https://doi.org/10.1016/0092-8674(76)90110-0.

10 James Le Fanu, *The Rise and Fall of Modern Medicine* (London: Abacus, 2000), 322.

11 G. Tsoucalas, M. Karamanou, and G. Androutsos, "Travelling Through Time with Aspirin, a Healing Companion," *European Journal of Inflammation* 9, no. 1 (January 1, 2011): 13–16, https://doi.org/10.1177/1721727X1100900102.

12 Lawrence L. Craven, "Coronary Thrombosis Can Be Prevented," *Journal of Insurance Medicine* 5, no. 4 (Sep.–Nov. 1950): 47–48.

13 Marc S. Sabatine and Eugene Braunwald, "Thrombolysis in Myocardial Infarction (TIMI) Study Group: JACC Focus Seminar 2/8," *Journal of the American College of Cardiology* 77, no. 22 (June 2021): 2822–45, doi: 10.1016/j.jacc.2021.01.060. 以下も参照されたい。X. R. Xu et al., "The Impact of Different Doses of Atorvastatin on Plasma Endothelin and Platelet Function in Acute ST-segment Elevation Myocardial Infarction After Emergency Percutaneous Coronary Intervention," *Zhonghua nei ke za zhi* 55, no. 12 (Dec. 2016): 932–36, doi: 10.3760/cma.j.issn.0578-1426.2016.12.005.

守る細胞——好中球と病原体との闘い

1 Benjamin Franklin, *Autobiography of Benjamin Franklin (New York: John B. Alden, 1892)*, 96.

2 Gabriel Andral, *Essai D'Hematologie Pathologique* (Paris: Fortin, Masson et Cie Libraires, 1843).

3 William Addison, *Experimental and Practical Researches on Inflammation and on the Origin and Nature of Tubercles of the Lungs* (London: J. Churchill, 1843), 10.

4 同上。62.

5 同上。57.

6 同上。61.

7 Siddhartha Mukherjee, "Before Virus, After Virus: A Reckoning," *Cell* 183 (October 15, 2020): 308–14, doi: 10.1016/j.cell.2020.09.042.

8 Ilya Mechnikov, "On the Present State of the Question of Immunity in Infectious Diseases" (Nobel Lecture, Stockholm, December 11, 1908).

9 同上。

10 Elias Metchnikoff, "Über eine Sprosspilzkrankheit der Daphnien: Beitrag zur Lehre über den Kampf der Phagocyten gegen Krankheitserreger," *Årchiv für Pathologische Anatomie und Physiologie und für Klinische Medicin* 96 (1884): 177–95.

11 Mechnikov, "Present State of the Question of Immunity."

12 Katia D. Filippo and Sara M. Rankin, "The Secretive Life of Neutrophils Revealed by Intravital Microscopy," *Frontiers in Cell and Developmental Biology* 8, no. 1236 (November 10, 2020), https://doi.org/10.3389/fcell.2020.603230. 以下も参照されたい。Pei Xiong Liew and Paul Kubes, "The Neutrophil's Role During Health and Disease," *Physiological Reviews* 99, no. 2 (April 2019): 1223–48, doi: 10.1152/physrev.00012.2018.

13 Paul R. Ehrlich, *The Collected Papers of Paul Ehrlich*, ed. F. Himmelweit, Henry Hallett Dale, and Martha Marquardt (London: Elsevier Science & Technology, 1956), 3.

14 以下で引用されている。O.P. Jaggi, *Medicine in India* (Oxford, UK: Oxford University Press, 2000), 138.

15 Arthur Boylston, "The Origins of Inoculation," *Journal of the Royal Society of Medicine* 105, no. 7 (July 2012): 309–13, doi: 10.1258/jrsm.2012.12k044.

16 Wee Kek Koon, "Powdered Pus up the Nose and Other Chinese Precursors to Vaccinations," Opinion, *South China Morning Post* online, April 6, 2020, https://www.scmp.com/magazines/post-magazine/short-reads/article/3078436/powdered-pus-nose-and-other-chinese-precursors.

17 Ahmed Bayoumi, "The History and Traditional Treatment of Smallpox in the Sudan," *Journal of Eastern African Research & Development*6, no. 1 (1976): 1–10, https://www.jstor.org/stable/43661421.

18 Lady Mary Wortley Montagu, *Letters of the Right Honourable Lady M——y W——y M——e:*

Written During Her Travels in Europe, Asia, and Africa, to Persons of Distinction, Men of Letters, &c. in Different Parts of Europe (London: S. Payne, A. Cook, and H. Hill, 1767), 137–40.

19 Anne Marie Moulin, *Le dernier langage de la médecine: Histoire de l'immunologie de Pasteur au Sida* (Paris: Presses universitaires de France, 1991), 23.

20 Stefan Riedel, "Edward Jenner and the History of Smallpox and Vaccination," *Baylor University Medical Center Proceedings* 18, no. 1 (Jan. 2005): 21–25, https://doi.org/10.1080/08998280.2005.11928028. 以下も参照されたい。Susan Brink, "What's the Real Story About the Milkmaid and the Smallpox Vaccine?," History, NPR online, February 1, 2018.

21 Edward Jenner, "An Inquiry into the Causes and Effects of the Variole Vaccine, or Cow-pox, 1798," in *The Three Original Publications on Vaccination Against Smallpox by Edward Jenner* , Louisiana State University, Law Center, https://biotech.law.lsu.edu/cphl/history/articles/jenner.htm#top.

22 James F. Hammarsten, William Tattersall, and James E. Hammarsten, "Who Discovered Smallpox Vaccination? Edward Jenner or Benjamin Jesty?," *Transactions of the American Clinical and Climatological Association* 90 (1979): 44–55, https://www.ncbi.nlm.nih.gov/pmc/articles/PMC2279376/pdf/tacca00099-0087.pdf.

23 Mar Naranjo-Gomez et al., "Neutrophils Are Essential for Induction of Vaccine-like Effects by Antiviral Monoclonal Antibody Immunotherapies," *JCI Insight* 3, no. 9 (May 3, 2018): e97339, published online May 3, 2018, doi: 10.1172/jci.insight.97339. 以下も参照されたい。Jean Louis Palgen et al.,"Prime and Boost Vaccination Elicit a Distinct Innate Myeloid Cell Immune Response,"*Scientific Reports* 8, no.3087 (Feb. 2018): https://doi.org/10.1038/s41598-018-21222-2.

防御する細胞——誰かと誰かが出会ったら

1 Robert Burns, "Comin' Thro' the Rye" (1782), in James Johnson, ed., *The Scotish Musical Museum; Consisting of Upwards of Six Hundred Songs, with Proper Basses for the Pianoforte,* vol. 5 (Edinburgh: William Blackwood and Sons, 1839), 430–31.

2 Cay-Rüdiger Prüll, "Part of a Scientific Master Plan? Paul Ehrlich and the Origins of his Receptor Concept," *Medical History* 47, no. 3 (July 2003): 332–56, https://www.ncbi.nlm.nih.gov/pmc/articles/PMC1044632/.

3 Paul Ehrlich, "Ehrlich, P. (1891), Experimentelle Untersuchungen über Immunität. I. Über Ricin," *DMW—Deutsche Medizinische Wochenschrift* 17, no. 32 (1891): 976–79.

4 Emil von Behring and Shibasaburo Kitasato, "Über das Zustandekommen der Diphtherie-Immunität und der Tetanus-Immunität bei Thieren," *Deutsche Medizinische Wochenschrift* 49

(1890): 1113–14, https://doi.org/10.17192/eb2013.0164.
5 J. Lindenmann, "Origin of the Terms 'Antibody' and 'Antigen'," *Scandinavian Journal of Immunology* 19, no. 4 (April 1984): 281–85, doi: 10.1111/j.1365-3083.1984.tb00931.x.
6 Emil von Behring, "Untersuchungen über das Zustandekommen der Diphtherie-Immunität bei Thieren," *Deutsche Medizinische Wochenschrift* 50 (1890): 1145–48. 以下も参照されたい。William Bulloch, *The History of Bacteriology* (London: Oxford University Press, 1938).; L. Brieger, S. Kitasato, and A. Wassermann, "Über Immunität und Giftfestigung," *Zeitschrift für Hygiene und Infektionskrankheiten* 12 (1892): 137–82.; L. Deutsch, "Contribution à l' étude de l'origine des anticorps typhiques," *Annales de l'Institut Pasteur* 13 (1899), 689–727.; Paul Ehrlich, "Experimentelle Untersuchungen über Immunität. II. Ueber Abrin," *Deutsche Medizinische Wochenschrift* 17 (1891): 1218–19; "Über Immunität durch Vererbung und Säugung," *Zeitschrift für Hygiene und Infektionskrankheiten* 12 (1892): 183–203.
7 Lindenmann, "Origin of the Terms 'Antibody' and 'Antigen'," 281–85.
8 Rodney R. Porter, "Structural Studies of Immunoglobulins" (Nobel Lecture, Stockholm, December 12, 1972).
9 Gerald M. Edelman, "Antibody Structure and Molecular Immunology" (Nobel Lecture, Stockholm, December 12, 1972).
10 Linus Pauling, "A Theory of the Structure and Process of Formation of Antibodies," *Journal of the American Chemical Society* 62, no. 10 (Oct. 1940): 2643–57.
11 Joshua Lederberg, "Genes and Antibodies," *Science* 129, no. 3364 (June 1959): 1649–53.
12 Frank Macfarlane Burnet, "A Modification of Jerne's Theory of Antibody Production Using the Concept of Clonal Selection," *CA: A Cancer Journal for Clinicians* 26, no. 2 (March–April 1976): 119–21. 以下も参照されたい。Burnet, "Immunological Recognition of Self" (Nobel Lecture, Stockholm, December 12, 1960).
13 Lewis Thomas, *The Lives of a Cell: Notes of a Biology Watcher* (New York: Penguin Books, 1978), 91–102.〔『細胞から大宇宙へ――メッセージはバッハ』ルイス・トマス、橋口稔、石川統訳、平凡社、1976年〕
14 Susumu Tonegawa, "Somatic Generation of Antibody Diversity," *Nature* 302 (April 1983): 575–81.
15 Georges Köhler and Cesar Milstein, "Continuous Cultures of Fused Cells Secreting Antibody of Predefined Specificity," *Nature* 256 (August 1, 1975): 495–97, https://doi.org/10.1038/256495a0.
16 Lee Nadler et al., "Serotherapy of a Patient with a Monoclonal Antibody Directed Against a Human Lymphoma-Associated Antigen," *Cancer Research* 40, no. 9 (September 1980): 3147–54, PMID: 7427932.
17 2021年12月におこなったロン・レビーへのインタビューより。

細胞《さいぼう》—生命《せいめい》と医療《いりよう》の本質《ほんしつ》を探《さぐ》る—〔上〕

2024年1月20日　初版印刷
2024年1月25日　初版発行

＊

著　者　シッダールタ・ムカジー
訳　者　田《た》中《なか》　文《ふみ》
発行者　早　川　　浩

＊

印刷所　三松堂株式会社
製本所　大口製本印刷株式会社

＊

発行所　株式会社　早川書房
東京都千代田区神田多町2−2
電話　03-3252-3111
振替　00160-3-47799
https://www.hayakawa-online.co.jp
定価はカバーに表示してあります
ISBN978-4-15-210300-0　C0047
Printed and bound in Japan
乱丁・落丁本は小社制作部宛お送り下さい。
送料小社負担にてお取りかえいたします。

本書のコピー、スキャン、デジタル化等の無断複製は
著作権法上の例外を除き禁じられています。

THE GENE

遺伝子（上・下）

—親密なる人類史—

シッダールタ・ムカジー

仲野 徹監修・田中 文訳

ハヤカワ文庫ＮＦ

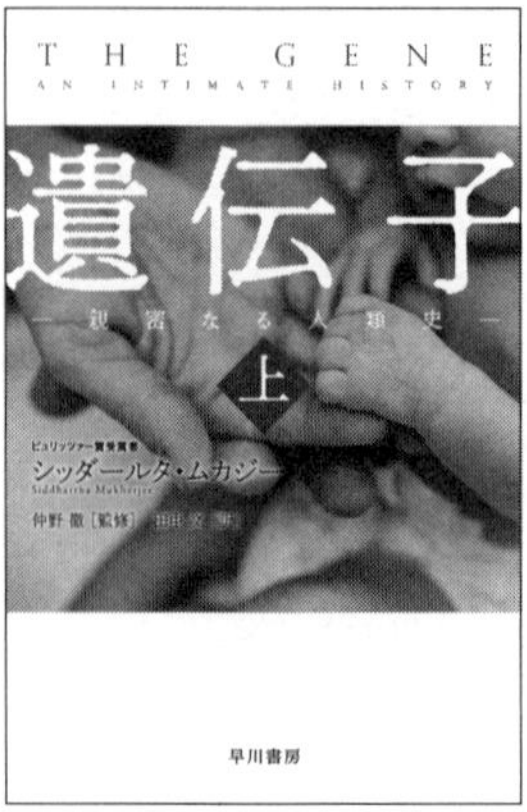

19世紀後半にメンデルが発見した遺伝の法則とダーウィンの進化論が出会い、遺伝学は歩み始めた。そして今、人類はゲノム編集の時代を迎えている。遺伝子が握る人類の運命とは？　ピュリッツァー賞受賞の医学者が自らの家系に潜む精神疾患の悲劇を織り交ぜながら、圧倒的なストーリーテリングでつむぐ遺伝子全史。